中国城市科学研究系列报告

中国低碳生态城市发展报告2018

中国城市科学研究会　主编

中国建筑工业出版社

图书在版编目（CIP）数据

中国低碳生态城市发展报告 2018/中国城市科学研究会主编. —北京：中国建筑工业出版社，2018. 7
（中国城市科学研究系列报告）
ISBN 978-7-112-22407-4

Ⅰ. ①中… Ⅱ. ①中… Ⅲ. ①城市环境-生态环境建设-研究报告-中国-2018 Ⅳ. ①X321. 2

中国版本图书馆 CIP 数据核字（2018）第 135148 号

本书以“人人共享的城市”为主题，从城市安全、公正、健康、便利、韧性、可持续等方面出发，向读者介绍 2017 年中国低碳生态城市技术、方法以及实践发展，并展望 2018。与《中国低碳生态城市年度发展报告 2017》相比，结合时代需要，更加突出建设包容、安全、有抵御灾害能力和可持续的城市和人类住区，人人平等使用和享有城市和住区。

本书是从事低碳生态城市规划、设计及管理人员的必备参考书。

* * *

责任编辑：王　梅　李天虹
责任校对：焦　乐

中国城市科学研究系列报告
中国低碳生态城市发展报告2018
中国城市科学研究会　主编
*
中国建筑工业出版社出版、发行（北京海淀三里河路 9 号）
各地新华书店、建筑书店经销
北京红光制版公司制版
北京同文印刷有限责任公司印刷
*
开本：787×1092 毫米　1/16　印张：18¾　字数：374 千字
2018 年 7 月第一版　2018 年 7 月第一次印刷
定价：**60. 00** 元
ISBN 978-7-112-22407-4
（32279）

中国低碳生态城市发展报告组织框架

主 编 单 位： 中国城市科学研究会

参 编 单 位： 深圳市建筑科学研究院股份有限公司

支 持 单 位： 能源基金会（The Energy Foundation）

学 术 顾 问： 李文华　江　亿　方精云

编委会主任： 仇保兴

副 主 任： 何兴华　李　迅　沈清基　顾朝林　俞孔坚　吴志强　夏　青　叶　青

委　　员：（按姓氏笔画排序）

龙　瀛　刘俊跃　余　刚　张劲文　郑明媚　孟庆禹　郝　斌　贾滨洋　徐文珍　蔡博峰

编写组组长： 叶　青

副 组 长： 李　芬　周兰兰

成　　员： 彭　锐　赖玉珮　陆元元　史敬华　叶蒙宇　夏昕鸣　郝新华　李晓林　张璐艺　贾　洁　刘海霞　陆蓓蓓　孙江宁　李英良　杨珊珊　尚金玲　曹学敏　于枫垚　潘　琳　刘晓宇　林　溪　王晓天　刘　丽　李　帅　王　阳　张建鹏　曹莹琦　周　强　王文静

代　序

城市健康发展的三个“尊重”[1]

Preface

Three “respects” in the healthy development of cities

改革开放以来，我国经历了世界历史上规模最大、速度最快的城镇化进程，常住人口城镇化率从1978年的17.92%上升到了2017年的58.52%，城镇常住人口由1.7亿人增加到8.1亿人，全国80%以上的经济总量产生于城市。城市发展取得巨大成就的同时，人口膨胀、交通拥堵、环境污染、资源紧张等众多问题越来越突出，这些“城市病”给人们工作和生活带来了诸多不便。如何治疗“城市病”？应给发展出现了人口膨胀、交通拥堵、环境污染、资源紧张等“城市病”的城市开什么“药方”？

科学合理的城市规划是破解“城市病”的良方妙药，城市规划应遵循的最高原则就是要尊重自然和生态和谐，尊重当地历史文化，尊重普通人的利益。

尊重自然和生态和谐。城市建设应该望得见山，看得见水，记得住乡愁。如果能实现这个目标，把城市造就成山水城市，很多“城市病”就迎刃而解了。但是，这需要分阶段进行。首先，要保护好城市周边的山水，修复被工业文明所破坏的山水，特别是水污染，只有这样做了以后，城市才会在山水环境中间呵护和支撑城市的发展；其次，中国的园林文化很值得自豪，因为我们是世界园林之母，要把周边的山水景观引入到城市里边，新加坡园林城市的成功说明城市规划要有园林，要见缝插绿，重视我国的园林文化。

尊重当地历史文化。二次世界大战结束后，欧洲许多城市都被炸毁了，怎么去修复？当时有两种观点：一种观点认为应该用现代化的钢铁、水泥、玻璃来建造新的建筑；绝大多数的市民、建筑师、规划师持另一种观点，认为应该按照原汁原味，把过去遗留下来的遗迹和建筑形式恢复起来。最后欧洲城市修复选择了

---

[1] 根据仇保兴理事长2018年4月26日《中国经济大讲堂》上的发言整理。

尊重历史文化，保留并适当修复了被破坏的建筑，人们惊喜地发现这些城市几百年来没有什么变化，每一个城市都独具特色，文化得到了延续和传承。此外，我国杭州，西湖、钱塘江运河、历史文化、充满活力的现代城市构成了杭州独具特色的四张“面孔”，这是独一无二、举世无双的文化符号。

尊重普通人的利益。一个城市的规划如果不尊重当地的普通人，就走偏方向了。发达国家发展的经验已经证明，富人和穷人不能人为分开居住，应该住一样外观的房子，富人可以就近得到更多服务者的帮助，穷人也不用跑很远的路，就可以找到工作岗位，两者相得益彰。城市的就业岗位是一个复杂的生态系统，在这个生态系统中高收入者、中等收入者、低收入者要各得其所，这是做城市规划时必须要注意尊重的。

现代化的城市必须是包容的，才可以得到健康发展，才可以少得“城市病”，这三个尊重构成了一个整体，是现代城市规划学最高的宗旨。

导　言

2018 年全国两会在部署工作时强化了生态环保这一重要发展指标，刚刚表决通过的《中华人民共和国宪法修正案》中，“建设美丽中国”和“生态文明”被写入宪法。同时，新的国家机构将生态和环境合并组成生态环境部，全面落实“五位一体”总体布局中生态文明建设，以协调经济发展和生态保护进程，填补环境治理方面的空白。

从国际上看，2017 年 11 月 6 日，中国参加了在德国波恩举办《联合国气候变化框架公约》第 23 次缔约方大会，我国充分展示了作为“负责任大国”的形象，绿色低碳生态城市发展和建设是各国关注的焦点。以人居三通过的《新城市议程》为代表，取得了一系列城市发展和建设的新成果，同时指明了未来城市发展的新方向，各国在合作、共享、互助基础上的理论创新、科技进步和试点示范项目深入交流、稳步推进。

值得一提的是，我国正式启动绿色低碳生态城市建设已经近 12 年，低碳生态城市政策从无到有，从片面到全面，全国范围内低碳生态发展的实践探索呈现井喷式增长态势。绿色生态城市在建设的同时结合海绵城市建设、城市双修等相关，根据各地特色创新发展，对我国绿色低碳生态城市的发展模式积累宝贵的政策、技术、标准等方面的经验。

《中国低碳生态城市发展报告 2018》第一篇最新进展，主要综述了 2017 年度国内外低碳生态城市国际动态、政策指引、学术支持、技术发展、实践探索与发展趋势，通过对国内外低碳生态城市发展的大事件或重点案例进行总结和梳理，加强对生态环境部组建产生的新的指导政策的解读，探讨低碳生态城市建设挑战、发展趋势、政策动向，为新常态、新形势下低碳生态城市的发展情况打开总体和全面的图景。第二篇认识与思考，主要探讨绿色建筑、低碳生态城市发展新方向，科学认识城镇化，合理推动生态城区发展，发展自主健康的智慧城市——城镇化绿色转型、生态城区以人为本、特色小镇尊重规律、重建微循环系统等低碳与智慧协同发展、统筹推进的科学认识与实践成果，探索适合中国城市未来发展方向的模板与示范。第三篇方法与技术，通过对低碳生态技术、原则进行探讨，系统全面地梳理城市原则、城市共享、智慧城市、适应气候变化、水资源与城市双修、人性化街道、资源环境承载力、直流建筑等方面的实际案例、技术方法和经验借鉴，尤其重视人与城市、水资源与城市、气候与城市、科技与城市等相互关系，将城市系统与其他生态系统或生命系统进行融合，促使其健康可持续发展。第四篇实践与探索，通过低碳生态示范城市（区）国际合作与国内新区、特色小镇产业、城市更新、城市共生等方面的实践案例跟踪调查，对于低碳生态城市建设的实践进行总结与反思，其中聚焦了大量的社会热点，例如千年大计雄安新区、深双年展、低碳生态示范城市（区）规划实践案例。第五篇中国城市生态宜居发展指数（优地指数）报告（2018），继续延续特色，进行持续性研究传统，展示中国城市生态宜居指数背景与研究进展，考察生态城市子系统的功能、发展效率与动态。

《中国低碳生态城市发展报告 2018》以“人人共享的城市”为主题，从城市安全、公正、健康、便利、韧性、可持续等方面出发，向读者介绍 2017 年中国低碳生态城市技术、方法 以及实践发展，并展望 2018。与《中国低碳生态城市发展报告 2017》相比，结合时代需要，更加突出建设包容、安全、有抵御灾害能力和可持续的城市和人类住区，人人平等使用和享有城市和住区。

由于低碳生态城市内涵和实践的多样性和复杂性、篇幅的限制以及编者的知识结构和水平限制，报告无法涵盖所有内容，难免有不当之处，望各位读者朋友不吝赐教。本系列报告将不断充实和完善，期待本书内容能够引起社会各界的关注与共鸣，共同促进中国低碳生态城市的发展。

本报告是中国城市科学研究系列报告之一，梳理了国际低碳生态城市相关的最新研究吸纳了国内相关领域众多学者的最新研究成果，并由中国城市科学研究会生态城市研究专业委员会承担编写组织工作。在此向所有参与写作、编撰工作的专家学者致以诚挚的谢意！

Introduction

The important development index: ecological and environmental protection was strengthened in the work arrangements for the two sessions in 2018. "Building a Beautiful China" and "Ecological Civilization" have been written into the Constitution through the *Amendment to the Constitution of the People's Republic of China* just adopted by vote; and the new state agency Ministry of Ecology and Environment that combines ecology and environment has been set up, to comprehensively implement the ecological civilization construction in the "five-in-one" overall layout, to coordinate economic development and ecological protection progress and fill in gaps in environmental management.

Internationally, China attended the 23rd Conference of the Parties to the *United Nations Framework Convention on Climate Change* (UNFCCC) held in Bonn on Nov. 6, 2017 to fully show the image of a "responsible great power", with the green and low-carbon eco-city development and construction being the focus of each country. A series of new achievements in urban development and construction represented by the *New Urban Agenda* adopted at Habitat Ⅲ has been made, which points out the new direction for future urban development. Each country has made in-depth exchanges on and steadily promoted the theoretical innovation, scientific and technological progress, and pilot and demonstration projects on the basis of cooperation, sharing, and mutual help.

What is worth mentioning is that it has been nearly 12 years since China officially started the green and low-carbon eco-city construction, with policies on low-carbon eco-cities developing from nothing and from point to surface, and the nationwide practical exploration of low-carbon ecological development showing blowout growth. Simultaneously with the construction, green eco-cities have been combined with sponge city construction and city betterment and ecological restoration etc. and innovatively developed according to characteristics of each place, to accumulate valuable experience in policy, technology and standard etc.

for the development patterns of green and low-carbon eco-cities in our country.

In the *Annual Report on China Low-Carbon Eco-City Development* 2018, Chapter I "The Latest Development" mainly summarizes the international dynamics, policy guidance, academic support, technological development, practical exploration and development trends of low-carbon eco-cities inside and outside China in 2017, sums up and sorts out big events or important cases in the development of low-carbon eco-cities inside and outside China to strengthen the interpretation of the new guidance policies generated from the setting up of the Ministry of Ecology and Environment, and discusses construction challenges, development trends, and policy dynamics of low-carbon eco-cities to open an overall and comprehensive picture of the development situation of the low-carbon eco-cities under the new normal and new situation. Chapter II "Perspectives and Thoughts" mainly discusses the new development directions of green buildings and low-carbon eco-cities, scientific understanding of urbanization, reasonable promotion of ecological urban area development, and development of independent and healthy smart cities - scientific understandings and practice achievements with coordinated development and overall promotion of low carbon and wisdom, including green transformation of urbanization, people orientation of ecological urban areas, law respecting of characteristic towns, and reconstruction of microcirculation system etc., and explores the templates and models suitable for the future development directions of cities of China. Chapter III "Methodology and Techniques", by discussing the low-carbon ecological techniques and principles, systematically and comprehensively sorts out real cases, technology methods, and experience reference in terms of city principles, city sharing, smart cities, adaptation to climate change, water resources and city betterment and ecological restoration, streets for people, resources and environment carrying capacity, and DC buildings etc., pays special attention to relations between people and cities, water resources and cities, climate and cities, and technology and cities etc., and fuses urban system and other ecological or living systems, to promote the healthy and sustainable development thereof. Chapter IV "Practices and Exploration", by tracking and investigating practical cases in terms of international cooperation and domestic new districts of low-carbon ecological demonstration cities (districts), characteristic town industry, urban renewal, and city symbiosis, summarizes and reflects on the construction practice of low-carbon eco-cities, and focuses on a large number of social hotspots, such as Xiong'an New Area in the "millennium strategy",

Bio-City Biennale of Urbanism \ Architecture, and low-carbon ecological demonstration city (district) planning practice cases. Chapter V "China Urban Ecological & Livable Development Index (UELDI) Report (2018)" continues the characteristic to conduct sustainability study, shows the background and study progress of China UELDI, and inspects functions, development efficiency and dynamics of eco-city subsystems.

Themed by "cities for all", the *Annual Report on China Low-Carbon Eco-City Development* (2018) starts from city safety, justice, health, convenience, resilience and sustainability etc. to present the readers the techniques, methodology, and practice development of China low-carbon eco-cities in 2017, and gives prospects for 2018. Compared to the *Annual Report on China Low-Carbon Eco-City Development* (2017), it highlights the construction of inclusive, safe, disaster resilient, and sustainable cities and human settlements, and equitable use and enjoyment of cities and settlements for all, in combination with the needs of the times.

The Report is unable to cover all content and may have inadequacies due to diversity and complexity of connotation and practice of low-carbon eco-cities, length limitations, and knowledge structure and level limitations of the editors, on which your advice will be much appreciated. This series of report will be constantly enriched and improved. It's hoped that the content of this book could draw the attention and resonance from the society, to jointly promote the development of China low-carbon eco-cities.

As one of the Serial Reports of China Urban Studies, this Report sorts out the latest studies on international low-carbon eco-cities and absorbs the latest research achievements of many domestic scholars in the relevant fields. It is organized by the Eco-city Research Committee of the Chinese Society for Urban Studies. Sincere thanks are given to all experts and scholars who participated in the writing and editing of this book!

目　录

Contents

第一篇　最新进展

本篇为《中国低碳生态城市发展报告 2018》的开篇总述，主要综述 2017～2018 年度国内外低碳生态城市发展情况，期望通过对国内外新的政策、技术、实践以及大事件的总结，分析该领域年度获得的经验，探讨低碳生态城市未来的挑战与发展趋势，为中国的低碳生态城市发展提供理论与实践支撑。

2017 年 11 月 6 日，中国参加了在德国波恩举办《联合国气候变化框架公约》第 23 次缔约方大会（COP23），也是《巴黎协定》生效后的第二次《协定》缔约方大会。期间，各方围绕《巴黎协定》落实的具体细则问题展开磋商，核心议题包括 2018 年促进性对话、国家自主贡献、全球盘点、适应和资金等，充分展示了我国作为“负责任大国”的形象。

2018 年全国“两会”在部署工作时强化了生态环保这一重要发展理念，表决通过的《中华人民共和国宪法修正案》中，“建设美丽中国”和“生态文明”被写入宪法。同时，新的国家机构将生态和环境整合组成生态环境部，也是落实“五位一体”总体布局中生态文明建设方面的具体举措。将建立生态文明写入宪法和成立新的国家机构，体现了国家对于生态文明的重视，以协调经济发展和生态保护进程。

第一篇总结了低碳生态城市的国内外动态。从宏观形势上来看，各国都积极推动节能减排和低碳发展，通过政策和法规的引导，理性客观地打造低碳城市的品牌，积累成功的经验。从具体实践上来看，因地制宜，根据各自城市的特点提出发展低碳城市的具体方法，从先行生态文明示范区、海绵城市到特色小镇和透明雄安等，从微观、中观、宏观尺度上不断探索和实践生态文明的建设和发展。

最新进展既是对上一年的回顾，也是对下一年的展望：低碳城市的理念已深入人心，倡导“低碳城市”建设，构建了低碳城市的五大支撑体系框架，即低碳理念、低碳技术、低碳金融、低碳生产和低碳消费，提出政府、科研机构、企业和市民多主体参与，只有依靠各级政府、科研单位和民众各方面共同集结智慧与决心，才能实现人与自然之间的和谐相处。

Chapter Ⅰ The Latest Development

This chapter is the beginning of *Development Report of Low-Carbon Eco-Cities in China* 2018. It mainly reviews the development of low-carbon eco-cities in China and abroad from 2017 to 2018. It is expected to analyze the experience gained in this field by summarizing new policies, technologies, practices and major events at home and abroad, discuss the challenges and trends of low-carbon eco-cities in the future, so as to provide theoretical and practical support for the development of low-carbon eco-cities in China.

On November 6, 2017, China attended the 23th Conference of the Parties (COP23) to *United Nations Framework Convention on Climate Change* held in Bonn, Germany, and the second Conference of the Parties to the Convention since the Paris Agreement took effect. During this conference, the parties held consultations on the specific details of the implementation of the Paris Agreement. The core issues, including the promotion dialogue in 2018, national independent contributions, global inventory, adaptation and funding etc. fully demonstrated China's image as a "responsible great power".

In 2018, the "Two Sessions"(the National People's Congress and the Chinese Political Consultative Conference) strengthened the important development idea of eco-environmental protection when they were deployed. In the "*Amendment to the Constitution of the People's Republic of China*," the ideas of "building beautiful China" and "ecological civilization" were written into the constitution. At the same time, the new national institution integrates ecology and environment into the Ministry of Ecological Environment, which is also a concrete measure to implement the construction of ecological civilization in the overall layout of "five-in-one approach." The inclusion of ecological civilization establishment into the constitution and the establishment of a new national institution reflect the importance attached by China to ecological civilization, aiming at coordinating economic development and ecological protection process.

This chapter summarizes the domestic and international trends of low-carbon eco-cities construction. In view of the macro-situation, all countries are actively promoting energy conservation, emission reduction and low-carbon development, and rationally and objectively building the brand of low-carbon cities and accumulating successful experience through the guidance of policies and regulations. From perspective of concrete practices, the concrete methods of developing low-carbon cities are put forward according to the local conditions and characteristics of their respective cities. From leading ecological civilization demonstration zone, sponge city to characteristic small town and transparent Xiong'an, the construction and development of ecological civilization are continuously explored and practiced from micro-scale, mid-scale and macro-scale.

The latest development is not only a review of the previous year, but also an outlook of the following year: The concept of low-carbon city has been deeply rooted in people's hearts, and advocating of construction of "low-carbon city," constructing of the five supporting systems of low-carbon city, namely low-carbon concept, low-carbon technology, low-carbon finance, low-carbon production and low-carbon consumption, and multi-player participation involving governments, scientific research institutes, enterprises and citizens are proposed. The harmonious coexistence between man and nature can be realized only by relying on the collective wisdom and determination among governments, scientific research institutes and the public.

1 《中国低碳生态城市发展报告 2018》概览

1 Overview of *China Low-Carbon Eco-City Development Report* 2018

1.1 编 制 背 景

在中国城市科学研究会的统筹和指导下，中国城市科学研究会生态城市研究专业委员会已经连续八年组织编写了《中国低碳生态城市发展报告 2010～2017》，对我国低碳生态城市的理论、技术和实践现状进行年度总结与阐述。

1.2 框 架 结 构

主体框架延续了历年《中国低碳生态城市发展报告》的主体框架，即：最新进展、认识与思考、方法与技术、实践与探索，以及中国城市生态宜居发展指数（优地指数）报告，共五大部分。

1.3 《中国低碳生态城市发展报告 2018》热点

（1）最新进展

《中国低碳生态城市发展报告 2018》（以下简称《报告 2018》）主要阐述 2017～2018 年度国内外低碳生态城市发展情况，期望通过对新政策、技术、实践以及事件的总结，分析该领域 2017～2018 年度各行业获得的经验与教训，为进一步发展提供全面清晰的思路。

（2）认识与思考

主要从方法论的高度对低碳生态城市进行梳理，总结绿色建筑、低碳生态城市发展新方向。通过对绿色城镇化和特色小镇进行分析，以此为前车之鉴，明确城镇化健康发展的正确方向；深入思考绿色建筑的发展方向，坚守“以人为本”的信念；最后，寻求低碳与智慧协同发展，走自主健康智慧城市发展道路。

（3）方法与技术

方法与技术篇着重集成理念和技术的分析与应用，通过技术集成与案例应用，提高方法技术的适用性，全面把握低碳核心技术及应用，展示了低碳城市试点、海绵城市、韧性城市、生态城市规划、城市双修、健康建筑对生态城市建设理论体系、生态城市政策体系等完善和实践。

（4）实践与探索

关注绿色生态城区建设在全国的应用实践，重点梳理了低碳生态示范城市（区）国际合作实践、低碳生态城市专项实践以及特色小镇的方案，全面展示在低碳生态城市建设实践中的探索和创新。同时，通过经验总结与反思，寻求中外合作模式，城市间协同发展，归纳城市等级规模发展规律，为我国城市创新实践提供重要的现实指导意义。

（5）中国城市生态宜居发展指数（优地指数）报告

自 2011 年生态委在扬州规划大会上发布了城市生态宜居发展指数（UELDI，简称优地指数）后，其评估结果受到越来越多的媒体与公众关注。优地指数已连续应用评估七年，2017 年度的优地指数以重点城市、城市群为对象进行研究分析，尤其是针对目前城市群协同发展的关键问题进行了评估。

1.4 《报告 2018》动向

年度报告的主要意义在于总结经验与推广实践，注重以年度事件为抓手，通过数据的收集与分析，把握低碳生态城市建设的最新动态，为读者提供最前沿的信息与理念。同时，编制组关注各方对报告提出的中肯意见与建议，每年在既定内容的基础上，力图有新的视角和创新的观点。《报告 2018》主要内容框架如下：

（1）框架延续

《报告 2018》继续采用与去年相同的主体结构框架，主体结构通过最新进展、认识与思考、方法与技术、实践与探索、优地指数报告对 2017～2018 年度的情况分别予以描述，持续关注我国城市在低碳生态建设与发展方面的路径与成效。

（2）认识与思考

认识与思考篇主要总结绿色建筑、低碳生态城市发展新方向。通过对城镇化和逆城镇化进行分析，以此为前车之鉴，推进城镇化健康发展的正确方向；深入思考生态城区的发展方向，坚守“以人为本”的信念；最后，寻求低碳与智慧协同发展，走自主健康智慧城市发展道路。

（3）方法与技术

方法和技术篇，从城市共享的角度切入，并集成智慧城市的技术，海绵城市中的生态廊道和景观设计技术，城市二氧化碳排放的评估方法，资源环境承载力的评价技术等内容，更全面的从低碳、生态和环境的角度，全面提供城市建设的评估方法。而绿色标准的认证、绿色消费的提出是从消费端考虑的补充，本篇的内容更全面地来考虑生态城市评估的技术和方法。

（4）实践与探索

实践与探索篇持续跟踪中国绿色生态示范城市发展情况，主要涉及天津中新生态城市、深圳光明新区等，以及雄安新区、深圳双年展、国际合作推进的绿色生态示范城市和宜居城市等示范区的案例研究，重点介绍了一些绿色生态城市创新发展、雄安新区自成立以来发展现状及国际合作推进的绿色生态试点案例，全面展示在绿色生态城市建设实践中的探索和创新。同时，通过经验总结与反思，为我国生态城市规划建设和创新实践提供重要的现实借鉴意义。

（5）中国城市生态宜居指数（优地指数）报告（2018）

自 2011 年发布至今，城市生态宜居发展指数（UELDI，简称优地指数）已连续应用评估八年。2018 年度的优地指数研究，一方面运用优化的评估体系，对 2010～2018 年全国近 300 个地级及以上城市的生态宜居建设历程进行回顾，挖掘城市生态宜居发展趋势规律，以及经济、社会、环境与资源等优地评估要素特征；另一方面，持续开展典型地区的绿色低碳满意度评价调查，在优地评估指标客观分析的基础上，增加公众主观评价的内容，为优地指数评估进行补充。对比 2010～2018 年的研究结果可以发现，中国近 300 个地级及以上城市中，起步型城市大幅减少，从 2010 年的 75.3%减少至 2018 年的 22.9%，提升型城市从 16%上升至 2018 年的 27%，城市总体持续向好发展（详见第五篇中国城市生态宜居发展指数）。

2　2017～2018 低碳生态城市国际动态

2　International Dynamics of Low-Carbon Eco-Cities in 2017～2018

《2017 全球碳预算报告》指出，经历了三年的稳定期后，全球二氧化碳排放总量又一次显示出较强的增长趋势，截至 2017 年，由人类活动导致的全球二氧化碳排放量预计将达 410 亿吨。尽管如此，2017 年以来全球范围内低碳发展势头良好。碳交易市场持续增长，发展与融合，截至 2017 年底，全球已运行 19 个碳交易市场体系，负责超过 70 亿吨的温室气体排放。根据气候债券倡议组织的最新数据，2017 年全球绿色债券发行量已冲破 1000 亿美元。此外，在区域、国家和次国家层面上，碳定价倡议也取得了持续进展，2017 年已执行或计划执行的碳定价倡议已达 47 个。

长远来看，全球排放量将保持平稳或者小幅度正增长，这大致符合各国提交给《巴黎协定》的排放承诺。全球各国仍将在低碳、生态、绿色发展的道路上砥砺前行。

2.1　宏观态势：全球绿色发展蓝图

2.1.1　联合国：波恩气候大会[1]

第 23 届联合国气候变化大会（COP23）于 2017 年 11 月 6 日至 17 日在德国波恩举行（图 1-2-1）。大会的一项重要任务就是形成一个全面反映各方诉求、平衡反映 2015 年《巴黎协定》各个重点要素、可供明年谈判的实施细则案文草案，为 2018 年达成最终细则奠定基础。

波恩大会的关键议题包括：明确各缔约方编制并通报国家自主贡献方案；2018 年促进性对话的实施细节：目前全球减排差距、长期减排目标以及如何弥合减排差距；盘点各国落实各自 NDC 的情况，以评估落实《协定》的集体进展情况；落实气候基金，帮助发展中国家应对气候变化，增进国家间的政治互信，《协定》第一次缔约方会议（CMA1）通过决议，明确《协定》将继续沿用适应

[1] http：//www.tanjiaoyi.com/article-22881-1.html

图 1-2-1　第 23 届联合国气候变化大会

（图片来源：http：//www.rmhb.com.cn/zt/2017zt/T23Climate/201711/t20171114_800109947.html）

基金，并作为落实发达国家缔约方履行承诺的具体体现。

此次气候大会上，发展中国家和发达国家围绕 2020 年前气候行动问题展开交锋，多国与会者均承诺，将积极应对气候变化。此外，联合国相关机构负责人各国与会者纷纷对中国在应对气候变化上所做出的贡献表示肯定，并对中国的新科技和治理经验予以了关注。

2.1.2　联合国人居署：人人共享的城市[1]

联合国“第九届世界城市论坛”于 2018 年 2 月 7～13 日在马来西亚吉隆坡隆重举办（图 1-2-2）。本次论坛由联合国人居署主办，联合国各相关机构、马来西亚政府、各国政要及近 200 国家的数万代表出席大会。

本次论坛围绕“城市 2030，城市人人共享”为主题，旨在落实联合国 2030 可持续发展目标，特别是目标“建设包容、安全、有抵御灾害能力和可持续的城市和人类住区”，推动《新城市议程》的实施。“城市 2030”，就是要让未来的城市和人类住区环境可持续、韧性可再生、社会更包容、安全无犯罪、经济更繁荣，同时在空间尺度上更加融通，乡村住区更可持续发展。而“人人共享的城市”则是《新城市议程》提出的目标，即“人人平等使用和享有城市和人类住区，力求促进包容性，并确保今世后代的所有居民，不受任何歧视，都能居住和建设公正、安全、健康、便利、负担得起、有韧性和可持续的城市和人类住区，以促进繁荣，改善所有人的生活质量”。

[1] http：//www.jinciwei.cn/b83943.html

图 1-2-2 可持续城市与社区主题边会

（图片来源：http：//finance. huanqiu. com/cjrd/2018－02/11608218. html？referer＝huanqiu）

论坛详细讲解了联合国环境署主编的《可持续城市与社区评价标准、管理体系、技术指南》（简称“SUC 标准”）框架草案，正式发布“SUC 国际可持续发展示范城市与示范社区”首批名单并正式发起 SUC“可持续新城新区倡议”。

2.1.3 国际能源署：全球能源需求和供应预测全面更新[1]

2017 年 11 月 14 日，国际能源署发布《2017 年世界能源展望报告》，从不同情景出发，对到 2040 年全球能源需求和供应预测进行全面更新：新政策情景（New Policies Scenario）描述了既有政策和已经公布的规划可能在哪些方面引领能源系统的发展；可持续发展情景（Sustainable Development Scenario）是本期报告引入的一种主要新情景，概述了一种实现联合国可持续发展目标中与能源相关目标的综合方法。此外，报告还详细分析了各种预测对能源行业及投资产生的影响，以及对能源安全和环境产生的影响。

2017 年的《世界能源展望》聚焦中国，为中国能源界提供了新视角，也为世界其他国家更好地了解中国未来能源转型和绿色发展提供了重要窗口。报告的两个特别关注点：①中国能源发展状况：研究中国的选择将如何重塑各种燃料和技术在全球的发展前景；②天然气：探讨页岩气和液化天然气的崛起会如何改变全球天然气市场，以及天然气在向更加清洁的能源系统转型过程中所面临的机遇和风险。

[1] https：//baijiahao. baidu. com/s？id＝1584987240872389947&wfr＝spider&for＝pc

2.1.4 国际合作：促进绿色金融发展[1]

2017年8月29日，亚洲开发银行（ADB）发布《促进绿色金融：利用混合融资理念实现绿色发展报告》。报告介绍了提升亚太地区基础设施项目财务可融资性和环境可持续性的创新型融资解决方案，通过提供有助于增强绿色增长举措的国别融资结构，使各国得以减轻国家层面财政负担。

绿色金融催化设施利用公共资金和政策来催化来自私人渠道的混合融资，以增加绿色基础设施投资，这将作为各国创建其自身融资工具和实施机制的典范。公共资金作为“风险缓和剂”来创造具有可融资性的项目，并吸引私人部门资金投资于绿色基础设施项目。私营部门被视为满足地区发展融资需求的关键贡献者，许多国家私营部门将需贡献绿色投资所需资金的50%以上，以中国为例，私营部门对绿色投资资金的贡献率预计达90%。

此外，亚行与越南和菲律宾都有合作。越南与亚行合作的2016～2020年国家合作战略将“改善环境可持续性和应对气候变化”确定为支柱之一，其中“减缓气候变化”是持续投资的重点。亚行积极帮助菲律宾政府分析其低碳增长选择的潜力，支持菲律宾实现低碳发展。重要的合作领域包括可持续交通系统，包括公共交通和过境电气化，可再生能源发展，能源部门改革和提高能源效率。

2.2 政策进展：推动清洁低碳发展

2.2.1 英国：清洁增长改善环境[2]

2017年10月12日，英国商业、能源和工业战略部（BEIS）发布《清洁增长战略》，通过梳理英国实现清洁增长所面临的机遇与挑战，确定了在技术突破和大规模部署方面需要实现最大进展的关键政策行动，为2030年前英国低碳经济发展描绘了雄伟蓝图。

《清洁增长战略》确定了在技术突破和大规模部署方面需要实现最大进展的领域，给出了建议采取的关键行动。此外，为进一步推动脱碳，《清洁增长战略》还包括一系列增加研发支出的承诺。英国《清洁增长战略》是英国在确保经济增长的同时实现脱碳工作的一个重要里程碑。

---

[1] https://baijiahao.baidu.com/s?id=1578590445230230041&wfr=spider&for=pc

[2] http://www.globalchange.ac.cn/view.jsp?id=52cdc0665c0ed303015f8f50b1c2045f

2.2.2 美国：第一能源计划 各州合力应对气候变化[1]

2017 年 1 月 20 日，美国发布“美国第一能源计划”。该计划的核心内容是：(1) 降低能源价格，尽量开发本土能源，减少石油进口；(2) 取消气候行动计划，保护美国本土能源产业；(3) 继续页岩革命，以美国能源生产的收入重建道路、学校、桥梁和公共设施；(4) 支持清洁煤技术，重振美国煤炭工业。但美国国家能源计划仍将致力于保护环境与资源，推动能源发展以保护清洁的空气和水、保护自然栖息地和自然资源为优先。

虽然美国在 6 月 1 日退出了《巴黎协定》，不可避免会对全球应对气候变化行动产生消极影响。但 2017 年 6 月美国加利福尼亚州、纽约州以及华盛顿州 3 地的州长共同宣布成立“气候联盟”，试图引领美国对抗气候变化。随后 7 月，科罗拉多州也加入了“气候联盟”，并签署了一份行政命令，要求科罗拉多州在 2005 到 2025 年间的温室气体排放量下降 26%以上，并与此同时在电力行业减少 25%的碳排放。

2017 年 7 月 18 日，加州议会在两党的绝对支持下以三分之二的票数通过了 AB398 和 AB617 法案。这两个法案的通过意味着该州具有里程碑意义的总量控制与交易计划将被延长到 2030 年，并被赋予了更强大的力量来改善当地社区的空气质量。到 2030 年，加州一半的电力供应将来自可再生能源，且具有北美地区最具雄心的温室气体减排目标。

2.2.3 加拿大：碳排放交易计划[2]

2017 年 5 月，加拿大联邦碳定价方案的一份技术性文件表明，2018 年将在全国实施碳税（carbon tax）或“碳排放及交易计划”（cap-and-trade plan），对每吨碳排放征收至少 10 加元。加拿大联邦政府表示，各省在 2018 年底前必须推出碳定价方案，否则联邦政府将实施自己的模式。

根据联邦政府的要求，各省碳定价有三个选择方案：各省自己立法征收每吨至少 10 加元的碳排放税；各省自己立法制定总量管制和交易制度，并确保减少相当于实施碳排放税而减少的排放量；或者实施联邦政府制定的，主要基于阿尔伯塔省方案的混合模式。阿尔伯塔省的碳定价模式包括对大多数运输和取暖燃料的直接税、对大型工业排放企业的总量管制和交易制度。阿尔伯塔省通过退税支票将一部分资金直接返还给中低收入者，并将其余部分用于小企业减税、可再生能源生产和其他减缓气候变化的项目。加拿大已同意到 2030 年将排放量在 2005

[1] http://m.sohu.com/a/223015687_611338

[2] http://www.ctax.org.cn/csxw/jwsx/201706/t20170601_1059045.shtml

年水平的基础上减少 30%。

2.2.4 德国：《可再生能源法》(2017)[1]

德国《可再生能源法》(2017) 在 2014 年出台的《可再生能源法》基础上，将可再生能源补贴国家定价制度转换为公开竞争的招投标程序，以确定对风能、太阳能和生物质能发电的资助额度。

同时，新规增加了光伏补贴区域。该修订案规定，除了现有优惠区域外，农田和绿地光伏设施也将获得电力补贴。引入所谓“租户用电模式”的法规授权。该模式规定，如果供电目标是居民楼且供电被该楼住户所消耗，则光伏设备运营商只需要为其向该楼住户输出的电力支付相对优惠的分摊款。该新法案为租户用电模式和本地用电模式等分散式电力供应商提供了机会。

2.2.5 欧盟：10 项转型举措[2]

2017 年 12 月 12 日，欧盟在“一个地球”峰会上宣布了新的《地球行星行动计划》，提出面向现代清洁经济与公平社会的 10 项转型举措：

(1) 让金融部门为气候服务：欧盟委员会承诺将实施必要的改革，激励金融业为绿色转型做出贡献，欧盟委员会还将发展可持续金融的分类系统，为投资者提供气候智能、环境友好与可持续投资的定义和构成的共识。(2) 欧盟对外投资计划：欧盟新的“对外投资计划”将在促进非洲和欧盟周边国家的包容性增长和创造就业方面发挥重要作用。新成立的“欧洲可持续发展基金”是对外投资计划的核心，它将利用公共投资，推动更多私人资本流向可持续发展项目。(3) 欧洲城市的投资支持：欧盟委员会将帮助实现欧洲城市的转型与现代化。欧盟委员会正在启动新的“城市投资支持”计划，帮助城市规划和实施其投资策略。(4) 岛屿清洁能源倡议：帮助欧洲 2400 个岛屿岛上居民接纳可再生能源，推动岛屿的能源自给，减少对昂贵的化石燃料进口的依赖，创造就业和促进经济增长，减少温室气体排放。(5) 针对煤炭和碳密集地区的结构性支持行动，帮助确定该区域短期和中期的解决方案，从而过渡到一个更有未来的商业模式，同时提高其创新能力，消除投资壁垒，优化工人技能，并为工业和社会变革做好准备。(6) 欧洲青年气候行动，欧盟委员会“青年气候行动倡议”将授权年轻人利用《巴黎协定》中所传递的更新和再生精神，跨越国界、共同塑造他们的未来。(7) 智能建筑、设施投资：欧洲结构和投资基金 (ESIF) 将在 2014～2020 年分配 180 亿欧元到能源效率、60 亿欧元到可再生能源 (特别是在建筑和地区供热与制冷方面)

---

[1] http://www.china-nengyuan.com/news/113640.html

[2] http://www.sohu.com/a/218723516_825427

以及大约10亿欧元到智能电网。(8)欧盟建筑能效投资规则手册：记录了各项能源绩效合同的数据，使政府更容易利用能源绩效合同推动节能且不会对公共赤字和债务产生负面影响。(9)投资清洁工业技术：针对性地增加在清洁能源和气候研究与创新方面的公共投资，欧盟地平线2020研究计划在2018～2020年资助34亿欧元。(10)清洁、互联和竞争的流动体系：要求制造商接受创新技术，并向市场供应低排放汽车。

2.3 实践动态：共享共建可持续发展的智慧城市

可持续发展是基于生态环境和资源承载力，将环境保护作为实现可持续发展的重要的环节。而城市作为能源消耗的主体，其绿色发展对整个生态环境建设至关重要。世界各国纷纷积极地探索和解决城市中的各项挑战，积累了一系列有益的实践经验，包括创造可持续发展的城市能源体系，构建绿色城市生态体系以及城市大脑等智慧城市建设新起点。

2.3.1 瑞典：为可持续发展的未来创造能源[1]

瑞典的能源使用主要以可再生能源为基础。当世界开始转向更可持续发展的能源体系时，拥有尖端科技、丰富自然资源和高比例可再生能源的瑞典走在了前列。

很少有其他国家在人均能源消耗量方面超过瑞典，但瑞典的碳排放量与其他国家相比却很低。根据国际能源署（IEA）最新的统计资料，每年瑞典人均排放到大气层中的二氧化碳（CO_2）量为4.25吨，而欧盟每年的人均排放量为6.91吨，美国则达到16.15吨。低排放的原因在于瑞典83％的电力供应来自核电和水电（图1-2-3）。以热电联产（CHP）的方式运行的电厂为瑞典提供约10％的电量，而这种方式主要是通过生物燃料来发电的。另外，约有7％的电力来自风力发电。

目前，瑞典拥有三座核电站，配有十座商业核反应堆，是世界上唯一一个每百万居民拥有一座核反应堆的国家。不过，核电这一话题始终是瑞典各政党之间的一个分歧点。2010年，瑞典议会（Riksdag）通过决议，允许建造新核电站，以替换退役的核电站，并且只能在现有核电站的原址上建造。但是，2015年，所有新核电站的建设计划都被停止了，而核能税率也大幅提高，以便将投资转移到可再生能源的生产领域。这项政策发布后不久，政府所属的某电力公司决定将两座反应堆的计划关闭时间从十年提前到三至五年。

[1] http：//facts.sweden.cn/society/energy-use-in-sweden/

图 1-2-3　瑞典某水电站

（图片来源：NICLAS ALBINSSON/FOLIO/IMAGEBANK. SWEDEN. SE）

根据国际能源署（IEA）的报告，自政府解除管制以来，瑞典电力市场已发展成了一个国际标准的出色样本。原因之一是消费者的自主选择权，其二是全国范围的价格调节。自 1996 年以来，消费者能够自由选择电力供应商；目前，约有 200 家公司向瑞典消费者供电。瑞典的大部分电力产自北方，但北方地区的用电量却低于人口稠密的南方。这也是 2011 年瑞典将全国划分为四个电价区的原因之一，目的是补偿通过输电线路传输电力时产生的能源损失。另一个原因则是促进瑞典和欧洲其他国家之间的电力贸易。

2.3.2　波特兰：构建城市生态体系[1]

波特兰是一个降水充沛、河流密布的城市，雨洪管理系统的高效运作成了城市发展的重点。经过约半个世纪的发展，波特兰市形成了独特而又成熟的城市生态体系。波特兰不仅仅建设有新的绿色基础设施，还与可持续雨洪管理以及公众教育活动有关，通过他们之间的紧密联系，组建起一套能够自我运行的城市生态系统（图 1-2-4）。

绿色基础设施（green infrastructure）是指可以通过植物和土壤收集并管理雨水的设施，包括绿色街道，生态屋顶和雨水花园等。波特兰的绿色基础设施包括城市的自然资源，如树木、溪流、开放空间和自然湿地。绿色基础设施与下水

---

[1] http：//mp. weixin. qq. com/s/sQdVuk1iD9IOWD-F _ umVlA

图 1-2-4 波特兰的生态屋顶与种植池
（图片来源：http：//mp. weixin. qq. com/s/ICjjgS8WL5aU2Sw-fB1cyA）

管道、涵洞以及道路桥梁共同形成了较为成熟的雨洪管理设施系统，而主要建设的内容为绿色街道与建筑单体雨洪管理。

绿色街道的营造对道路宽度、纵坡坡度、土壤排水性能、现状植被等有相应限制条件地新建或改造产生影响。除街道设施的营造外，波特兰还在社区推广“绿色街道”管理小组计划。目前，波特兰市已成立 867 个绿色街道管理小组，而更多的小组也在继续组建中。

生态屋顶是在建筑的屋面等构筑物表面进行绿化营造出的特殊生态空间。到目前为止，波特兰共有 191 个生态屋顶建成，面积约 11 英亩，相当于 8 个足球场的大小。数百加仑的雨水会在到达地面前被生态屋顶吸收，再通过落水管流入种植池或植草沟。目前，波特兰仍有 300 多处生态屋顶在设计建造当中，生态屋顶也将与光伏面板进行配对，或设计为鸟类栖息地，以最大限度地发挥其效益。

波特兰不仅仅注重基础设施的建设，还非常注重建成项目的宣传与雨洪管理理念的推广，通过策划游憩活动、组织公共讲座、展览宣传以及与学校合作等方式提高社会影响力。市民自发参与绿色基础设施的保养维护，使得街道设施受到了良好的保护，管理部门也能将更多的精力放在监测雨洪管理效果。

2.3.3 多伦多和马来西亚：智慧城市建设新起点❶

智慧城市在互联网技术公司推动下迎来了新一轮的建设热点。其中最有代表

❶ https：//mp. weixin. qq. com/s/3b3Aumt _ 7eMCj2rW-Q _ 0oA

性的一个是在多伦多滨水区建设的一处名为 Sidewalk Toronto 的新兴社区；另一个是“马来西亚城市大脑”的智慧城市计划。

2017 年 10 月 18 日，多伦多政府重建一个位于多伦多南部、约 4.8 万平方米的码头区，这个区域将会重新命名为 Quayside。该项目的核心是搭建一个平台，使得物质空间层面与科技数据层面能够相互融合，并通过标准层面制定规范，为城市创新提供必要的条件。物质层面上将会引入四种核心概念来创造更加灵活开放的城市空间：（1）灵活的建筑：将会容纳适应性更强的建筑和新的施工手段；（2）以人优先的街道—通过以人为本的街道设计与一系列便捷的交通选择，让人们享受更加便宜、安全和方便的公共交通系统；（3）更加包容的公共空间—创造公共空间让人们无论什么时刻都能享受室外环境，加强社区联系；（4）开放利用的地下基础设施（图 1-2-5、图 1-2-6）。

图 1-2-5　地下隧道

图 1-2-6　模块化建筑

而将以上四层物质空间环境相互串联起来的就是科技数据层面。该系统由数据感知的方式将整个社区系统进行串联，收集周边环境的实时数据，便于人们分析、理解和改善社区。物质空间层面与科技数据层面将会通过各个检测器共享社区的数据库，同时与公关部门或第三方组织共享数据，以改善社区服务，为人们提供更快捷的解决方案。

2018 年 1 月，马来西亚已正式启动名为“马来西亚城市大脑”的智慧城市计划，该计划将利用人工智能、大数据和云技术支持马来西亚的数字化转型，并帮助城市各项机能更有效的运行。政府部门通过与技术公司深度合作，在交通管控、能源管理、综合治理和公共安全等各公共职能部门及领域部署先进的信息和通信技术。

马来西亚城市大脑还可以与管理紧急情况调度的救护车呼叫系统集成在一起，通过控制交通流量以便确定最快的路线使紧急车辆在最短时间内抵达目的地。此外，随着“城市大脑”项目布局的日趋完善，马来西亚的大型企业、初创企业、大学和其他学术机构将同样有机会获取“城市大脑”所提供的人工智能工具，以推动其所在领域的创新。

3　2017～2018 年中国低碳生态城市发展

3　China Low-Carbon Eco-City Development in 2017～2018

2017 年是实施“十三五”规划的重要一年，是生态文明建设和发展的深化之年。2017 年 10 月 18 日，党的十九大报告提出：“建立健全绿色低碳循环的经济体系，形成绿色发展方式和生活方式”。2018 年全国两会在部署工作时强化了生态环保这一重要发展指标，表决通过的《中华人民共和国宪法修正案》中建设“美丽中国”和生态文明写入宪法。绿色低碳发展已逐渐成为我国经济社会发展的主旋律。

3.1　政策指引：绿色发展理念推动生态文明建设

3.1.1　国家层面：立法推进生态文明建设

（1）两会：坚持绿色发展 推动生态文明建设[1]

2018 年全国两会在部署工作时强化了生态环保这一重要发展指标，表决通过的《中华人民共和国宪法修正案》中建设“美丽中国”和生态文明写入宪法。新的国家机构将生态和环境合并组成生态环境部，体现出国家对生态环境的重视，也是落实“五位一体”总体布局中生态文明建设方面的具体举措。生态文明写入宪法将推动绿色金融的全面发展，以协调经济发展和生态保护进程，填补环境治理方面的空白。

2018 年全国两会有关生态内容集中在：推动乡村生态振兴，坚持绿色发展，淘汰高污染、高排放产业以及企业，大力发展新兴产业，打好污染防治攻坚战。2017 年重拳整治大气污染取得较好效果，重点地区细颗粒物（PM2.5）平均浓度下降 30%以上。加强散煤治理，推进重点行业节能减排，71%的煤电机组实现超低排放。煤炭消费比重下降 8.1 个百分点，清洁能源消费比重提高 6.3 个百分点。

今年的主要发展预期目标是今年的单位国内生产总值能耗要下降 3%以上，

---

[1] http：//www.sohu.com/a/224890195_244948

主要污染物排放量继续下降。今年二氧化硫、氮氧化物排放量要下降3%，重点地区细颗粒物（PM2.5）浓度继续下降。提高污染排放标准，实行限期达标。开展柴油货车超标排放专项治理。深入推进水、土壤污染防治。加大污水处理设施建设力度，完善收费政策。严禁“洋垃圾”入境。加强生态系统保护和修复。今年将继续破除无效供给，深化能源供给侧结构性改革，要求退出煤炭产能1.5亿吨左右，淘汰关停不达标的30万千瓦以下煤电机组。今年再压减钢铁产能3000万吨左右，退出煤炭产能1.5亿吨左右。

（2）国务院：《关于禁止洋垃圾入境推进固体废物进口管理制度改革实施方案》❶

2017年7月，国务院办公厅印发《关于禁止洋垃圾入境推进固体废物进口管理制度改革实施方案》（以下简称《实施方案》）。《实施方案》对推进固体废物进口管理制度改革作出全面部署，并提出了具体实施措施。

《实施方案》的基本原则是：坚持疏堵结合、标本兼治。调整完善进口固体废物管理政策，持续保持高压态势，严厉打击洋垃圾走私；提升国内固体废物回收利用水平。坚持稳妥推进、分类施策。根据环境风险、产业发展现状等因素，分行业分种类制定禁止进口的时间表，分批分类调整进口固体废物管理目录；综合运用法律、经济、行政手段，大幅减少进口种类和数量，全面禁止洋垃圾入境。坚持协调配合、狠抓落实。各部门按照职责分工，密切配合、齐抓共管，形成工作合力，加强跟踪督查，确保各项任务按照时间节点落地见效。地方各级人民政府要落实主体责任，切实做好固体废物集散地综合整治、产业转型发展、人员就业安置等工作。

洋垃圾入境既占用有限环境容量，加大我国环境污染治理压力，又对我国生态环境安全和人民群众健康构成威胁。《实施方案》是党中央、国务院在新时期新形势下作出的一项重大决策，是推动形成绿色发展方式和生活方式、保护生态环境安全和人民群众身体健康的一项重要制度改革。《实施方案》突出体现创新、协调、绿色、开放、共享的发展理念，坚持以人民为中心的发展思想，坚持稳中求进工作总基调。

（3）中共中央、国务院：《关于建立资源环境承载能力监测预警长效机制的若干意见》❷

2017年9月，中共中央办公厅、国务院办公厅印发了《关于建立资源环境承载能力监测预警长效机制的若干意见》（以下简称《意见》）。

根据《意见》，资源环境承载能力分为超载、临界超载、不超载3个等级。

❶ http：//politics.people.com.cn/n1/2017/0728/c1001－29433454.html

❷ http：//www.xinhuanet.com/2017－09/20/c_1121697710.htm

根据资源环境耗损加剧与趋缓程度，进一步将超载等级分为红色和橙色两个预警等级、临界超载等级分为黄色和蓝色两个预警等级、不超载等级确定为绿色无警等级。并明确对红色预警区、绿色无警区以及资源环境承载能力预警等级降低或提高的地区，分别实行对应的综合奖惩措施。

根据意见，超载等级最严重的红色预警区将面临最严格的区域限批，依法暂停办理相关行业领域新建、改建、扩建项目审批手续等。严重破坏资源环境承载能力的企业、管理不力的政府部门负责人、负有责任的领导干部等责任主体将受到严厉处罚。对绿色无警区，研究建立生态保护补偿机制和发展权补偿制度，鼓励符合主体功能定位的适宜产业发展，加大绿色金融倾斜力度，提高领导干部生态文明建设目标评价考核权重。同时，《意见》还提出针对水资源、土地资源、环境、生态和海域等单项评价要素的具体管控措施。

（4）中共中央、国务院：《生态环境损害赔偿制度改革方案》❶

2017 年 12 月，中共中央办公厅、国务院办公厅印发了《生态环境损害赔偿制度改革方案》（以下简称《方案》），提出从 2018 年 1 月 1 日起，在全国试行生态环境损害赔偿制度。

通过在全国范围内试行生态环境损害赔偿制度，进一步明确生态环境损害赔偿范围、责任主体、索赔主体、损害赔偿解决途径等，形成相应的鉴定评估管理和技术体系、资金保障和运行机制，逐步建立生态环境损害的修复和赔偿制度，加快推进生态文明建设。到 2020 年，力争在全国范围内初步构建责任明确、途径畅通、技术规范、保障有力、赔偿到位、修复有效的生态环境损害赔偿制度。《方案》强调，生态环境损害赔偿制度要坚持依法推进，鼓励创新；环境有价，损害担责；主动磋商，司法保障；信息共享，公众监督的原则。《方案》明确了什么是生态环境损害并列举了依法追究生态环境损害赔偿责任的情形。

这一方案的出台，标志着生态环境损害赔偿制度改革已从先行试点进入全国试行的阶段。通过全国试行，不断提高生态环境损害赔偿和修复的效率，将有效破解“企业污染、群众受害、政府买单”的困局，积极促进生态环境损害鉴定评估、生态环境修复等相关产业发展，有力保护生态环境和人民环境权益。

（5）中共中央、国务院：《关于在湖泊实施湖长制的指导意见》❷

2017 年 11 月 20 日，中共中央办公厅、国务院办公厅印发《关于在湖泊实施湖长制的指导意见》（以下简称《指导意见》），要求在全国江河湖泊全面推行河长制。

湖泊是江河水系的重要组成部分，是蓄洪储水的重要空间。与河流相比，湖

❶ http：//www. gov. cn/zhengce/2017-12/17/content _ 5247952. htm

❷ http：//www. scio. gov. cn/m/34473/34515/Document/1615683/1615683. htm

泊自然属性复杂，管理保护难度更大。长期以来，一些地方围垦湖泊、侵占水域、超标排污、违法养殖、非法采砂等现象时有发生，造成湖泊面积萎缩、水域空间减少、水质恶化、生物栖息地破坏等问题。全面推行湖长制以来，一些地区在湖泊设立了湖长，明确责任分工，强化统筹协调，注重系统治理，一些湖泊生态环境有所改善。考虑到湖泊管理保护的特殊性，在深入调研、总结地方经验基础上，中央专门制定出台了《关于在湖泊实施湖长制的指导意见》。《指导意见》提出了主要任务：严格湖泊水域空间管控，强化湖泊岸线管理保护，加强湖泊水资源保护、水污染防治以及湖泊水环境的综合整治力度，开展湖泊生态治理与修复，健全湖泊执法监管机制。

河长制、湖长制建立要落实责任。把长江的分级分段责任落实到各级河长肩上，让河长们扛起长江大保护的责任。要制定好一湖一策和一河一策方案，要做好源头治理。水生态、水环境问题，表现在水里，根子在岸上。要通过实施河长制、湖长制，推进各地产业结构的调整，产业的升级改造，控制好入河湖的排污总量。河长不仅管水里的事，还要管岸上的事，做好源头治理工作。另外中央明确规定，上级的河长、湖长要对下一级河长、湖长进行考核，如果发现了超标排污、侵占岸线、非法采砂的现象，要予以处理，如果哪一个河段打击不力，造成河湖管理秩序混乱的，要追究河长、湖长的责任。

3.1.2　相关部委：推动低碳生态城市建设

（1）工信部 ：《工业节能与绿色标准化行动计划（2017～2019 年）》

2017 年 5 月 19 日，工信部节能司印发《工业节能与绿色标准化行动计划（2017～2019 年）》（以下简称《行动计划》）。

《行动计划》确定了工作目标，到 2020 年，在单位产品能耗水耗限额、产品能效水效、节能节水评价、再生资源利用、绿色制造等领域制修订 300 项重点标准，基本建立工业节能与绿色标准体系；强化标准实施监督，完善节能监察、对标达标、阶梯电价政策；加强基础能力建设，组织工业节能管理人员和节能监察人员贯标培训 2000 人次；培育一批节能与绿色标准化支撑机构和评价机构。

《行动计划》提出重点任务，包括加强工业节能与绿色标准制修订、强化工业节能与绿色标准实施、提升工业节能与绿色标准基础能力。《行动计划》提出，要加强政策支持，发挥地方和行业协会作用，加强舆论宣传，以保障计划的顺利实行。

（2）发改委 ：《全国碳排放权交易市场建设方案（发电行业）》

2017 年 12 月 18 日，国家发展改革委印发《全国碳排放权交易市场建设方案（发电行业）》（以下简称《方案》），以发电行业为突破口的全国碳交易市场正式启动。全国碳排放权注册登记系统和交易系统将由湖北省和上海市分别牵头承建，北京、天津、重庆、广东、江苏、福建和深圳共同参与。

《方案》就如何分阶段、有步骤地逐步推进碳市场建设做出了规定，坚持将碳市场作为控制温室气体排放政策工具的工作定位，切实防范金融等方面风险。逐步建立起归属清晰、保护严格、流转顺畅、监管有效、公开透明、具有国际影响力的碳市场。配额总量适度从紧、价格合理适中，有效激发企业减排潜力，推动企业转型升级，实现控制温室气体排放目标。《方案》明确，发电行业年度排放达到2.6万吨二氧化碳当量（综合能源消费量约1万吨标准煤）及以上的企业或者其他经济组织为重点排放单位。年度排放达到2.6万吨二氧化碳当量及以上的其他行业自备电厂视同发电行业重点排放单位管理。在此基础上，逐步扩大重点排放单位范围。

建立碳排放权交易市场，是利用市场机制控制温室气体排放的重大举措，也是深化生态文明体制改革的迫切需要，有利于降低全社会减排成本，有利于推动经济向绿色低碳转型升级。方案的制定可以扎实推进全国碳排放权交易市场建设工作。

（3）发改委、住建部：《生活垃圾分类制度实施方案》

2017年3月18日，国家发展改革委、住房城乡建设部发布了《生活垃圾分类制度实施方案》（以下简称《方案》）。

《方案》提出，推进生活垃圾分类要遵循减量化、资源化、无害化原则，加快建立分类投放、分类收集、分类运输、分类处理的垃圾处理系统，形成以法治为基础、政府推动、全民参与、城乡统筹、因地制宜的垃圾分类制度。到2020年底，基本建立垃圾分类相关法律法规和标准体系，形成可复制、可推广的生活垃圾分类模式，在实施生活垃圾强制分类的城市，生活垃圾回收利用率达到35％以上。

垃圾分类是一项典型的社会治理工作，成效高低与进度快慢主要取决于我国社会治理的法治化水平和全民参与的普遍程度。所以，垃圾分类重在全民参与，坚持不懈。全民参与垃圾分类可以倒逼垃圾的分类投放等各环节的立法，制度化可以引导居民养成绿色生活绿色消费的习惯。该制度对推动生活垃圾分类、完善城市管理和服务具有重大意义。

（4）环保部：《国家环境保护标准“十三五”发展规划》

2017年4月10日，环保部印发《国家环境保护标准“十三五”发展规划》。根据规划，“十三五”期间，环境保护部将全力推动约900项环保标准制修订工作。同时，将发布约800项环保标准，包括质量标准和污染物排放（控制）标准约100项，环境监测类标准约400项，环境基础类标准和管理规范类标准约300项，支持环境管理重点工作。

随着“气十条”“水十条”和“土十条”的发布，各领域的环保工作不断深入，我国环境管理工作开始从以控制环境污染为目标导向，向以改善环境质量为目标导向转变，并将逐步建立以排污许可为核心的固定污染源环境管理制度。环境保护标准是依法开展环境保护工作的技术依据，是实现污染物减排、改善环境质量、防范环境风险等环境管理目标的重要手段。

3.1.3　地方层面：助力节能减排工作实施

（1）《国家生态文明试验区（贵州）实施方案》中办国办印发❶

2017 年 10 月 2 日，中共中央办公厅、国务院办公厅印发了《国家生态文明试验区（贵州）实施方案》，以下简称《方案贵州》。

《方案贵州》中提出贵州地区生态文明建设有八项重点任务：开展绿色屏障建设制度创新试验、开展促进绿色发展制度创新试验、开展生态脱贫制度创新试验、开展生态文明大数据建设制度创新试验、开展生态旅游发展制度创新试验、开展生态文明法治建设创新试验、开展生态文明对外交流合作示范试验以及开展绿色绩效评价考核创新试验。

《方案贵州》的主要目标是到 2018 年，贵州省生态文明体制改革取得重要进展，在部分重点领域形成一批可复制可推广的生态文明制度成果。到 2020 年，全面建立产权清晰、多元参与、激励约束并重、系统完整的生态文明制度体系，建成以绿色为底色、生产生活生态空间和谐为基本内涵、全域为覆盖范围、以人为本为根本目的的“多彩贵州公园省”。

通过试验区建设，在国土空间开发保护、自然资源资产产权体系、自然资源资产管理体制、生态环境治理和监督、生态文明法治建设、生态文明绩效评价考核和责任追究等领域形成一批可在全国复制推广的重大制度成果，在生态脱贫攻坚、生态文明大数据、生态旅游、生态文明国际交流合作等领域创造出一批典型经验，在推进生态文明领域治理体系和治理能力现代化方面走在全国前列，为全国生态文明建设提供有效制度供给。

（2）《关于加强长江经济带工业绿色发展的指导意见》五部委印发

2017 年 7 月 27 日，工业和信息化部联合发展改革委、科技部、财政部、环境保护部印发《关于加强长江经济带工业绿色发展的指导意见》（以下简称《指导意见》）。

长江经济带工业绿色发展有以下方面的具体要求：优化工业布局；调整产业结构；推进传统制造业绿色化改造以及加强工业节水和污染防治。《指导意见》提出，按照习近平总书记提出的“共抓大保护，不搞大开发”的要求，坚持生态优先、绿色发展，全面实施中国制造 2025，扎实推进《工业绿色发展规划》，紧

❶ http：//yndaily. yunnan. cn/html/2017—10/03/content _ 1179361. htm？ div＝－1

紧围绕改善区域生态环境质量要求，以企业为主体，落实地方政府责任。加强工业布局优化和结构调整，执行最严格环保、水耗、能耗、安全、质量等标准。

《指导意见》确立的目标是：到2020年，长江经济带绿色制造水平明显提升，产业结构和布局更加合理，传统制造业能耗、水耗、污染物排放强度显著下降，清洁生产水平进一步提高，绿色制造体系初步建立。与2015年相比，规模以上企业单位工业增加值能耗下降18%，重点行业主要污染物排放强度下降20%，单位工业增加值用水量下降25%，重点行业水循环利用率明显提升。全面完成长江经济带危险化学品重点搬迁改造项目。一批关键共性绿色制造技术实现产业化应用，打造和培育500家绿色示范工厂、50家绿色示范园区，推广5000种以上绿色产品，绿色制造产业产值达到5万亿元。

3.2 学术支持：大数据智慧助力绿色低碳转型

3.2.1 国际论坛——助力绿色能源与低碳创新发展

（1）深圳国际低碳城论坛

2017年9月7日，第五届深圳国际低碳城论坛开幕（图1-3-1），本届论坛吸引40多个国家和国际机构的近4000名嘉宾参会，参与嘉宾包括国家部委领导、国外政府官员、联合国等国际组织官员、著名专家学者、国内外知名企业家等。论坛由1个主论坛、6个平行论坛、4场专题研讨会以及一系列配套活动组成，首次推出国际清洁技术项目路演活动。

图1-3-1 第五届深圳国际低碳城论坛

（图片来源：http：//news. china. com/domesticgd/10000159/20170824/31177693. html）

论坛围绕创新、协调、绿色、开放、共享的发展理念，服务于国家应对气候变化和一带一路重大战略，服务于产业转型升级和供给侧结构性改革，全方位展示绿色低碳的最新成果，涵盖了南南合作的经验和做法、低碳城市发展的目标和路径、能源革命的机遇和挑战、绿色金融体系的创新和实践、低碳发展中企业的责任和担当等多方面的内容。

第五届深圳国际低碳城论坛呈现三大转变五大特点，发挥促进绿色低碳领域务实交流、深化国际合作的平台作用，对促进低碳技术的产业化、市场化具有积极作用。

（2）三亚国际能源论坛

2017 年 12 月 7 日，以“绿色能源与低碳经济”为主题的 2017 三亚国际能源论坛近 300 名国内外能源领域权威专家学者共聚一堂（图 1-3-2），探讨、交流当今世界能源利用现状、清洁能源与智慧城市的共融共建等，搭建起低碳城市建设交流平台。

图 1-3-2　2017 年三亚国际能源论坛

（图片来源：http：//www. hi. chinanews. com/hnnew/2017-12-08/451896. html）

本次论坛围绕“‘一带一路’倡议下的智慧城市能源与创新及能源国际合作新机遇”“氢气能源未来发展”“新能源汽车产业发展方向”等话题，交流行业前沿思想，探讨未来清洁能源发展前景和行业动向。论坛还将举行外资委年会和可持续发展研讨会。论坛还开设了“‘一带一路’倡议下的国际能源合作与新机遇”等专题分论坛，围绕“绿色能源与低碳经济”主题，展望全球能源发展趋势，共商新能源与智慧城市的共融共建。

本次论坛就当今世界能源利用现状、清洁能源与智慧城市的共融共建进行探讨和交流，为世界能源的发展提供了思路和方向。

（3）长城国际可再生能源论坛

2018 年 3 月 22 日，首届长城国际可再生能源论坛（Great Wall World Renewable Energy Forum）在河北省张家口市隆重开幕（图 1-3-3）。论坛以“全球协同创新 共享绿色未来”为主题，来自国内外政府部门、学术机构以及知名企业的 400 余名代表出席。嘉宾聚焦技术创新、低碳清洁城市建设、全球协同创新等热点话题，力图从体制机制、技术创新、商业模式等角度探寻出一条加速能源转型的现实市场路径。

3 月 23 日，还举行了“低碳清洁城市建设——市长论坛”“直面共同挑战——企业领袖论坛”“全球系统创新——公共技术平台论坛”四场重量级分论坛，邀请具有代表性的城市、企业深入剖析清洁、低碳化发展所面临的难题，并从已有的经验中汲取前行的动力。长城国际可再生能源论坛将每年举办一届，为国际政商人士及专家学者沟通交流提供常设机制，启迪创新智慧，孵化创新成果，推动全球可再生能源行业发展。

论坛以“全球协同创新，共享绿色未来”为主题，为加快培育我国可再生能源领域技术创新能力，增强我国可再生能源企业的国际影响力，拓展可再生能源领域国际合作空间，推动技术、资本和人才的全球性整合做出贡献。

图 1-3-3 首届长城国际可再生能源论坛

（图片来源：http：//report. hebei. com. cn/system/2018/03/22/018683457. shtml）

（4）国际低碳（镇江）大会

2017 年 9 月 26 日至 28 日，国际低碳（镇江）大会于在长江西津湾举办（图 1-3-4）。大会围绕“技术创新-共享低碳”主题，开展“低碳制造、低碳能源、低碳交通、绿色建筑、绿色金融、低碳管理与服务”等内容的论坛、展示、交易活动，设置了美国、英国、澳大利亚和奥地利 4 个国别主题馆。此外，还有 1 个“海绵城市”主题馆、1 个“低碳城市绿色智慧家”体验空间、4 个技术发布空间（循环经济、智能＋、未来能源、环境安全）。大会吸引到国内外 220 多家知名企业和科研机构展示低碳领域的先进成果。

图 1-3-4 国际低碳（镇江）大会

（图片来源：https：//www.thepaper.cn/newsDetail_forward_1808843）

（5）国际绿色建筑大会

2018 年 4 月 2 日至 3 日“第十四届国际绿色建筑与建筑节能大会暨新技术与产品博览会”在珠海国际会展中心召开，会议主题为“推动绿色建筑迈向质量发展”，分别从国家政策、经济形势、绿色金融、节能技术、国家能耗现状等方面进行了详尽的分析总结。

近 400 位业内高端专家，涵盖多名院士和国际知名学者，以及 3000 多名参会代表将齐聚一堂，围绕大会主题交流国内外绿色建筑与建筑节能的新科技成果、先进理念、发展趋势、创新材料、成功案例，研讨绿色建筑与建筑节能技术标准、政策措施、评价体系、检测标识，分享全球范围内发展绿色建筑与建筑节能工作新经验。

3.2.2 城镇化会议——“新常态”下城镇绿色发展

2017 年 7 月 27 日，第十二届城市发展与规划大会在海口召开（图 1-3-5），本届大会以“城市双修·生态宜居·绿色智慧”为主题。在中国及世界各国政府的高度重视和大力支持下，大会规模和影响力稳步扩大，已经成为国内城市规划发展领域最具影响力的会议之一。历届大会，贴合当年城市规划发展热点话题，引申讨论城市规划与城市发展过程中遇到的诸多问题，为城市管理者、规划者、建设者提供更多的思考与借鉴。

大会云集规划界专家 200 多名，参会代表 1800 多位。会议围绕国际生态城市理论前沿与实践进展、生态宜居城市规划建设、中外城镇化发展进程比较、海绵城市规划与建设、绿色交通与综合交通体系、黑臭河道治理与水生态修复、历史文化名城（镇）的保护与发展、城市双修理论与实践、城市综合管廊线规划建

图 1-3-5　第十二届城市发展与规划大会
（图片来源：http：//www. sohu. com/a/162325191 _ 732040）

设管理、海绵城市规划与建设、城市老旧小区改造实践与有机更新、城市设计与城市特色风貌塑造、特色小镇规划建设管理与产业创新、绿色生态社区评价与发展、雄安新区与京津冀协调发展、科学把控“城市设计”试点工作、美丽中国生态理论与实践、数据驱动的可持续城市、城市更新让生活更美好、城市双修升级版的海口实践等相关议题进行了专题学术研讨。

3.2.3　低碳生态城市会议——城市合作探索低碳技术与理念

（1）“国际清洁技术园区行”环保低碳技术对接会

2017 年 12 月 8 日，由泰达低碳经济促进中心与湖南省国际低碳技术交易中心联合主办的“国际清洁技术园区行”环保低碳技术对接会又在长沙拉开帷幕。来自美国、法国、瑞典等国的机构和企业代表，携最前沿的节能环保技术与长沙高新区企业进行精准对接与合作。

此次对接会，来自美国、丹麦等国的 13 家节能环保企业就各自的技术优势、环保效益、应用领域、成功案例等方面进行了推介，涉及工业污水治理、废油治理、废气治理、绿色建筑节能技术等多个领域，力促国内低碳技术“走出去”，国际低碳技术“引进来”。

本期活动突破原有活动的举办模式，将企业参观、技术研讨及技术对接整合为一体，形成独具特色的园区技术路演模式，企业宣讲内容涉及工业污水处理、废油治理、VOCs 治理、智慧工厂 4.0，绿色建筑节能技术等。活动技术对接共分为三轮开展“1 对 1”“1 对 n”对接模式。

（2）全国低碳技术大会

2017 年 11 月 25 日，中国国际低碳科技博览会倒计时 150 天主题活动——

“2017 全国低碳技术大会”在北京召开（图 1-3-6），共同回顾中国国际低碳科技博览会组委会在第一阶段的组织成果。来自国务院参事室、中国工程院、国家发改委、工信部、农业部、中央国家工作委员会宣传部的相关领导、专家、低碳先锋 100 推选技术企业、金融单位、媒体等 200 余人出席会议。

图 1-3-6　2017 全国低碳技术大会

（图片来源：http：//www.hbzhan.com/news/Detail/122153.html）

中国国际低碳科技博览会是由国家发改委、工信部共同指导，由相关协会联合举办的国家级、国际性、专业化博览会。博览会以“低碳科技，点亮未来”为主题，旨在交流展示我国适用普及低碳技术，架设国际合作通道，带来更多合作空间。

作为全国低碳技术的盛会，此次会议共分为十九大能源应用展望及产业政策解读，碳博会相关合作发布表彰，生物质地膜应用专家座谈会，组委会工作会议四大版块。另外，此次会议指出，全国碳排放权交易市场的政策准备和技术准备已经基本就绪，报请国务院批准。这表明我国正在以低碳技术研发和产业化为着眼点，以产学研合作提高自主创新能力，加快进行关键低碳技术与配套技术的攻关和推广。

（3）中国新型城市论坛荆门峰会

2017 年 11 月 20 号，2017 中国新型城市论坛荆门峰会在荆门绿色生态科技产业城国际会展中心开幕。本次峰会由荆门市政府、国家发展和改革委员会城市和小城镇改革发展中心联合主办，联合国人居署、欧洲环境基金会、中国生态城市专业委员会予以支持。

以此次峰会举办为契机，学习借鉴先进地区的先进理念、先进经验、先进做法，持之以恒地优化生产、生活、生态布局，持之以恒地提升城市规划、建设、管理水平，持之以恒地激发改革、科技、文化活力，把城市建设成为人与人、人与自然和谐共处的美丽家园，不断提升人民群众的获得感、幸福感、安全感。

3.3 技术发展：生态环境研究热度有增无减

关于生态城市、智慧城市、低碳城市的研究自 2010 年以来逐渐成为研究热点和重点，在 2017～2018 年度相关文献数量增加尤为显著（图 1-3-7）。

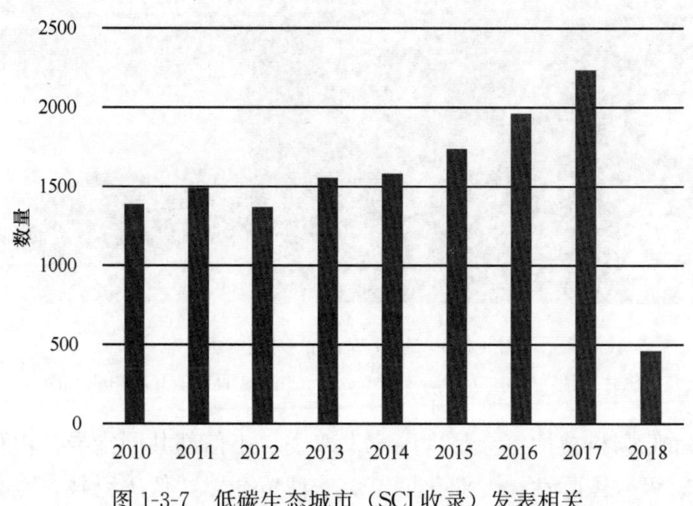

图 1-3-7 低碳生态城市（SCI 收录）发表相关文献数量图（截至 2018 年 4 月）

对于 2017～2018 年度国际生态城市研究热点，以 Web of Science 为信息源，检索到有效文献 2236 篇，发表的刊物较为集中，其中 ENVIRONMENTAL SCIENCES、ENVIRONMENTAL STUDIES、ECOLOGY、URBAN STUDIES、GREEN SUSTAINABLE SCIENCE TECHNOLOGY、BIODIVERSITY CONSERVATION，所占的比例较大，见图 1-3-8。与 2016～2017 年度相比，ENVIRONMENTAL SCIENCES 提升了 2 个百分点。

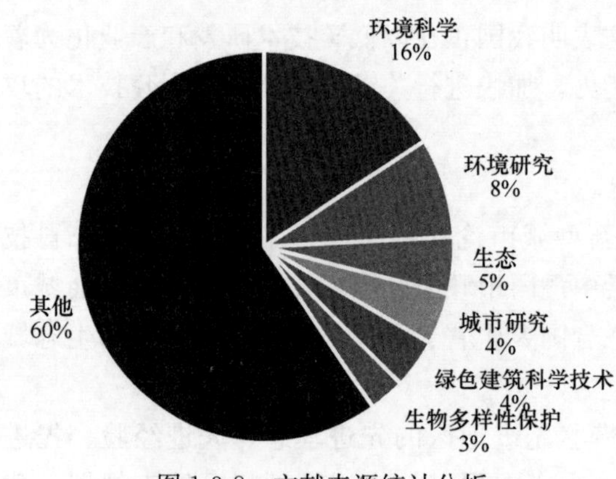

图 1-3-8 文献来源统计分析

这些文献全面客观地分析了生态城市领域的发展态势。通过检索结果可以看出，研究方向主要集中于环境科学、工程、城市研究、地理学、水资源、生物多样性保护、公众环境健康、能源、公共管理等。在对国家和地区的分析中，中国、美国、英国发表的相关文献占据前三名。其中，中国为352篇，比2016～2017年度增加了35篇，占比为42％。美国的相关文献为176篇，占比为21％。发表文献数量次之的国家依次为英国、澳大利亚、德国、俄罗斯、巴西、西班牙、加拿大、意大利（图1-3-9）。

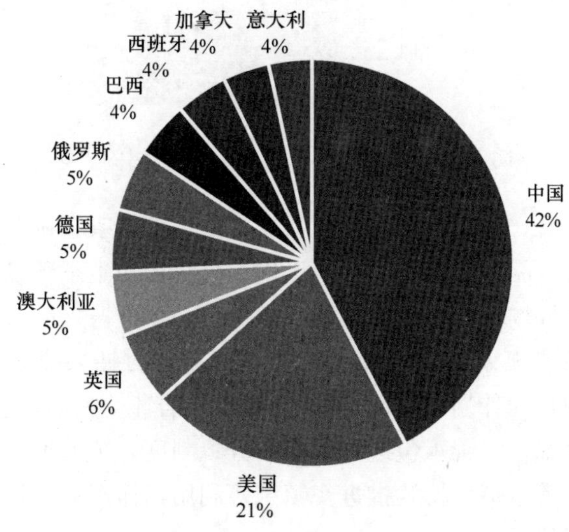

图1-3-9　开展研究的国家和地区统计分析

综上所述，低碳生态城市热度逐年上升。中国在生态城市方面的文献数量依然高居世界榜首，尤其是工程和地理学科领域对生态城市关注程度近年来有所上升，园艺、自动化和建筑方面对低碳及生态方面的热度上升。这些技术的研究有助于中国低碳生态城市的建设发展。

3.3.1　乡村振兴战略规划

乡村振兴是指重塑城乡关系、巩固和完善农村基本经营制度、深化农业供给侧结构性改革、坚持人与自然和谐共生、传承发展提升农耕文明、创新乡村治理体系、打好精准脱贫攻坚战的城乡一体化发展方式。

2018年1月2日，中共中央、国务院发布《中共中央国务院关于实施乡村振兴战略的意见》，从提升农业发展质量、推进乡村绿色发展、繁荣兴盛农村文化、构建乡村治理新体系、提高农村民生保障水平、打好精准脱贫攻坚战、强化乡村振兴制度性供给、强化乡村振兴人才支撑、强化乡村振兴投入保障、坚持和完善党对“三农”工作的领导等方面对实施乡村振兴战略进行了全面部署（图1-3-10）。

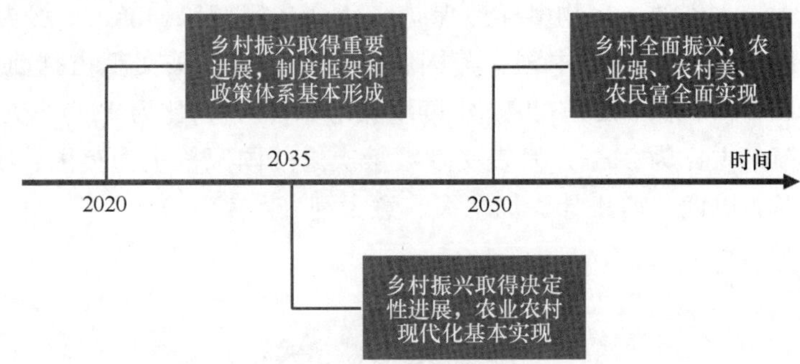

图 1-3-10　乡村振兴战略“三步走”时间表[1]

从城市角度来看，城市对农村也有新需求。城市希望农村在提供物质产品以外，还要提供生态产品，要为整个社会提供一个优良的生态环境，甚至为城市居民提供一个休闲的好场所。自十九大报告中提出“乡村振兴”战略，全国各地积极响应乡村振兴战略规划。2018 年北京市将编制乡村振兴战略规划，落实美丽乡村建设三年专项行动计划，启动 1000 个村庄人居环境整治。包括以“三块地”为重点深化农村改革，完善承包地“三权”分置制度，统筹推进集体经营性建设用地入市和征地制度改革，持续推进乡镇统筹利用集体产业用地试点，规范引导闲置农宅盘活利用等。

3.3.2　“城市更新”概念的提出[2]

“城市更新”是城市发展资源约束的背景下，在城市特定范围内按照法定程序进行综合整治，对原有的用地类型、结构以及空间分布等进行置换升级，实现用地集约发展的重要手段。

“城市更新”的概念起源于 1949 年美国住宅法（The Housing Act of 1949）“城市再发展”（Urban Redevelopment），其目标为市中心区拆除重建。虽然城市更新综合了改善居住、整治环境振兴经济等目标，较以往单纯以优化城市布局改善基础设施为主的“旧城改造”涵盖了更多更广的内容，但是其所引发的社会问题却相当多。20 世纪 80 年代后，美国的大规模城市更新已经停止，总体上进入了谨慎的、渐进的以社区邻里更新为主要形式的小规模再开发阶段。在最早的工业化国家英国，城市更新的任务更加突出也更倾向于使用城市再生（urban regeneration）这个字眼，其表征的意义已经不只是城市物质环境的改善，而有更广泛的社会与经济复兴意义。

---

[1] http：//ex. cssn. cn/jjx/jjx _ gdxw/201801/t20180102 _ 3801135. shtml

[2] https：//baike. sogou. com/v8644184. htm？ fromTitle=城市更新

城市更新的目的是对城市中某一衰落的区域进行拆迁、改造、投资和建设，以全新的城市功能替换功能性衰败的物质空间，使之重新发展和繁荣。它包括两方面的内容：一方面是对客观存在实体（建筑物等硬件）的改造；另一方面是对各种生态环境、空间环境、文化环境、视觉环境、游憩环境等的改造与延续，包括邻里的社会网络结构、心理定式、情感依恋等软件的延续与更新。

而经历了 30 余年的快速发展，中国城市已陆续步入转型期。在目前“总量管控，以盘活存量为主”的新型城镇化发展原则下，城市更新日渐重要，如何在转型期建设中发挥好城市更新的作用，是大家所共同关注的话题。

3.4　实践探索：中国特色探索共享城市建设

3.4.1　生态环境部组建[1]

新一轮国务院机构改革方案中，将原环保部的职责，国家发改委的应对气候变化和减排职责，国土资源部的监督防止地下水污染职责，水利部的编制水功能区划、排污口设置管理、流域水环境保护职责，农业部的监督指导农业面源污染治理职责，国家海洋局的海洋环境保护职责，国务院南水北调工程建设委员会办公室的南水北调工程项目区环境保护职责都进行了整合，统一组建成生态环境部，作为国务院组成部门。作为一个与公众生活环境诸多方面利益息息相关的部委，生态环境部的组建值得关注。

生态环境部作为一个调整后的新的国务院组成部门，将在未来生态环境方面发挥重大作用。此前在十九大报告中对生态环境监管体制改革的诸多方面作出了重要部署，提出加强对生态文明建设的总体设计和组织领导，设立国有自然资源资产管理和自然生态监管机构，完善生态环境管理制度，统一行使全民所有自然资源资产所有者职责，统一行使所有国土空间用途管制和生态保护修复职责，统一行使监管城乡各类污染排放和行政执法职责。也就是说，这三个“统一”将把相关部门分散的职责集中统一起来，实现权责明确清晰，进而更好管控生态环境和自然资源。

生态环境部的组建实际上是对十九大报告中相关部署的一个落实。过去多年来，生态环境方面的管理机构存在多头管理、“九龙治水”、职责交叉重叠、权责不清晰、部分领域权责缺失等问题，由此带来了内耗较多、效率较低、监管不到位、“公地悲剧”等后果。

组建生态环境部旨在整合分散的生态环境保护职责，统一行使生态和城乡各

---

[1] http：//www. cb. com. cn/zjkx/2018 _ 0313/1227391. html

类污染排放监管与行政执法职责，加强环境污染治理，保障国家生态安全，建设美丽中国，其主要职责是，制定并组织实施生态环境政策、规划和标准，统一负责生态环境监测和执法工作，监督管理污染防治、核与辐射安全，组织开展中央环境保护督察等。生态环境部的问世将在很大程度上改善此前部门职能重叠造成的资源浪费，减少出现监管死角和盲区，集中力量加大环境执法力度和污染整治力度。

从环保部的发展历程来看，党和国家对环境的重视程度逐渐加强。十七大到十九大的三次党代会都把生态文明建设作为国家的重大战略。十八大、十九大将生态文明建设写入党章，这也表达了党和国家发力生态文明建设的决心。新成立的生态环境部将实现和中央生态文明建设大战略的高效对接。

3.4.2　雄安速度[1]

雄安新区作为北京非首都功能集中承载地，重点是承接北京非首都功能疏解和人口转移。雄安新区的规划特别是总体规划关乎新区建设全局，始终是社会各界关注的焦点话题。2017 年 4 月中旬，雄安新区甫一面世，新闻舆论即广为引述习近平总书记的要求称，要坚持“世界眼光、国际标准、中国特色、高点定位”，要“把每一寸土地都规划得清清楚楚再开始建设”，可见规划对于雄安新区的重大意义。

北京南至雄安新区动车的开通运行、京雄城际铁路的开工建设、京雄高速和荣乌高速雄安段的改造、“四纵两横”区域轨道交通网络和“四纵三横”区域高速公路网的规划，每一个项目的推进都备受瞩目。其中，规避“大城市病”，建设密路网、小街区；建设“智慧交通系统”，启动智慧停车场、智慧路灯等智能化交建项目；强调绿色交通体系建设等雄安创新交通模式引人关注。

中国地质调查局确定了在雄安新区构建世界一流水平的“透明雄安”目标。针对不同地下空间、资源利用目标层位，中国地质调查局将调查地下 0～10000m 范围内土壤层、工程建设层、主要含水层、地热储层、深部探测层的地质结构和地质参数，建立不同空间尺度四维地质模型，打造世界一流水平的“透明雄安”基础平台（图 1-3-11）。即在未来的雄安新区城市建设中将应用包括数字孪生概念在内的一系列新理念。在建设一座实体城市的同时，将镜像地建设一座数字城市。“透明雄安”基础平台将实现建筑中所有可见、不可见的部分均可溯源。

绿色发展是雄安新区的根本。被誉为“华北之肾”的白洋淀是雄安新区的一张靓丽名片，也是雄安绿色发展的重要自然环境基础。一年来，白洋淀在生态建

---

[1] http：//mp. weixin. qq. com/s/P95HS0lAjJJASy1kcViYEw

图 1-3-11　“透明雄安”数字平台

（图片来源：http：//www.cgs.gov.cn/xwl/ddyw/201708/t20170823_438165.html）

设、环境治理、旅游发展等方面日益受到舆论和公众关注。此外，广受关注的雄安新区地热能利用、千年秀林工程、碧水行动、净土行动、规模化林场建设等成为雄安新区绿色发展的缩影。

雄安新区建设的一大亮点，是要建设 21 世纪的地下管廊式的基础设施。“把所有的东西都放到地下去，城市交通、城市水、电、煤气供应、灾害防护系统，包括到雄安高铁铁路线、车站以及市内交通也到地下去，把地面让给绿化、让给人的行走，人行走 500 米就可以下到地下找到车站，到四面八方去、高铁到北京是 41 分钟。”建设绿色低碳的生态城市、科技智能的智慧城市和人文宜居的城市，结合雄安新区的实际情况，势必建成一个地下管廊上的，以及轨道上的组团式、网络化、立体化的区域城市（图 1-3-12）。

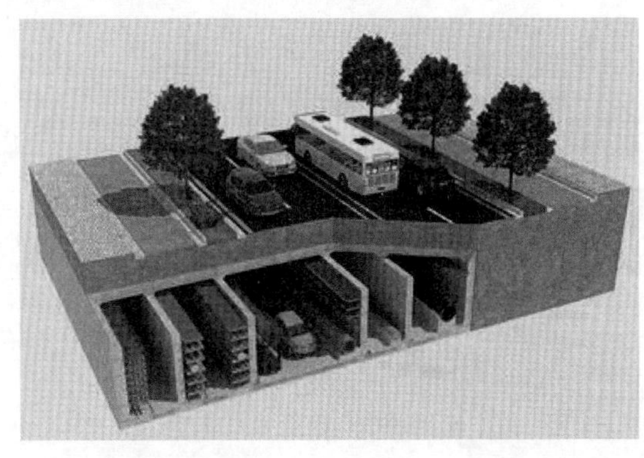

图 1-3-12　城市地下综合管廊示意图

不仅如此，对于雄安新区在城市建设、生态环境、产业发展、交通建设等经济社会领域，特别是在产业准入方面严守生态底线的绿色发展实践，舆论和公众也给予了积极肯定。未来雄安蓝绿空间将超过 70%。生态至上、绿色发展的理念将是雄安新区的魅力所在，它将成为与北京等大城市相比的最突出的比较优势，这一理念应贯穿规划、建设和发展的始终。

4 挑战与趋势

4 Challenges and Trends

4.1 实 施 挑 战

据国际能源机构IEA预测，到2030年，城市能耗将占全球总能耗的3/4。目前，城市已经成为我国碳排放的主要来源地，把握城市这一碳排放主体，是实现绿色发展的关键所在。我国的城镇化率已由1978年的17.9%升至2017年的58.5%。高出世界平均水平2.5%，40年里平均每年约增长1%，约为世界城镇化速度的2倍。

与此同时，城市化与气候变暖带来的“城市病”等问题也在不同程度得到体现：城市灾害频发，大面积、持久性灰霾严重威胁人体健康；水污染和水资源短缺依然较为严重，城市交通拥堵日益加剧，部分城市中心城区密度过高，城市居住空间分异，贫富差距拉大，城市的宜居性遭到空前挑战。依靠资源消耗、以环境破坏为代价的传统经济增长模式受到越来越多的诟病。

改革开放以来，我国的城市建设在拉开框架的同时，也存在了城市重规模轻效率、布局重生产轻生活、绿化重绿量轻游憩、道路重车辆轻行人等问题。而下一阶段的城市建设将转向“内生型”发展，由关注高度集聚的生产空间逐步转向适度规模的宜居空间，城市发展导向将是“宜居、宜业、便捷、舒适”，需要以低碳生态的城市规划观呼应城市空间转型发展。

我国现阶段各地的城市低碳建设形成了各自为政的格局，不利于成功经验的示范和推广。此外，缺乏以区域性甚至全国城市低碳能源供应为核心的多能源协同战略规划。天然气、风能、光伏、核电等清洁能源各自独立规划，高碳能源替代规划也未形成，跨区域清洁能源输送规划严重滞后，没有形成优势互补、供需协同、高效利用的低碳能源供应结构和体系，制约了低碳城市建设。大部分试点城市仍旧存在城市建设进度缓慢、年度绩效低的情况，主要表现在建筑能源浪费严重以及逐年增长的交通系统碳排放。

另外，我国低碳城市建设主要源于政府的推动，且主要集中在更新和改造基础设施，缺乏广泛的公众基础，导致城市建设无法全面实现低碳发展的初衷，往往出现事倍功半的结果。

4.2 发 展 趋 势

未来新的一轮城市建设应在尊重城市发展规律的前提下进行。我国将绿色生态发展作为推动转型发展的重要举措，相继提出一系列发展战略。随着国家对绿色发展的不断重视，中央国家发改委、住房城乡建设部、财政部和环保部等相关部委相继出台了一系列政策积极推动绿色生态建设。近日，中共中央办公厅、国务院办公厅印发了《国家生态文明试验区（贵州）实施方案》和《长江经济带工业绿色发展指导意见》，要求贵州地区和长江一带正确处理发展和生态环境保护的关系，就整合发改、住建和环保部门的各类低碳、生态城市试点示例指明了方向。

与此同时，我国积极响应“凝聚改革合力、增添绿色发展动能、探索生态文明建设有效模式”。雄安新区的设立，将集中疏解北京非首都功能，探索人口经济密集地区优化开发新模式，调整优化京津冀城市布局和空间结构，培育创新驱动发展新引擎，为其他新区生态文明建设创造经验、提供示范。

此外，引入绿色技术，高度重视城市的自然资源，提倡使用可再生的绿色能源，充分利用“互联网+”的优势，建立数据化平台，将城市环境质量、人民生活水平数据化，建设和谐宜居、富有活力、各具特色的现代化城市。

第二篇　认识与思考

改革开放以来，我国经历了世界历史上规模最大、速度最快的城镇化进程，城镇化率从1978年的约18%增长到2017年末的约58%，城市发展的成就举世瞩目。这一阶段也开始出现“逆城镇化”的趋势。城镇化和“逆城镇化”同时并存，可以促进城乡同发展、共繁荣，打开乡村治理新篇章。同时，充分汲取世界各国城镇化发展过程中的经验和教训，探索出中国特色的城镇化道路，科学推动深度城镇化，推进城乡协调发展。

过去的30年，人们将城镇化过程视为GDP增长的动力，城市建设也是为了实现经济的繁荣。但是在未来的三十年，这种以GDP增长为主的灰色城镇化应该向以人为本的绿色城镇化转变。由过去以速度和广度为主的城镇化向以深度为主的城镇化转变。

“十三五”规划提出五大发展理念，绿色发展是首要方面。而城镇化是绿色发展的重要领域与主要内容。绿色城市意味着在城市化过程中，更加注重低碳、环保和可持续发展，实现污染全部控制、资源高效利用、人与自然和谐相处的目标。绿色城市发展亟须认清现阶段城市发展过程中存在的问题及障碍，摒弃传统落后的发展理念，形成新的合理的发展模式。

在生态新城开发建设过程中，要防止A、B模式的“低碳陷阱”，传统智慧、适用的新技术、现代智慧技术和合理城市规划的最佳组合C模式将成为推进城市绿色发展的必然选择。“以人为本”是生态城的灵魂，减碳/投入效率高、自身可持续、可复制、内生自我改进升级能力是健康发展的表现。绿色建筑、健康建筑是生态城的细胞，也是城市韧性的基础，应与城市共同进化、自我更新、协同“绿化”，实现自主健康发展。

本篇从城镇化到深度城镇化、从城市到乡村，展示了低碳生态城市发展C模式的最新认识与思考，为科学推动城镇化、合理推进绿色城市发展、发展自主健康的城市提供理论依据、模式与策略参考。

Chapter Ⅱ Perspectives and Thoughts

Since the reform and opening up, China has experienced the largest and fastest urbanization process in the world history. The urbanization rate has increased from about 18% in 1978 to about 58.52% at the end of 2017. The achievements of urban development have attracted world-wide attention. The "reverse urbanization" trend also begins to appear during this stage. The coexistence of urbanization and "reverse urbanization" can promote the development and prosperity of both urban and rural areas and open a new chapter of rural governance. At the same time, we shall fully draw the experiences and lessons from the development of urbanization in various countries in the world, explore the path of urbanization with Chinese characteristics, scientifically promote the deep urbanization, and promote the coordinated development between urban and rural areas.

Over the past three decades, urbanization has been seen as a driving force for GDP growth, and urban construction also aims at achieving economic prosperity. But in the next 30 years, this kind of grey urbanization with GDP growth as the main factor shall be transformed to the people-oriented green urbanization. In the past, the urbanization based on speed and breadth has changed to the urbanization based on depth.

The "13th Five-Year Plan" puts forward five development ideas, and green development is the primary aspect. Urbanization is an important field and main content of green development. Green city means that in the process of urbanization, more attention shall be paid to low carbon, environmental protection and sustainable development, so as to realize the goal of overall control of pollution, efficient utilization of resources and harmonious coexistence between man and nature. The development of green cities needs to recognize the problems and obstacles in the process of urban development abandon the traditional backward development concept and form a new rational development mode.

In the process of development and construction of new ecological cities, it is necessary to prevent the "low carbon trap" of Model A and B, and Model C, namely the best combination of traditional wisdom, applicable new technology, modern wisdom technology and reasonable city planning, is an inevitable choice to promote the green urban development. Human-orientation is the soul of eco-city, while high efficiency of carbon reduction / investment, self-sustainable capacity, replicable and endogenous ability of self-improvement and upgrading are the expression of healthy development. Green building and healthy building are the cells of ecological city and the foundation of city toughness. They shall evolve, renew and "green" together with the city so as to realize independent and healthy development.

From urbanization to in-depth urbanization, from city to countryside, this chapter presents the latest perspectives and thoughts of Model C in low-carbon eco-city development, which provides theoretical basis, model and strategic reference for scientific promotion of urbanization, rational promotion of green city development and development of autonomous and healthy city.

1 科学推动深度城镇化

1 Scientifically Promoted Urbanization

1.1 城镇化与逆城镇化

城镇化是指由以农业为主的传统乡村社会向以工业和服务业为主的现代城市社会逐渐转变的过程，这是国家现代化发展的必由之路，是经济增长的重要动力，也是一项重要的民生工程。当城镇化发展到一定阶段时，则会发生“逆城镇化”现象，即人口的就业、居住和消费以及投资从城市向郊区和农村地区扩展的现象。根据城镇化率的发展程度可将世界上的国家分为两大类：一类是“新大陆国家”，如美国、澳大利亚等，这些国家的原始居民以外来移民为主，土地辽阔，城镇化率可以达到85%以上甚至90%；第二类是具有传统农耕历史的国家，以原住民为主，人多地少，城镇化率峰值一般只能达到65%左右，易产生“逆城镇化”现象。中国是一个典型的农耕文明国家，农业现代化不可能发展成为美国式土地规模型高度机械化的农庄模式，而必须走多样化、适度规模、有机化和“一村一品”为主的绿色发展道路，以上因素决定了我国城镇化率到65%～70%就会达到峰值❶。到2017年，我国城镇化率达到了58.52%，户籍人口城镇化率为42.35%，城镇人口达到8.13亿。尽管现阶段我国的城镇化发展仍处于高速增长期，但已经出现“逆城市化”苗头，进城务工人员规模不断缩小，发达省份新移居到城里的农民数量逐步减少；东部地区和特大城市辐射范围之内城镇化率较高，已经接近发达国家的城镇化水平，这些地区已经出现了城镇居民向郊区的消费和居住迁移现象❷。甚至在经济发达的长江三角洲地区，“逆城镇化”现象已经成为一种趋势。实践表明，“逆城镇化”是城镇化发展到一定阶段派生出来的新潮流。城镇化发展水平越高，“逆城镇化”趋势越强。从农村发展角度来看，“逆城镇化”是一股值得借助的力量，这种现象可以助力乡村振兴，让农村收获资源和人才。对于城市发展而言，“逆城镇化”可以吐故纳新，推动解决“城市

---

❶ 仇保兴：“乡村振兴战略”是因势利导的新举措 _ 网易新闻 http：//news.163.com/17/1021/20/D1A4JA7700018AOQ.html

❷ 李铁：适应逆城镇化现象，推动乡村振兴发展-中国社会科学网 http：//ex.cssn.cn/jjx/jjx _ gd/201804/t20180419 _ 4157097.shtml

病”问题。从党和国家发展来看，城镇化和“逆城镇化”同时并存，可以促进城乡同发展、共繁荣。可以说，“逆城镇化”打开了乡村治理新篇章。

正确理解我国城镇化发展的新趋势，对推动城镇化建设和乡村振兴两个方面都有重要和深远的意义。两会期间，习近平总书记在参加全国人大广东代表团审议时强调：“一方面要继续推动城镇化建设。另一方面，乡村振兴也需要有生力军。要让精英人才到乡村的舞台上大施拳脚，让农民企业家在农村壮大发展。城镇化、逆城镇化两个方面都要致力推动。城镇化进程中农村也不能衰落，要相得益彰、相辅相成”❶。总之，充分利用城镇化发展和逆城镇化趋势支持乡村振兴，实施乡村振兴战略恰逢其时。各地区要因地制宜，尊重城镇化发展规律，制定好规划，做好政策支持。乡村振兴与城乡融合发展不仅关系“三农”问题，也决定中华民族复兴战略能否顺利实现。

1.2 规避城镇化的问题与误区

改革开放以来，我国经历了世界历史上规模最大、速度最快的城镇化进程，城镇化率从1978年的约18%增长到2017年末的约58%，城市发展的成就举世瞩目。然而快速发展的城市也伴随着诸多问题，世界各国在城镇化中也遇到了各种形态的“城市病”。这些“城市病”的经验和教训对我国的城镇化又有哪些借鉴意义？城镇化进程如何规避误区？

（1）“美国病”——城市郊区化现象严重，出现大范围“城市蔓延”

美国在城镇化过程中，出现了大范围的城市蔓延。一百多年前，美国的城市是一平方公里建成区6000多人口，现在减少到1000多人。城市大饼摊得很薄，这就带来了很多问题。首先是大量的耕地被消灭，生态环境遭到破坏，更重要的是资源浪费。美国的人均耕地面积是中国的20倍，人均消耗的交通能源，是欧盟人均的3～5倍。

（2）“拉美病”——人口过度向大城市集中

拉美国家的城镇化，是绝大多数进城人口都集中在一两个大城市中，这样一来，城市就缺乏弹性。阿根廷、智利、巴西绝大多数的城市人口集中在几个大城市里面，一个大城市都是几千万人，小城市萎缩，农村也在萎缩。拉美国家经不起经济危机的动荡。一个国家居然三分之一，甚至二分之一的城市劳动人口突然失业了，当时阿根廷的农民组织起来，要回到原有的土地上耕作，但是土地早就卖了，已经变成了地主所有，地主组织了快枪队跟回乡的农民对抗。就这样，阿

❶ “逆城镇化”打开乡村治理新篇章-中国网 http://media.china.com.cn/cmsp/2018-03-20/1238451.html

根廷这个曾经是排名第八的世界强国，几次金融危机折腾下来，被剪了无数的羊毛，现在成了第三流的国家，这就是“拉美病”的典型。

(3)“非洲病”——不仅人口过度集中，而且城市基础设施严重短缺

非洲受新自由主义的影响，主张农民把土地全部卖光，举家迁到城市。结果农民出卖土地的所有收入，连在城市里买一个最小的房子都不够，所以非洲大城市里70%以上的居民，居住在难以想象的铁皮屋里，它的贫民窟是世界上最差等级的贫民窟。非洲地大物博，甚至很多地方风调雨顺，居然还有两亿多人吃不上饭，处在饥饿的边缘，发生了很多非常严重的社会问题。

从世界各国的城镇化发展进程来看，城市发展带动了整个经济社会的发展，城市建设也成为现代化建设的重要引擎。然而，城镇化并非只有积极的一面。环境污染、交通拥堵、城市群布局不合理、千城一面等问题都是城镇化过程中可能遇到的风险和挑战。因此，在推进健康城镇化的过程中，要坚守以下五条底线：

(1) 大中小城市和小城镇须协调发展

我国城市群中，长三角城市群除了上海这一特大城市，还有杭州、无锡、南京等五六个经济规模超万亿的二级城市，这些二级城市跟上海之间形成了竞争、合作、对流的关系。而京津冀城市群有所不同，这个区域只有北京、天津两个超大规模的城市，二级城市发育不足，整个区域的经济发展极端不均衡。无论是石家庄、唐山还是保定，根本没有能力跟北京、天津抗衡，人才全部单向流到北京、天津，造成河北的产业结构没法提升，出现了高端产业断崖式下降。因此，党中央要提出来建设通州新城、雄安新区等规划目标，借助规划的办法，来造几个像模像样的二级城市出来，来使这一个城市的断带能够弥补上。总之，大中小城市和小城镇协调发展的关键是：超大规模城市、中等规模城市（二级城市）以及小城镇这三类城市要在城市群中间找到自己的定位，实现大中小城市的协调发展。

(2) 城市和农村须协调互补发展

2016年，巴西里约热内卢召开了第31届夏季奥运会，与奥运赛事一起引人关注的还有里约市内的贫民窟。城市里的贫民窟，这是拉美和非洲等国家在城镇化进程中出现的一种特殊现象，贫民窟的存在不仅降低了人口生活质量，也对社会稳定造成影响，中国在城镇化的过程中如何避免这一现象？

从世界范围来说，城市跟农村有几种不同的关系：第一种是城市和农村相互封闭、隔离式的发展，但是这种城乡分隔的体制在实践中没有成功的例子。第二种有误区的模式就是城市独大。像非洲，大城市里有70%以上的居民居住在难以想象的铁皮屋里。第三种模式就是美国模式，这种模式浪费了大量的土地资源。只有第四种模式是可以应用于我国的，即欧盟的城乡差别化的协调发展模式，这种模式最典型的就是法国、德国、荷兰，城市和农村是一种互补协调，城

市可能是日新月异的，但是农村却是一个恒久的、融合于自然的、为城市提供支撑的巨大的自然和经济的复合体。浙江在城镇化过程中推行的美丽乡村计划就是城乡融合的一个典型例子，通过对村庄的逆向整治，发展农家乐，使得当地农民的收入每年递增，成为全国最富的农民。

(3) 要保持城市的紧凑发展

美国在城镇化过程中间，出现了大范围的城市蔓延。一百多年前，美国的城市是一个平方公里建成区6000多人口，现在变成了1000多人口。这样就带来了诸多问题：第一就是大量的耕地被消灭，大量的生态环境被破坏，更重要的大量的私人轿车通行无阻，所以一个美国人消耗的交通能源，居然是一个欧盟人的三～五倍。

而中国目前并没有出现像美国这样的郊区化现象，原因是中国有一个独一无二的土地制度，这个土地制度是宪法规定的，就是城市的土地是国有的，在国有土地上建的房子才有70年的完整产权。这就是一个中国土地制度留下来的拦水坝，这个拦水坝就起到了防止城市扩散的最有效的作用。

(4) 防止空城大规模出现

从世界范围来看，空城、鬼城有两种情况会出现：一种是产业枯竭、产业转型后的城市出现空城、鬼城的现象。最著名的就是底特律事件。底特律原来是一个汽车城，高峰的时候几百万人就业，后来汽车市场转型了，它就衰退了，并于2013年正式宣告破产。

在中国出现了另一种现象。我国北方有一个著名城市，它的人口只有43万，但是建的城市可以住143万；而另一个只有30万人口的城市，它的人口还在减少，却还要建一个30万人的新城。我国出现这种空城的现象一方面是因为土地财政“寅吃卯粮”，另一方面是源于政绩的冲动，第三个原因则是对城镇化进程的错误判断。

防止空城、鬼城的出现的关键是回到“本源”，把土地财政关到笼子里，叫作土地基金。土地基金的用途只有三类，一类是生态环境的保护，第二类是重大的、跨区域的基础设施，第三类是重大的民生工程。除此之外，还应从源头上来制止新区、开发区的建设规模，对于破坏环境、破坏自然资源的人要终身追究责任。

(5) 保护好自然和文化遗产

很多年前，安徽省黄山市的名字叫徽州。1990年，黄山风景区变成自然遗产后，就有人提议将城市的名字改成黄山市。然而改名并没有带动黄山市的旅游，在专家的建议下，当地政府通过一系列改造后把城市打造成了新徽派建筑群，一下子吸引了全世界的人到黄山市来旅游。从以上事例上可以看出：无论是文化遗产，还是自然遗产，都是无价之宝，都是源源不断增值的不可再生的资源。这一部分应该是原原本本地，完整地传递到下一代去，这是城镇化需要坚守的一个宗旨。

综上所述，中国的城镇化，应该是政府的“手”和市场的“手”和谐动作、理性动作的结果，缺一不可。如果城镇化是火车头，城乡规划就是轨道，到了生态文明的阶段，应主张用后工业文明、产业的转型、科技的革命来推动城镇化。在城镇化的过程中，无论是城市和农村相互封闭隔离式的发展，还是城市优先发展的模式、城市扁平化的发展模式，都存在各种弊端。那么，只留下第四种模式是可以选择的，就是欧盟的城乡差别化的协调发展模式。城市跟农村之间，应该是协调互补的发展，城市可能是日新月异的，但是农村却是一个恒久的、融合于自然的、为城市提供支撑的一个巨大的自然和经济的复合体。而中国在城镇化的过程中要汲取世界各国城镇化发展的经验和教训，避免误区、守住底线，走出具有中国特色的新型城镇化道路。

1.3 深度城镇化的挑战与策略

过去的 30 年，人们将城镇化过程视为 GDP 增长的动力，城市建设也是为了实现经济的繁荣。但是在未来的 30 年，这种以 GDP 增长为主的灰色城镇化应该向以人为本的绿色城镇化转变。归结起来，就是要由过去以速度和广度为主的城镇化向以深度为主的城镇化转变。目前，我国城镇化正面临以下 12 个挑战：

第一，城镇化速度明显放缓。

第二，机动化将强化郊区化趋势。机动化、雾霾、高房价这三大因素都会推动中国城镇化发展过早、过快转入郊区化阶段。

第三，城市人口老龄化快速来临。中国的老龄化比想象中来得更快，影响也更加深远。近十年，出生人口数下降，老龄化比例持续上升。

第四，住房需求持续减少。

第五，碳排放国际压力空前加大。过去十年，中国碳排放增长速度几乎是美国的十倍左右。

第六，能源和水资源结构性短缺持续加剧。从能源结构上来看，中国人均煤、石油、天然气的储量仅为世界平均水平的 60%、7.7%和 7.1%，目前我国水质性缺水和突发性水污染加剧，极端性气候增多，有可能会带来结构性的、地区性的水危机。

第七，城市空气、水和土壤污染加剧。

第八，小城镇人居环境退化、人口流失。十年间，我国小城镇居住人口减少了十个百分点。小城镇衰退不仅会引发更为严重的大城市病，而且也会弱化其为“三农”服务总基地的作用，影响农业现代化进程。

第九，城市交通拥堵日趋严重。目前，严重的交通拥堵现象开始从大城市到小城市，从东到西，从高峰到全天候蔓延。

第十，城镇特色和历史风貌丧失。在提高“容积率”的利益驱动下，历史街区、优秀历史建筑被随意推平，特有的空间纹理逐渐消失，传统的城市与周边环境和谐相处的格局被破坏。

第十一，保障性住房积存与住房投机过盛并存。一方面，政府建造的保障房被安排在缺乏配套设施的远郊区，空置率较高；另外一方面，由于缺乏财产税、消费税、空置税等调节工具，投机性购房正在扭曲住房需求并塑造泡沫。

第十二，城市防灾、减灾功能明显不足。大城市灾害风险加剧已成为国际通病。

根据我国城镇化面临的问题和挑战，提出了“深度城镇化”的十大策略：

第一，稳妥进行农村土地改革试点，防止助推郊区化。任何土地制度的改革，都要考虑其对郊区化的正影响和负影响。未来，要依据城市总体规划，用“绿线”划定城郊永久性农地和生态用地，并作为“城市永久性边界”。此外，还要坚决制止小产权房滋生。

第二，以“韧性城市”规划整合城市整体资源，提高城市防灾能力。韧性城市的城市系统能够消化并吸收外界干扰（比如灾害），并保持原有主要特征、结构和关键功能。韧性内涵包括技术韧性、组织韧性、社会韧性和经济韧性、交通韧性。其中，交通韧性是整个城市韧性的关键。深度城镇化的实施，需要整合与“韧性城市”相关的示范工程，包括绿色交通城市、海绵城市等。

第三，推行“城市交通需求侧管理”，促进绿色交通发展。目前城市高架路、立交桥过多，盲目拓宽街道、压缩或取消自行车道已形成恶果，应该从需求侧方面对大城市拥堵进行相关管理。比如，可以减少内城停车位、提高停车费；增加公交专用道与步行街；按“单双号”或不同编号车牌出行控制等。

第四，变革保障房建设体制、降低房地产泡沫风险。城市居住是否幸福，是由最底层的低收入者的感受决定的。欧盟的“住房合作社”模式提供了很好的经验，即由符合条件的低收入无房户自由出资自己组织成立“合作社”，平等购地、参与设计、建造、租售并举，政府优惠支持。这种模式保证了保障房建设的质量、减少了空置，有效地发挥了市场机制作用。此外，还应该从补砖头尽快转变为补人头，增强保障性补贴的有效性。

第五，全面保护城镇历史街区、修复城市文脉。城市发展过程中，可以用“紫线”划定城市历史街区、重点文保单位及风貌协调区，严格进行管制与修整。还可以强化城市规划委员会制度、开拓市民参与规划管理的途径。此外，还可以推行“以奖代拨”的补助模式，抢救式修复历史文化名城、名镇、名村。

第六，推行“美丽宜居乡村”建设，保护和修复农村传统村落。农村的发展模式不同于城市，是一种稳定结构的模式，它的一切都来源于土地。基于此，仇保兴博士强调，应该以城、镇、村空间人口合理密度指标来替代“建设用地增减挂钩”。其次，撤销合并村庄要经省级人民政府批准，除城市近郊、沙漠、草原之外，禁止合并村庄。此外，结合乡村资源发展乡村旅游，推动绿色农业现代化。

第七，强化城镇群协同发展管治，促进高密度城镇化地区可持续发展。首先，要科学预测城市群内各城镇中长期人口规模变动趋势和群服务功能；其次，建立管理机构，建立良好的城市群规划，解决单个城市规划解决不了的问题，包括“资源共享、环境共保、基础设施共建、支柱产业共树”等；最后，还要推动包括“绿道”在内的群内多样化交通设施建设。

第八，对既有建筑进行“加固、节能、适老”改造，加快绿色建筑推广。在此过程中，应调动各方参与改造的积极性，发挥五千多亿住房公共维修基金的作用，各级政府对旧房改造成绿色建筑的项目给予按平方米分等级奖励。

第九，以特色生态小城镇为抓手，分批进行人居环境提升改造。目前，小城镇需要解决的主要问题包括：教育、就业、医疗和婚姻。要推行深度城镇化，就要着手解决上述问题，修复小城镇建筑风貌、传承历史文化；分区域公开招标由大企业承包小城镇道路整修、绿化、供水、污水、排水、垃圾和供气等基础设施建设与维护等。

第十，以治理“城市病”为突破口，全面推进智慧城市建设。智慧城市是针对城市病的“综合疗法”，是节能减排的“绿色工程”，更是群众方便监督政府、提高政府运行效能和推动“万众创新、大众创业”的利器。城市是“问题”的根源，也是解决问题的钥匙，深度城镇化正是速度城镇化的解药。深度城镇化至少能产生三十万亿有效投资需求，它要求把城市治理策略扩大到城镇群及城乡关系的大范围，只有把城市放在城市群和乡村之间来考虑，我们的城市才会有更好的未来。

2 合理推进城市绿色发展

2 Reasonably Promoting the Green City Development

2.1 绿色城市的协同与耦合

走进绿色，拥抱森林，营造人与自然和谐相处的绿色生态城市，是全球化时代城市发展的新潮流。“十三五”规划提出五大发展理念，绿色发展是主要方面，在推动绿色发展方面，城镇化是重要领域与主要内容。绿色城市意味着在城市化过程中，更加注重低碳、环保和可持续发展，实现污染全部控制、资源高效利用、人与自然和谐相处的目标。

我国城市过去粗放式的发展模式在带动经济发展的同时也遗留了一系列问题，为绿色城市发展带来一定的困难，在工业文明进程中形成的“最成功”经验成了现阶段城市绿色发展的障碍。绿色城市发展亟须认清现阶段城市发展过程中存在的问题及障碍，摒弃传统落后的发展理念，形成新的合理的发展模式。

2.1.1 认清阻碍绿色城市发展的四大障碍

在过去几十年里，我国的工业文明发展模式取得巨大成功，这一模式在给城市带来经济发展的同时，导致出现“过去城市规划建设方面所实施的思路是唯一正确的”的错误观念。例如，一些决策者认为城市的功能分区要越清晰越好，基础设施越大型越好，废弃物处理越集中越好，规划越自上而下越好，公共品越是政府包办越好等。然而，这些工业文明进程中最成功的经验及模式并不适用于绿色生态城市的发展，甚至成了绿色发展进程中的最大障碍。中国最成功的经验就是工业文明带来福特式大生产模式，这种模式在城市规划建设过程中形成了四大思路：(1) 用大江大河的治理模式来治理城市水系和给排水系统；(2) 用人工大规模造林的模式来代替城市园林科学与艺术；(3) 用高速公路的交通模式来规划建设城市交通系统；(4) 用大工业流水线的办法来处理城市的各类废弃物。

这四大传统思路是工业文明最成功的产物，这些思路在促进我国工业化发展上起到不可替代的作用。然而，就绿色发展角度而言，这些思路在一定程度上是反绿色、反生态的，正在无声无息地阻碍着，或扭曲了生态城市的规划思维。因此摒弃传统思路，创建符合未来城市发展要求的新思路，才能推动城市的绿色转型。

2.1.2 绿色城市五大“模块”协同发展

打造绿色生态城市必须聚焦于五大绿色“模块”的发展：绿色交通、绿色社区、绿色能源、绿色给排水、废弃物的绿色循环利用。其中，“废弃物的绿色循环利用”模块已成为国际生态城市的共识。城市的废弃物处理不能仅依靠工程上集中式废弃物处理中心，还应重视废弃物的就近就地回收利用，这体现了就地就近分散的循环原则。贯彻实施这一废弃物处理原则，许多由废弃物处理不当引起的城市灾害将被避免。例如，2015 年 8 月 12 日天津滨海新区危险品仓库发生特大火灾爆炸事故，造成 165 人遇难，若该区域提前做到危险品分类分散处理，避免过度集中，或许可以将风险降到最低。

目前，我国一些城市因“过度城镇化”导致人口剧增、交通堵塞、环境恶化、资源短缺等“城市病”的出现。研究报告显示，2014 年北京市交通堵塞时间从 2008 年日均 3. 5 小时增加到 5 小时，汽车平均时速仅有 15 公里；国土资源部在《2012 年中国国土资源公报》中透露，我国 198 个地市级行政区 4929 个监测点显示，地下水水质为“差”级的约占六成，监测点水质为“极差”级的占 16. 8%。其实，引起以上“城市病”的根本原因是“交通、社区、能源、给水排水和废弃物处理”这五大模块上的不合理设计。如果能把涉及这五大模块的新理念、新技术、新产品、新软件都熟练掌握应用，再加上模块相互之间的协同配合，绿色生态城市就可实现。

2.1.3 四大系统

城市中各类小型分布式、去中心化、多样化的模块要通过多种协调方式协同耦合，克服相互冲突和矛盾，产生系统化整体生态效益。生态城市整体协调方面有复杂适应系统，从经济效益方面有碳足迹分析和碳市场系统，从防灾减灾的角度有弹性城市系统，从信息协调处理方面有智慧城市系统。

过去系统论忽视了城市最基础、最具能动性的主体——人的适应性和协同，只讲究物的被动协同。一个城市的产业、空间结构、建筑和基础设施等都是绿色生态的，但是市民的行为是浪费的，城市也不可能实现绿色生态发展。而复杂适应系统（CAS）对生态城市进行分析研究，把人作为主体放进系统研究范畴，确认了人是构成城市最重要的主体，生态城市研究也必须“以人为本”。

国际上非常流行“弹性城市”的概念，只有将城市基础设施小型化、分布式、去中心化和多样化才能实现弹性结构和可持续发展。但更重要的是“城市第一位的是安全”，城市越现代化、结构越紧凑、经济越繁荣，城市自身在灾害面前就越脆弱、越经不起外界的各种干扰，须从主体适应性角度增强城市防御各种“黑天鹅”事件的能力。

2.2　生态城区的ABC模式❶

总结梳理生态城区建设和发展，不难发现生态城区具有ABC三种模式：A模式以技术为本，投资高昂，依赖高技术的特性使其难以推广复制；B模式则表现为逆城市化，通过外部植入，城市被动适应不利于持续发展；C模式建造成本适当，基于自身优势可持续发展并进行自进化改进，具备可推广和复制的特性。

A模式体现了工业文明的传统思路——挑战自然。以“高科技、高代价、高指标”来追求零排放，为了新技术的集成使用而设计城市，而不是为了“人的生活更美好”，这类生态城市需要长期的研究过程，忽略了城市改造的渐进性及居民的自主创新能力，而且昂贵的建造维护费用常常导致项目难以进行，超高投资也导致了该模式不具备可复制推广性。

A模式的典型案例是阿联酋的马斯达生态城，马斯达是一座建立在沙漠之上的碳中和、零废弃物城市，是一套利用一系列高新绿色科技项目，通过城市内部自循环，完全实现零碳排放的城市体系。建设之初，马斯达生态城即是通过挑战自然、征服自然、改造自然来体现工业文明而达成为其所用的目的。在追求“高科技、高代价、高指标”来追求零排放的同时，实际上在建设过程中的碳排放就已经不计其数了。因此，马斯达生态城是一座仅仅为了新技术的集成为了新技术的实验而设计的城市。同时，由于该城市建立在沙漠中，本身具有极强的不确定性，虽然这种不确定性可以通过一些途径得到有效缓解，然而这些解决途径往往需要高昂的费用，仅建设成本就足够使其他城市建设者望而却步。

马斯达生态城的人口规划是5万人，但是投资成本高达220亿美元。除了成本昂贵使其具有不可复制性之外，它还否定了基于居民自主创新能力的城市改造渐进性。人民即是城市建设的居住者同时也是建立者，如果只是一味通过引入这种低碳的高技术居住机器来完成低碳目标，而将人类的生活习性排除在外，这样的城市是保证不了真正的绿色高质量的。真正绿色建筑的高质量需要人与建筑间的互动，需要建筑与周围气候的互动，这才是保证绿色建筑质量的真谛，是保证生态城市低碳的真谛。

B模式表面上跟城市化没有关系，该模式通过在外部植入一个系统，进而建立一个跟当地没有关系的系统，而居住者只能通过被动的适应来融入这个低碳的社区系统。这一模式与当地建筑文化、居住习俗脱节，忽视本地化的低碳材料和

❶ 仇保兴．简论我国健康城镇化的几类底线，城市规划，2014，38（1）：1-7

传统智慧；对外部植入的低碳“新子系统”，当地人不理解、不支持；倒退到农耕社会生活方式，远离现代城市文明；被动适应郊区化、机动化；错误认为市场机制能自发促进城市进化到低碳发展阶段。典型案例有美国的阿科桑蒂和中国的黄柏峪村。

我国辽宁黄柏峪村低碳示范区与美国的阿科桑蒂社区有着相同的地方（图2-2-1）。建筑师在黄柏峪村建了几百个所谓节能的绿色别墅，建造别墅所使用的砖是一种利用建筑废料经过一定工艺流程加工凝结而成的，这种砖在南方普遍使用，但是在北方零下二十几度的环境里被冰冻再解冻后，其强度即归零，导致整个绿色别墅变为危房。因此，当地居民自然是不愿意在这种建筑中生活。由此看来，这种远离城市文明，倒退到原始社会的低碳建设模式是不可取的。在这样一个所谓低碳的社区里面，没有汽车、电视机、现代化的通信，只能保持低碳的原始生活，完全摒弃现代科技带来的便利，这种以被动适应为主的居民生活方式完全排除机动化特性，使居民的生活非常单调，虽然能耗降低了，但是这种抛弃“以人为本”使居民丧失生活的丰富性和多样性的方式是得不偿失的。

图 2-2-1　中国辽宁黄柏峪中美低碳示范项目

市场机制并不能自发地促进城市演变到低碳发展阶段，演变到环境友好的阶段，更不能解决低碳环保的问题。在这方面，就需要通过政府的引导，需要引入恰当的技术来解决这些问题，建立起居民低碳的价值观和居民对人类共同命运体的关怀。上述二者的生态城区建设模式都含有“倒退到农耕社会生活方式，远离现代城市文明”的意味。利用此种模式建立起来的低碳生态城区固然是绿色的，低碳的，但是却忽略了以人为本，同样是不可取的模式。在这一背景下，C 模式应运而生。

C 模式生态城建设以中外合作项目为代表，在我国当前的生态城区项目中，已经有不少 C 模式的优秀案例，例如中新天津生态城（图 2-2-2）、光明新区、坪地低碳城。整体按照长远战略目标，遵循三维立体思维，以人为本；尊重自然生态、历史文化和普通居民的利益、有创造力的规划管理过程，具有持续减碳的自进化能力；具备紧凑混合的城市空间与宽敞的田园，形成绿色交通设计与用地模式相融合的微交通创新、持续优化的可再生能源和材料循环利用系统；适应本地气候的绿色建筑设计与推广；采用合适的技术为主，而非高昂的高技术投入，新城建设与旧城改造同时适应。

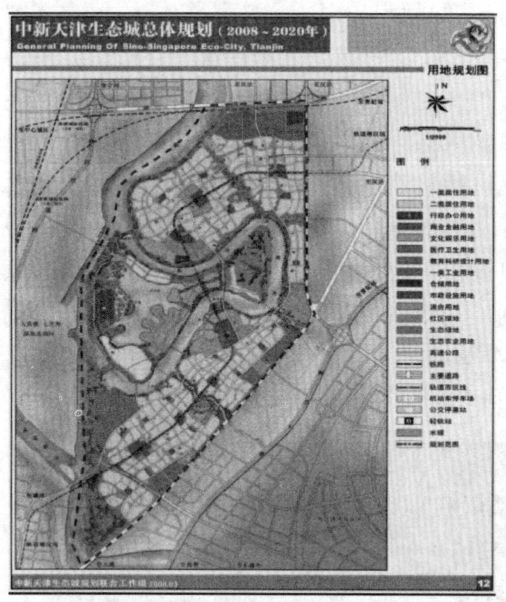

图 2-2-2　中新天津生态城

为了顺应社会发展需求，响应国家战略部署，促进绿色生态城区建设，推行引导式评价标准，绿色生态新城区定义为在空间布局、基础设施、建筑、交通、生态和绿地、产业等方面，按照资源节约环境友好的要求进行规划、建设、运营的城市建设区（图 2-2-3）。

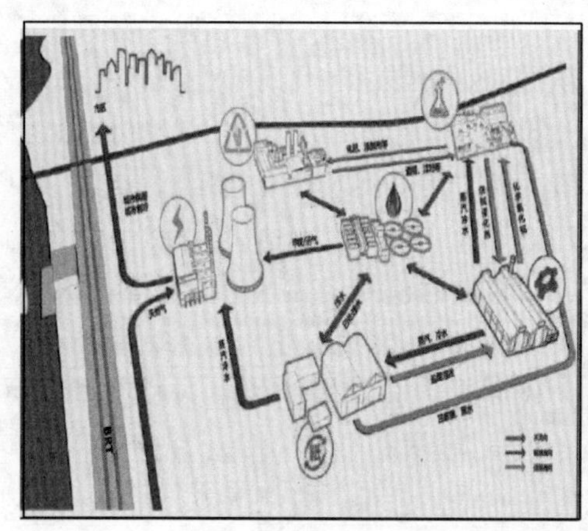

图 2-2-3　持续优化的可再生能源和材料循环利用系统（微循环）

综上所述，在生态新城开发建设过程中，要防止 A、B 模式的“低碳陷阱”，将传统智慧、适用的新技术、现代智慧技术和合理城市规划的最佳组合 C 模式才是应该选择的方向。“以人为本”是生态城的灵魂，减碳/投入效率高、自身可持续、可复制、内生自我改进升级能力是健康发展的表现。绿色建筑、健康建筑是生态城的细胞，也是城市韧性的基础，应与城市共同进化、自我更新、协同“绿化”（图 2-2-4）。

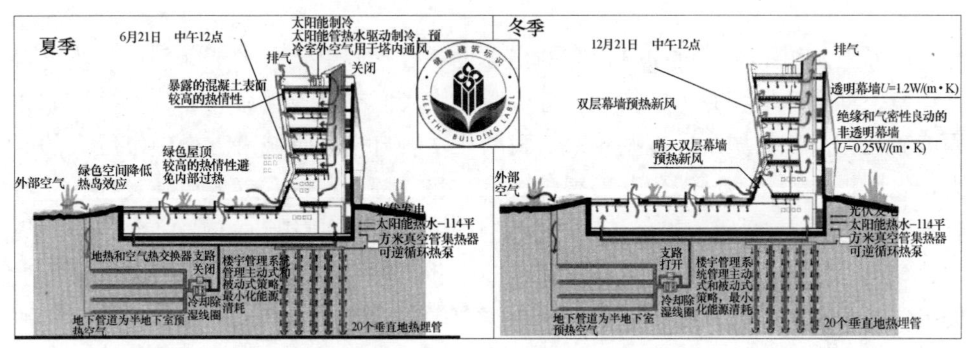

图 2-2-4 绿色建筑

3　发展自主健康的城市与乡镇

3　Developing Independent and Healthy Cities

世界卫生组织对“健康城市”的定义是：健康城市是一个不断创造和改善自然环境、社会环境，并不断扩大社会资源，使人们在享受生命和充分发挥潜能方面能够互相支持的城市。近些年来，我国在发展自主健康城市方面做出巨大的努力，先后提出“新型城镇化”、“智慧城市”和“特色小镇”等城市建设理念。习近平总书记在2012年中央经济工作会议上提出了新型城镇化的“八字方针”：集约、绿色、智能、低碳。李克强总理在2015年3月5日全国人大所作的报告上提出“互联网+”行动计划，并强调要发展“智慧城市”，保护和传承历史、地域文化。力图通过建设智慧城市，有效治理污染、交通拥堵等城市病，加强城市供水供气供电、公交和防洪防涝设施等能效建设，达到让城市生活更便捷、环境更宜居的目的，实现城市的善治。从浙江兴起、得到中央高度认可并进入国家层面推广新阶段的特色小镇建设，是适应和引领经济新常态、推动创新发展和转型升级的重大战略选择，2016年住建部等部委联合下发要建设1000个国家级特色小镇的文件后，特色小镇发展速度极快，很多原先投资智慧城市的社会资本转向特色小镇的圈子里。尽管“智慧城市”和“特色小镇”的建设理念在我国获得广泛认可，但其发展过程并不是一帆风顺的。目前全国280多个城市提出了生态、低碳、绿色的城市发展目标，但是完整的、开始操作实施的大约近50个。这一现象说明我国智慧城市及特设小镇的发展存在着一定的误区。

3.1　智慧城市建设的误读

从智能建筑、智能社区到智能地球，有关未来智慧城市的讨论层出不穷，近两年，中国各大城市也开始纷纷推行智慧化，尝试用智能手段解决城市病以及方便人们生活。但智慧城市是新概念，很容易被误导，应避免发展所谓的假的、空的智慧城市。

传统城市是指基础设施等建筑的叠加，其本质也是以人为本，而真正的智慧城市则应不仅使人们拥有传统的基础设施，同时通过智慧城市的信息手段，使人们的生活更美好，建设的城市也更美好。其本质上是一种新的城市公共品，它不能单独成为一种城市形态，必须要与传统公共品相结合。例如，修桥铺路、建设博物馆、修建城市文化设施等，都属于传统公共品。如今随着科技的发展又出现了大数据服务、移动互联网、无线通信和移动支付等新生公共品。智慧城市就是要叠加多种新旧公共品进而推进城市发展，这就好比过去的城市只是一个物理空间，现在有一个虚拟空间能够附着在物理空间上，并能够叠加起来起到增加其功能的效果，这种结合就是对智慧城市应有的认知和体验。之所以很难用肉眼直接看到智慧城市的改观，是因为这种体验基本上是在网络上存在的，这种改观不一定会使智慧城市成为一种旅游资源，但是它可以强化旅游体验，比如智慧故宫的修建就会让你在传统体验中感受到智慧化带来的便捷，但不会直接改变故宫的样子。由此可见，智慧城市仅仅是一种公共品，是虚拟的、不受地理限制的。如果把智慧城市看成是一个实体城市，看成是一种地区的附属物，或者看成是一种新的产业模式，这种观点完全是错误的，而我国许多城市正步入这个误区之中。

3.2 特色小镇发展的误区

特色小镇的设立最早开始于浙江，2015 年 4 月，浙江省政府出台了《浙江省人民政府关于加快特色小镇规划建设的指导意见》，提出重点培育和规划建设 100 个左右的特色小镇。2016 年 7 月，住房和城乡建设部、国家发展改革委、财政部《关于开展特色小镇培育工作的通知》提出，到 2020 年，培育 1000 个左右各具特色、富有活力的休闲旅游、商贸物流、现代制造、教育科技、传统文化、美丽宜居等特色小镇，约占全国建制镇的 5%。此后，我国的特色小镇建设迅猛展开，但是很多特色小镇有名无实，存在着违法违规搞房地产开发、无特色无产业等误区，而根本原因在于没有认清特色小镇的本质与建设关键。

作为新型城镇化的产物，特色小镇的核心问题是如何具备当地的特色。但在实际建设过程中，有一些小镇变成了房地产的开发项目，特色小镇演变成了“房产小镇”，违背了特色小镇的初衷，也就预示着这些“房产小镇”最终还会泡沫化，成为一座座空城，而从社会经济的角度来看，这些属于严重的资源浪费；另外，有一些地区的基础设施和生态环境根本达不到建设特色小镇的要求，但是为了“戴帽子”，这些地区一股脑地申请成为特色小镇，比如在某省，同类型的基金小镇居然报了三个，这是完全不可能的，因为基金小镇只有在民营经济非常发达的省份才会被需要，像浙江省最多不能超过两个。所以那些经济总量比浙江省低，民营经济的发展不如浙江省的，如果申报三四个基金小镇，那很有可能是虚假的，住建部的审批也不会通过。总结我国特色小镇的规划建设，存在以下几个误区[1]：

---

[1] http://www.sohu.com/a/228365841_115495

（1）特色小镇无产业基础。很多特色小镇并没有当地的特色产业，只是为了申报特色小镇而人为编造特色产业，导致特色小镇建设难以真正落地。

（2）特色小镇“房地产化”。很多房地产商打着建设特色小镇的旗号去各地圈地，这种没有产业基础、经济基础和生活配套的房地产开发，必然导致前几年产业园区“鬼城”“空城”的场景再现。甚至有些地方政府为了快速推进特色小镇建设和发展，而有为房地产商开绿灯，违规违法拿地、用地的嫌疑。

（3）特色小镇等同于新城开发。很多地方按照建设新城的思路和模式来推进特色小镇建设，殊不知特色小镇不等同于行政区划，更不等同于新城建设，它是具有明确产业功能、文化功能、旅游功能和社区功能的重要功能平台。

（4）特色小镇等同于景区开发。有些特色小镇在无旅游资源基础的前提下，拍脑袋建设特色小镇，搞几轴、几带、几中心，但是等景区、商业街建成了，由于没有特色旅游资源而导致依然难以逃脱“鬼城”的宿命。

3.3 智慧城市与特色小镇的自主健康发展

3.3.1 智慧城市的自主健康发展

任何复杂系统必然具有层次结构，智慧城市建设就特别要注意三个层次。第一层是智慧城市的核心公共品。城市工作的核心是提供足量优质公共品，让企业更具活力，居民生活更加美好。因此，城市政府要着眼于智慧城市的公共品建设，这就如同房子的地基，打得越坚固，越有利于盖高楼大厦。第二层是智慧城市的主要公共品。这包括节能减排、城市交通、城市水务、规划建设、食品安全、污染治理、网络安全和减灾防灾等多个领域和产业，是影响城市人居环境和竞争力的最主要因素。第三层是智慧城市商务品。如果以上两项公共品能顺利进行，智慧城市工作就相当于完成了基础构造。在此之后千变万化的商务公共品，例如电子商务、智慧医疗、智慧教育、智慧旅游、共享单车等，都可以交由企业来建设，无数次叠加到上述两个层次上，最终形成丰富多彩的智慧城市系统。因此，政府应该放开必须放的，抓住企业不愿建的，不能越俎代庖。公共品智慧系统是智慧城市自主成长的基础，也是帮助和引导企业叠加商务智慧的渠道。

现阶段，我国智慧城市的发展重点应该要拨乱反正，不断纠错。在过去的发展中，很多人对智慧城市的理解是错误的，他们认为智慧城市是一种产业，但智慧城市的“智慧”两字对于城市的建设来说是为新型城市发展打好地基，只有地基足够稳，才能在这之上自由发挥，利用智慧化手段，把城市打造成便民利民的地方。纵观我国智慧城市的建设历程将发现很多城市只注重外在的成长性，而智慧系统的自主成长性严重不足。智慧城市如果失去自主成长性，就有可能偏离建设目标和轨道，也就等于缺少成长发展的主心骨。成功的智慧城市离不开以下四点：

（1）智慧城市是技术创新、政府体制变革、城市问题、公民觉悟等一系列问题相互交织、共同演进的过程，不可能是“一次性设计”，一次性设计成功的不是智慧城市。

（2）智慧城市的成长和进步需要技术设计团队与政府管理机构相互合作、协同、整合和创新，智慧城市不是“交钥匙工程”。

（3）智慧城市是政府在提供智慧公共品的基础上，从问题导向，由市场主体叠加众多智慧商务品的过程，它不可能由政府包办，也不可能由某一个 IT 企业来总承包，而应当是由多方面共同合作、共同抚育成长的新事物。

（4）智慧城市有从基础级（1.0 版）、专题级（2.0 版）、综合级（3.0 版）不断升级的过程，从来不可能“毕其功于一役”。

总体而言，智慧城市的建设是一个循序渐进的过程，它需要政府与企业等多个机构之间的相互协作和配合，针对过程中出现的问题能够做出及时的调整，不断完善智慧城市发展模式。此外，编制科学的智慧城市标准和评价体系将有助于智慧城市自主地健康成长。

3.3.2 促进特色小镇健康发展

特色小镇的生命力可能是当地的建筑形态、文化旅游的特色景观，也可能是当地惯有的特色产业。如果在某个地区，这些都是全省唯一或是全国唯一的，那就可以称得上是特色，所以，特色小镇的建设不一定只拘泥于产业。不过，通常来讲，有了产业的支撑，经济发展就会有非常强大的内在动力，但并不是小镇发展一定要以产业为主，例如，某小镇有一个很好的古建筑群，这不是产业，而是一种文化，靠着这些古香古色的建筑，这个小镇快速地发展旅游业，到现在也发展得有声有色。所以，特色小镇的建设关键就是要找到其具备的资源或者产业具备深远的唯一性，如果具有这种唯一性，那就是深度的特色，有多少种唯一性，那就是广度的特色。所以说，小镇建设的生命力不在于是否与产业挂钩，而在于“特色”两字，有特色的广度和深度，哪怕没有产业，也一样具有生命力。

好的小镇是自下而上的，由市场的“手”来主导产生，政府在特色小镇的建设过程中应当起到引导性的作用，不能代替市场成为建设的主体。政府管理小镇，首要的工作是要防止一哄而上，政府要激励企业去创立小镇，而不是取代，更不能取代企业家的功能。政府对小镇应该简政放权，不能专权繁政。因为，特色小镇与众不同的地方就在于要从下而上地自觉运用市场力量，像企业家、技术人员和创业者，这三类人是帮助小镇从无到有，从衰败到成长的核心所在。而政府，只要帮着去保护和引导就可以了，特色小镇的经济组织呈现出非常复杂的结构，这种结构是主体变异性、主动适应性的相互作用，这是很难设计的，谁要是对小镇产业从头到尾进行设计，是不可能的。浙江省600多个建制镇演变成为特色小镇，没有一个是正式规划出来的，将来也很难规划。

特色小镇的发展离不开对文化的传承。任何一个地方，任何一个种族，都有自身的文化特色，并且依赖这样的文化而生存，所以在这么广的范围内，要想打好文化这手牌，就要抓住“特色”二字。那些无论是历史传承下来的，还是现代社会衍生出来的，都是不可再生的资源，但如果在文化的基础上添加新的创意，那就又成了崭新的产品。所以，文化对于小镇发展来说，是个敲门砖，也是个准入证，但要想利用文化创收，就要在传统文化的基础上融合新的创意和思维，文化就能够从一成不变到瞬息万变，而往往拥有了这样的发展点之后，文化资源变现是非常可观的。

3.4　评判特色小镇优劣的发展准则

特色小镇实际上是一个新生词，新事物应该以新的方法论来进行阐述。众所周知，20世纪50年代，国际科技界涌现出第一代系统论，即控制论、信息论和一般系统论。20世纪60年代，仅十年时间第二代的系统就出世了，即耗散结构、突变论和协同论。但这些理论作为科学方法论仍然难以解释像特色小镇这样一类新城市现象。20世纪末，第三代系统论即复杂适应理论（CAS）面世，这一理论为揭示复杂经济社会体系运行规律提供了方法手段，也弥补了主流经济学的缺陷。用主流经济学来描述特色小镇是完全失败的，因为主流经济学将“特色小镇”看作是某类生产函数或“黑箱”，但复杂适应理论解决了这一难题。

首先，复杂适应理论认为任何经济社会系统都是动态变化的，而且这种变化不仅是数量和参数上，它还涉及如熊彼特（Joseph Alois Schumpeter）所说颠覆性的创新。后者涉及技术、组织和经济结构等方面质的变化。改革开放以来，特色小镇经历了以下四种版本的变化：1.0版本，即小镇＋“一村一品”，当时的小镇是为农村、农业、农民服务的，是农业产前、产中、产后服务的基地；2.0版本，即小镇＋企业集群，以浙江为主要发源地，该省大多数的小镇都有一个企业集群，而且这些企业集群所产的产品都能进入全球产业链，这也是浙江经济后来居上的原因；3.0版特色小镇，即小镇＋服务业，尤其是旅游休闲、历史文化特色这一类的产业与小镇的叠加大幅度得到发展；4.0版特色小镇，即小镇＋新经济体，是特色小镇进入城市的新阶段，特色小镇以形态、产业构成、运行模式等方面的创新，成为城市修补、生态修复、产业修缮的重要手段。

4.0版的特色小镇是当前的一个新奇事物，小镇内部新产品、新结构、新创业生态等特点的形成，完全取决于企业家的创新精神以及城市所提供的各种各样的公共品。此类特色小镇的新奇性体现为三种范式：一是将原来没有特色的小镇改造成新奇的特色小镇；二是在原有的单一功能区、空城里面植入特色小镇，弥补其原有的不足；三是将特色不足的小镇，升级改造成为有新奇产业、新奇特色的小镇。由此可见：特色小镇之“特色”有两个维度：第一个维度是特色的“广度”，即小镇拥有多少种新奇的特色；第二个维度是特色的“深度”，即唯一性，指的是某个重要产业或者空间的特色，是否具有“唯一性”。

其次，复杂适应理论强调社会经济系统的复杂性具体特征。在一座小镇中各种各样的异质主体之间存在着非线性作用，甚至是无序的互动，因而会产生各种“隐秩序”，从而形成“特色”，这一过程充满“不确定性”。浙江省所有的特色小镇都不是政府规划出来的，而是涌现出来的，但是它也有一些能够“确定”的东西，即它们必定存在“差异”、必定是“创新”、必定是“绿色”、必定能够“协同互补”、必定是“能体验”。小镇是人住的，必须体现以人为本。虽然不确定的因素很多，但这五方面却是清晰“确定”的。

最后，经济组织的各种复杂性是因为它是由不同的异质主体的变异性、主动的适应性和相互作用共同产生涌现形成的。在4.0版的小镇里，产业和空间的活力源于其个体的自适应性所形成的自组织性，整个小镇就相当于企业孵化器和“双创平台”。

所以建设一千个特色小镇，至少要用一千个以上企业的力量自下而上涌动来推动特色小镇的诞生和发展。政府管理小镇，首要的工作是要防止一哄而上；政府要激励企业去创立小镇，而不是取代，更不能取代企业家的功能；政府对小镇应该是简政放权，而不能专权繁政；政府应该是为小镇护航，排除一些利益集团和旧体制的干扰，而不是包办取代；政府要对小城镇科学评估，在此基础上再行奖励，而不能刮风，只有政府有能力刮风、搞大跃进。当前，最担心一阵风、一哄而上，造成泥沙俱下，败坏了特色小镇的名誉。

根据第三代系统论——复杂适应理论，从自组织、共生、强连接、多特色、集群、开放、超规模效应、微循环、自适应和协同涌现十个方面，并通过十个优秀特色小镇案例，来分辨什么样的特色小镇是好的小镇，什么是差的小镇。

（1）自组织

好的特色小镇是由下而上生成的空间和产业组织，差的特色小镇往往是人为规划的，政府指定的，政府花大力气财政补贴，赶工期建设而成的。在浙江，有一个东阳横店影视小镇，凡是我国历史上消失了的名苑、名园，如阿房宫、圆明园、大观园，那里都有。是一个名叫徐文荣的当地村支部书记，把生产队并起来，逐步形成这个小镇。现在我国百分之六十的历史大片电视剧都在这里产生。每年还吸收几百万游客来参观，活力非常好，资产已达几百亿之巨。它就是自组织的，从下而上自组织规划建设的典范。什么农民的利益、投资者的利益、影视剧作者的利益等，都通过“自组织”得到协同共赢的结果。

（2）共生性

好的小镇是具有共生性的。它能补主城的缺陷，发挥“三修”的功能。比如坐落在杭州玉皇山基金小镇，玉皇山处在西湖风景名胜区内，这块地周边环境非常漂亮，但不能用于大规模建设，一是国家级风景名胜区，二是地下有南宋皇宫的遗存，著名的八卦田就在这附近。南宋皇帝也要显示自己亲民，每年也要在八卦田里耕作做做样子。改革开放后，农民在这里盖了很多房子，形成了一个生活陶瓷品市场，因经营不善逐渐成为城市“脏、乱、差”的地段。后来把市场取缔了，基本上就是一块废地。

一些有创意的结构，考虑到浙江的民营经济要进入资本市场，中间的跳板就是基金，引进了500个基金组织成立了基金小镇，现已有五千亿元的规模。这个新兴的“基金小镇”对城市这个地段“三修”发挥了不可取代的作用。现在的环境比起陶瓷市场好多了，基本没什么污染，而且形成优美协调的环境。仿古的建筑，低容积率办公区、错落有致的园林布局，能够与周边山水产生共生共存的作用。这就把城市破烂的边缘地带，修复成了一个非常漂亮的高级社区，产生巨大的经济效益。这就是个成功的案例。基金经理们心理压力极大，他们需要寻求共识，需要一个基金小镇经常聚在一起，既实现脑力共振，又能放松心情。

（3）多样化

这指的是小镇特色的种类要多。如建筑本地特色，产业唯一性特色，投资和管理特色等，小镇特色越多，就越能形成多样化的空间，多样化的产业模式，就会产生非常好的生态和经济效益，因为创业生态链形成了。而差的特色小镇是单一性的，产业模式又与城市趋同，资源是相互冲突、类同的。比如成都边缘的德源镇，原先是个单纯的地产开发区，空置房产很多。当地农民请能人将其转变为一个双创孵化器。先把市容进行改造，专门为年轻人建设创业孵化器，房子以低廉租金出租，创客的空间、风投机构、咖啡厅、茶馆、医院、学校等等配套设施都逐步引进。农民的双创孵化器比政府做的还要强，农民们不会编制宏大的高大上的人为规划，只是紧盯创客的实际需要来持续“补短板”，结果“自组织”式形成了创客天堂。

（4）强连接

任何网络的（能量）价值都是由节点质量、数量及其相互间的连接强度成正比。特色小镇等于是一个好的城镇或产业网络节点，要和外界强连接，多种强连接会使它产生某种“反磁力”。某个小镇某一个方面如果有强大的反磁力效应，这种效应是好的特色小镇吸引外部资源加盟的必要途径，否则就会因资源流失连生存都很困难。差的特色小镇，只有“弱磁力效应”，甚至没有“磁力”，这是因为缺乏与主城的强连接，或者是很糟糕的单一功能。像北京附近的“睡城”

(sleeping town)，虽然当地政府和农民从土地拍卖上赚了不少钱，但在产业方面与主城没有任何“反磁力”，那就会缺乏可持续发展能力。一个成功的案例是成都附近的安仁镇，面积不大，却聚集着35座博物馆和27座老公馆，而且把当地的民间的染布、木艺、刺绣、酿酒等各种各样手工艺生产者聚集在一起，成为四川最大的文创基地。

我国是制造业大国，要从中国制造向中国设计、中国智造转变。智能化设计与智造发展，这是一个伟大的新长征。让人的智力转变为设计成果，这时候需要大量的模板进行学习，向西方学习。杭州的中国美院建筑学院，产生了王澍这样的大师。当时是花了几千万元钱把德国的包豪斯几千个工艺品模型，花钱买过来供学生们模仿学习，工业化要从制造为主向设计阶段转型就要建立学习平台。

(5) 产业集群

即企业相互之间高度细密的分工与合作关系，这种模式造成了集群，它是自组织体系的，集群反过来又会造就小镇的自组织特性。哈佛大学彼特教授在其名著《国家的竞争力》写道：一个国家、一个地区的竞争力常常决定于那些地理上不起眼的“马赛克”，而不决定于那些宏观的指标。这些“马赛克”是什么呢?就是企业集群，一种产业的企业在一个地方聚在一起，他们之间的高度分工与合作产生超高的经济效益和巨大的创新活力。这种集群在地理上是不起眼的，但会成为一个地区乃至一个国家竞争力的最主要的元素。

这也就是广布集群的广东浙江经济为什么比东三省发达的原因之一。东三省的产业原来都是苏联来的高大上的“大而全”的单个巨人，反而扼杀了中小集群的成长空间。但是广东、浙江等沿海省份许多企业从销售、零部件生产始都分工的，多种层次分工组合在一起，生命力非常强大，就是因为它们是“自组织”形成的。这些南方的“小版块”先使北方那些大而全、巨大无比的工业在竞争中败下阵来，包括机器人、数控机床等东三省长期传统优势的产业纷纷转移到南方。现在最有竞争力的机器人在东莞，最有效率的数控机床在东莞生产，无人机在深圳生产，这些都是企业集群生产零部件集合而成。

不仅高技术产业受到集群的影响，传统产品亦同。江苏宜兴有个小镇叫丁蜀镇，当地不少紫砂壶的工艺大师都在镇里开工作室，其他初级、中级的工艺师也都聚在镇里，共有紫砂专业合作社67个、紫砂企业400多家、紫砂家庭作坊12000多家。去年一年，实现产值78亿元，带动实现文化产业增加值14.5亿元，实现旅游总收入7亿多元，而且还成为不断产生紫砂壶制作大师的基地。差的小镇是与别的城市和产业没有关联的，小而全、缺乏细密的分工与合作，形不成企业集群，这样的小镇产业、人口就会渐渐衰败。

(6) 开放性

好的小镇的产业是高度开放的，能够主动切入到全球的生产链中去，并且不断地向上游移动。因为全球价值链和产业链是变动的，如果说某小镇有一类产品进入到这个产业链，不断上升，特色小镇作为行业单打冠军就会成功。

柳市镇原是温州的“边角料”，是一个政府产业投资等于零的穷镇，经过30年的个体私企培养，现已成为低压电器的超级基地，全国低压电器的百分之八十产于这个基地，占全国此类产品出口的百分之七十以上，法国、德国的大企业都来这里合作办厂。其中知名度最高的两个企业正泰和德力西，由两位修自行车的聪明小伙子合办一个仪表厂起步，然后又分裂成两个大集团，一个为正泰集团，一个为德力西集团。德力西集团10年前和法国全球最大的电器生产商施耐德合资。正泰一心一意的搞电器，每年产值都达到500亿。他们的生产基地就在柳市镇，使该镇成为中国电器之都。全国所有低压电器企业基本都由柳市企业家掌控了。因为柳市镇的生产厂家可以融到全球产业链去。那么一个不起眼的小镇，如果其工业没有全球的开放性，就不可能在全球产业链中找到他的定位。

(7) 超规模效应

好的小镇完全超越了城镇规模效应。一群经济学家在讨论什么是城市人口最佳规模？中国的经济学家说，100万人口属最佳规模，德国的经济学家认为：德国百分之九十的城市都是20万人口以下，20万就是最佳规模。意大利经济学家则认为：4万人口的城镇就很有活力了，合理规模就是5万。为什么原因意见如此分歧呢？如果某个城镇内的产业与主城是高度互补的，规模小就没问题；如小镇空间建筑结构是独一无二的，规模小点也没关系；如果小镇的服务功能是为主城市补缺的，规模再小也有吸引力。

英国有个名叫海伊的小镇，原来只是一个冷落的旧城堡，后来发现与牛津、剑桥等名校不远。将全国旧书商家吸引到此镇来，全英国的旧书都到这里来买，把仓库、旧屋都空出来装上书，就成了旧书小镇，周边大学师生和全国游客都到这儿来买书。

(8) 微循环

微循环小镇，不是按照广州大学城的模式，什么四联供、供暖、供冷都要集中式、大规模的大循环。而是采用微循环的模式，任何“三废”都就地循环回用，这种节能减排的模式，对水污染的治理、对节能减排有很大的生态和经济效益。这种基于特色小镇的微循环整套技术，本身就是“特色”，会造就此类小镇的经济活力。上海枫泾镇就是这种模式，整个都采用微循环的新模式，因而成功创建了新产业集群。

(9) 自适应性

好的小镇有投资者、技术、人才等方面的自主性，能独立面对风险，独立应对市场变化、独立解决新技术的颠覆性创新，这种“独立性”所激发的自适应能力，造就了东莞的北滘镇，该镇已经形成总部经济区，共有五万名高端生产人员在这里生活工作，小镇具有很强大的内聚活力，能将多样化、有活力的企业汇聚在一起，在这里诞生、壮大。现在世界上流行新的创新栖息地，工业文明时代企业总部常常汇集在CBD，现在新的一种模式叫“总部公园”(Business Park)，这个小镇就是这样一个新的总部汇集地。差的小镇就不具备产业发展的自适应性，从而引发资源产业枯竭，如同美国底特律式的衰落。

(10) 协同涌现

好的小镇会与周边其他小镇协同涌现活力，杭州阿里巴巴总部附近有若干个小镇都是自己冒出来的，其中一个云栖小镇，是这样诞生的：阿里巴巴在美国成功上市以后从外面引入的资金高达220亿美金，阿里巴巴的团队有近千人左右成为千万富翁，其中有700多人要自主创业，自主创业就选择周边的小镇。这些小镇将“未来的马云”聚在一起，就会产生协同活力，仅云栖小镇的软件产值就迅速达到了几百亿。这些未来的小镇之间都是产业功能互补的，又形成了协同创新的小镇群，这个“群”就是高水平的“协同”效应平台。

这类例子在国外早已存在，如法国的尼斯，是一个10万人口不到的旅游城市，风景优美，尼斯与周边的几个名镇形成协同的城市群，如著名娱乐城摩纳哥、电影城戛纳、鲜花小镇格拉斯和索菲亚高科技园，这些小镇之间都是功能互补的，形成了城镇集群，产生了对高等资源吸引力的协同涌现现象。

第三篇　方法与技术

当今世界面临诸多挑战，共享发展、合作共赢已经成为全球社会经济发展的重要目标，也成为构建人类命运综合体的核心主题之一。城市作为人类社会经济发展的主要空间领域，城市共享议题也越来越受到关注。

城市共享（性）已经成为城市发展的重要愿景和目标。2016年10月召开的联合国第三次住房和城市可持续发展大会（“人居三”大会）通过的《新城市议程》提出了未来城市的共同愿景为：“使人人平等享有城市和人居环境，促进城市的包容性……能够栖居和繁衍在公平的、安全的、健康的、便利的、可负担的、有复原力的以及可持续的城市和人居环境中，共享城市发展的繁荣和机遇（侯丽，2016）。”

在新的环境下，城市的人口、经济、金融等，都在以“流”的形式被重塑，不断突破人们对城市的认知。基于传感器的自然资源管理、基础设施网络安全、生物特征识别、共享经济、社交网络公众参与、可视化，这些要素不断重新塑造我们的生活场所。城市建设需要新的工具和方法来进行城市实践解决城市问题。

在此背景下，建立集成的、全面的低碳生态城市技术体系是未来发展的方向。本篇通过从城市共享的角度出发，对于城市共享性的特征和低碳生态效应展开阐述和介绍，从数字平台、绿色建筑、绿色交通的内容对于智慧城市社区的构建有体系性认知。当我们追求在人人共享的城市中享受安全、健康、可持续时，最关键的问题就是绿色发展、生态优先必须成为生活、生产、生态的主线，将这条主线与全国公众和企业相连的则是绿色消费。城市二氧化碳排放数据的搜集和评估方法是将来城市碳排放定量化、碳市场开放的基础；城市资源环境承载力监测预警评价为城市安全带来新的方法和技术；生态廊道和景观设计、街道绿化指标评估是海绵城市基础设施建设的重点。

综上，共享、智慧、绿色消费、资源承载力评估等技术和方法为打造城市的包容性、健康和全面的发展提供技术支持。

Chapter Ⅲ Methodology and Techniques

The world today faces many challenges, shareable development and win-win cooperation have become an important goal of global social and economic development, but also become one of the core themes of the construction of human destiny complex. As the main space field of human social and economic development, urban sharing has attracted more and more attentions.

Urban sharing has become an important vision and goal of urban development. The New Urban Agenda adopted by the Third United Nations Conference on Housing and Urban Sustainable Development ("the 3rd Habitat Conference") in October 2016 sets out a common vision for future cities: "To make all people have equal rights to enjoy urban and human settlements, and to promote urban inclusiveness;" To be able to live and reproduce in a fair, safe, healthy, convenient, affordable, resilient and sustainable urban and human settlement environment, and share prosperity and opportunities for urban development (Hou Li, 2016)."

In the new environment, the urban population, economy and finance etc. are being reshaped in the form of "flow," thus constantly breaking through people′s cognition of city . The elements of sensor-based natural resource management, infrastructure network security, biometric identification, shared economy, public participation in social networks and visualization continue to shape our place of life. Urban construction needs new tools and methods to carry out urban practice and solve urban problems.

Under this background, the establishment of integrated, comprehensive low-carbon eco-city technology system is the direction of future development. From the perspective of urban sharing, this chapter describes and introduces the characteristics of urban sharing and low-carbon ecological effects, and boasts a systematic understanding of the construction of intelligent urban community from the digital platform, green architecture and green traffic. When we seek to enjoy safety, health and sustainability in a city shared by all, the key issue is that green development and ecological priority must be the main line of life, production and ecology. Green consumption connects the main line with the national public and enterprises. The collection and evaluation method of urban carbon dioxide emission data is the basis for the quantification of urban carbon emission and the opening of carbon market in the future. The monitoring and early-warning evaluation on urban resources and environmental bearing capacity brings new methods and techniques to urban security. Ecological corridor, landscape design and greening index evaluation are the key points of infrastructure construction in sponge city.

To sum up, the above technologies and methods such as sharing, wisdom, green consumption and resource capacity evaluation provide technical support for the inclusive, healthy and comprehensive development of the city.

1 城 市 共 享[1]

1 City Sharing

当今世界面临诸多挑战，共享发展、合作共赢已经成为全球社会经济发展的重要目标，也成为构建人类命运综合体的核心主题之一。城市作为人类社会经济发展的主要空间领域，城市共享议题也越来越受到关注。目前可见的与城市共享相关的文献主要集中在如下几个方面：共享发展理念（邓玲，王芳，2017）；共享经济（Claire Borsenberger，2017）；土地共享（Amelia Thorpe，2018）；空间共享（Milena Komarova and Liam O'Dowd，2016）；信息共享（张彦丽，等，2017）；资源共享（武文霞，等，2017）；共享交通（金晶，卞思佳，2018）；共享景观（任君，2015）；共享建筑（学）（李振宇，朱怡晨，2017）；共享城市（赵任植，2017）；共享模式（张倪，2017）；共享机制（方红，王琦，2015）等。不过，系统研究城市共享性的基本特征及低碳生态效应的文献基本未见[2]。城市共享性与共享城市具有密切关联，某种程度上而言，城市共享性是共享城市研究的基础。笔者下文将对城市共享性的基本特征、低碳生态效应进行探讨，并对城市共享性研究展望提出若干看法。

1.1 关键概念学理认知

1.1.1 共享

对“共享”的认知需要从“享”开始。“享”（share，enjoy）中文主要有以下词汇，一定程度上反映了“享”的含义的各个侧面，包括：享受、享用、享有（如享福、享乐、享誉、享年）等。一般而言，中文语境下的“享”与欣赏、喜爱、使过得幸福，具有满足感有关；“享”是生命在存活过程中，通过身体器官、思想意识的作用，使生命自身产生愉悦、美好的一种体验与感觉，并在物质上或

---

❶ 沈清基，同济大学建筑与城市规划学院教授，博士生导师，sqjj5688@126.com。

❷ 2018年3月23日笔者在CNKI中以“城市”＋“共享性”（篇名）检索，共有8篇文章，均为探讨景观设计的共享性；以“城市”＋“共享”＋“低碳效应”（篇名）；“城市”＋“共享”＋“生态效应”（篇名）；“城市”＋“共享”＋“低碳生态效应”（篇名）；“城市”＋“共享”＋“特征”（篇名）检索，均未见文献。

精神上得到满足[1]。“享”的英文“share”在动词方面含义主要为“分享”、“分担”、“分配”、“分开”、“共享”、“共有”、“共用”、“共担”，在名词方面主要有“份额”、“股份”[2]；可见，英文的“share”同时强调“享”的“共”与“分”两个方面。

“享”在程度或状态上有安享、分享、独享、共享等不同情况。对共享内涵的描述，大多是从资源的角度。其一，资源通过共享获得充分利用。此时的所谓共享是指自己的东西不能得到充分利用，拿出来大家用，并双方都得利[3]；其二，通过相关方合作的行为与过程，使双方都能在享有资源方面获得益处。

1.1.2 共享性

所谓共享性是指共享行为、状态、结果等本质特性。其首先表达了两个及以上的共享行为的发生者（即施享方与获享方[4]对物品、资源的共同占有与使用；其次，表达了共享行为发生时以及发生后的一种人与人之间关系的较好的结果，即，当一个人消费该物品时并不会减少其他人对这种物品的消费。

共享（性）从行为角度而言，是一种互惠性（共享性）合作行为。行为心理学专门有对合作行为的共享性特征及共享性合作行为特征的研究（徐晓惠，等，2014）。Bratman[5] 认为共享性合作行为有三个主要特征：① 合作伙伴对彼此的动作和意图进行反应；② 承诺完成共同的目标；③ 能进行角色转换并支持彼此的角色。同时，预期未来奖赏的能力以及合作活动结束分享奖励的趋势也是互惠性合作活动的共享性本质之一[6]。

互惠合作行为的产生与共享性目标、共享性意图密切相关。共享性目标是合作行为的灵魂，共享性意图是指在集体活动中参与者分享彼此的一种心理状态[7]，是内在动机需求，是相对主观性的成分。共享性意图是构成合作行为其他共享性特征的基础（徐晓惠等，2014）。

---

[1] https://baike. baidu. com/item/享/7467600? fr=aladdin

[2] 来源：有道词典、金山词霸。

[3] https：//www. zhihu. com/question/32046316/answer/172668521

[4] 此系笔者所撰的名词，施享方是指提供（或让渡）资源、服务与功能为别人所用的主体；获享方是指接受施享方所提供的资源、服务与功能的主体。

[5] Bratman M. E. Shared Cooperative Activity[J]. The Philosophical Review，1992，101(2)：327-341. 转引自：徐晓惠，等，婴幼儿对合作行为共享性特征的理解 [J]，心理科学进展，2014。

[6] Tomasello，M. Why We Cooperate[M]. Cambridge：The MIT Press，2009，转引自：徐晓惠等，婴幼儿对合作行为共享性特征的理解 [J]，心理科学进展，2014 (9)。

[7] Searle，J. R. . The Construction of Social Reality. Simonand Schuster. com，1995. 转引自：徐晓惠，等，婴幼儿对合作行为共享性特征的理解 [J]，心理科学进展，2014。

1.1.3 城市共享性

城市共享性是发生在城市地域的共享行为、状态、结果等本质特性。从一般意义或狭义的角度上而言，城市共享性是指城市依借所具备的各类资源（包括物质、物品、空间、景观、功能、设施、服务等）向广泛的人类群体实质性地开放及供应，为他们所享受和享有。

城市共享（性）已经成为城市发展的重要愿景和目标。2016 年 10 月召开的联合国第三次住房和城市可持续发展大会（‘人居三’大会）通过的《新城市议程》提出了未来城市的共同愿景为："使人人平等享有城市和人居环境，促进城市的包容性；确保所有居民以及他们的后代不会遭受任何形式的歧视，能够栖居和繁衍在公平的、安全的、健康的、便利的、可负担的、有复原力的以及可持续的城市和人居环境中，共享城市发展的繁荣和机遇（侯丽，2016）。"可以发现，《新城市议程》中所指出的城市共享包括共享城市环境；共享城市繁荣和机遇。同时，《新城市议程》也较为明显地隐含着城市共享的前提是权利与待遇平等、经济相对独立。

1.1.4 低碳生态效应

效应又称效果，是指在有限环境下，一些因素和一些结果而构成的一种因果现象和因果关系，多用于对一种自然现象和社会现象的描述[1]。低碳生态效应是指人类社会经济活动因素与碳排放、生态环境质量结果之间的因果现象，其本质是人类社会经济活动对碳排放、生态环境质量所起的作用和影响。

从词性角度而言，"低碳生态效应"是一个中性词，即，该效应有可能是正的，也可能的是负的；从构成角度而言，"低碳生态效应"可以分成低碳效应和生态效应，前者主要是指对碳排放的影响，后者是指对气候、空气、水源、土壤等质量、水土保持、生物多样性、防洪、降噪等方面的作用。从狭义与广义的角度而言，狭义的低碳生态效应核心特点是具有物质性；而广义的低碳生态效应，还包含狭义低碳生态效应因素之外的社会心理、历史文化、景观风貌、道德价值等领域的影响和作用。

1.2 城市共享性若干基本特征分析

城市作为一个空间、物质、社会、经济、文化、生态环境等的人居环境综合

---

[1] https://zh.wikipedia.org/wiki/%E6%95%88%E6%87%89,（2）https://zh.wikipedia.org/wiki/%E6%95%88%E6%87%89%E5%88%97%E8%A1%A8#T

体，其共享性的类型及构成复杂多样。从与城市发展关系较为密切的角度，笔者从认知层面、关系层面、空间层面以及管理层面对城市共享性特征加以分析（表 3-1-1）。

城市共享性特征的分层面分析　　表 3-1-1

	不同层面	城市共享性特征	共享性要点
城市共享性特征分析框架	认知层面	普遍性	经济共享、资源共享、空间共享、设施共享、服务共享、情感共享、环境共享、文化共享
		物质性与非物质性	共享的物质性：共享活动须凭借物质（资源）保证；物质（资源）共享会在一定程度上导致物质（资源）逐渐消耗。 共享的非物质性：精神文化方面的共享需求，含生态环境与生态服务功能共享、人文环境共享等
		非平等性与非均衡性	城市条件、区位、人群特性等存在着各种差异，导致城市共享性的需求与供应的多种非平等与非均衡
	关系层面	合力性	城市共享性经由多主体共同作用而达成，各方地位、关系平等，利益均获
	空间层面	生物均享性	人类与生物共享生态环境，两者关系平等，相得益彰
		空间性	空间共享是城市共享的重要内容，不同区位的城市空间共享性差异悬殊
	管理层面	管理效应	城市共享性水平受管理理念、管理机制、管理能力的制约

1.2.1　城市共享性的普遍性

共享与开放共同构成了城市的两个基本属性（丁夏，等，2016）。从经济学角度看，“共享”作为一种经济行为，是为了获得资源的更大效用价值的过程。2016 年 9 月发布的《世界旅游城市联合会重庆宣言》指出，“共享经济的本质是整合现有的物品、知识和服务等闲置资源，使其获得更大的效用价值。”“城市是闲置资源最密集地区”[1]。因此，我们可以得出明确的结论：由于城市的闲置资源最多，城市的共享性也最大，挖掘与推进城市共享性的可能性也最大——这一定程度上说明了城市共享性的普遍性。

城市共享性的普遍性还可从城市共享类型的多样化得到证实，如城市共享可包括：空间共享、设施共享、资源共享、服务共享、情感共享、环境共享、文化

[1] 《世界旅游城市联合会重庆宣言》，中国旅游报，2016-09-26。

共享、经济共享等众多类型。城市共享性的普遍性也可从一些微观的现象中发现，如笔者曾拍过一张街边的供电箱照片，供电箱壳保护供电设施，壳罩上有环保宣传画和多张小广告，一定程度上说明该供电箱实质上所具有的“共享性”。

从各个学科对共享性的关注，也可一定程度上说明共享性的普遍性。社会学、政治学、法学、文学、伦理学、生态学、经济学、建筑学等都有探讨“共享”的文献，各自在角度和观点上丰富多彩。如刘占勇（2015）认为，从社会学视角看，社会价值观建设的实质是追求“正确的平等”的“共享性”，这种“共享性”的形成是社会价值观得以真正存在并发挥作用的基础。李振宇、朱怡晨（2017）在《迈向共享建筑学》一文中指出，对城市生活复杂性、多样性的认同，使城市小尺度公共空间的共享性开始受到关注。

1.2.2 城市共享性的物质性与非物质性

城市共享性的物质性，首先，是指共享（分享）活动的完成必须有各类物质资源供应的保证，没有物质的保证，各类设施、功能的各类服务无法达成。其次，是指物质的共享（享受）尽管是对社会闲置资源的利用，但也会导致物质的逐渐消耗以致殆尽。其原因是物质的共享（或分享）需要对物质进行分割。如，一个苹果为 6 个人分享，则每个人只能得到苹果的 1/6（毛建儒，安先武，2002）。从这一角度而言，城市的共享性如果单纯依靠物质资源作为共享的“原料”，则可能是不可持续的。如何以对生态环境的低消耗、低负面影响的方式来达成物质性方面的城市共享，以尽可能少的物质能量消耗提供尽可能大的正面物质共享效应，是值得深入探讨的。

城市共享性的非物质性，则是指在物质资源以外的范畴，城市所具有的满足各类群体在精神文化层面的共享需求。具体包括：高质量的生态环境、生态服务功能共享，诗情画意的人文社会环境的共享等。叶青在深圳建科大楼的实践中所提出的共享设计的核心思想包括人与人的共享和精神共享均属于非物质共享的范畴（IBR 深圳市建筑科学研究院有限公司，2010）。此外，城市的“温暖”和“善意”也属于非物质性共享性的范畴。2014 年 3 月，《国家新型城镇化规划》首次提出“注重人文城市建设”。2017 年 5 月，上海市第十一次党代会报告将人文之城列入上海建设“卓越的全球城市”三大战略目标之一，其中特别提出了“城市始终是有温度的”[1]。图 3-1-1 是印度孟买路人接盛沿街居民提供的免费饮用水，在南亚地区的高温环境下能够给需要饮水的路人带来清凉的享受，其“温暖性”不言自明。

[1] 刘士林：“有温度的城市”不能总让人感觉“生活在别处”，http：//mp.weixin.qq.com/s/07tzBnsF9M0nohyD6Yx5hQ，2018-03-01。

图 3-1-1　印度孟买沿街居民提供给路人的免费饮用水

（图片来源：作者摄于 2018.2.2）

1.2.3　城市共享性的非平等性与非均衡性

指城市的各个区域在自然条件、景观资源、安全水平……以上方面存在着各种程度的差异，而城市人群的教育、收入水平的差异也不可能完全消除，因此，他们的收入、生活和消费水平不可能整齐划一，他们享有的城市设施、功能与服务也不可能完全一致。所有这些差异将在条件、需求、供应等方面导致城市共享性的差异，并成为城市共享性的非平等性与非均衡性产生的内在原因。然而，承认这种非平等性与非均衡性的目的是尽可能地消除它们而并非长久维持其不变，这可能也是提出城市共享性乃至人人共享城市的初衷之一。

1.2.4　城市共享性的合力性

在文艺欣赏方面，“共享性”是指作品的美好特质与接受者精神能力之间的积极关系——也就是创作者和接受者对共通的创造性智慧的接近、抵达与欣赏，以及两者的互动与扩展（李静，2006）。城市共享性的良好状态之一——合力性具有这种特征。城市共享性的合力性指城市共享性是经由众多主体的共同作用而达成的，且完成共享行为的双方（多方）均呈较为理想的状态，可能展现如下特征：①施享方与获享方双方（多方）通过共同的作用或行为完成共享性；②施享方与获享方双方均获得利益与效用；③施享方与获享方之间具有平等的、积极的互动关系；④施享方与获享方两者在意趣、精神能力、智慧等方面的互相接近与互相欣赏。

1.2.5 城市共享性的生物均享性

城市共享性的生物均享性是指在城市中既要考虑人类的生态需求，同时也要考虑人类以外的生物的生存及分享城市生态环境的需求。生物均享性建立在生态环境所具有的共享性的特性的基础之上。即，生态环境对所有生物都会一视同仁地提供生态服务功能，所有生物都能够获得生存机会；均享性更与人类对其他生物的态度及其相互关系的认知的层次有关。低层次的认知是将生物作为人类享受的供应者，而高层次的认知则将生物视作人类的朋友平等相待。考虑生物与人类对城市生态环境、生存生态位的共享，在某种程度上而言，无疑是城市共享性的高级层次，具有愿景属性。具体表现在：①无论城市人类自身的生存境遇（正常或极端困难）都不会戕害生物（图 3-1-2），该区域极其拥挤，人口密度极高，鸟巢未受破坏说明了贫民窟民众对鸟的爱护。②无论是世界文化遗产（图 3-1-3）、端庄的文化建筑（图 3-1-4），还是繁忙的交通空间（图 3-1-5）等类型的人类专用性空间均接受场所内的生物生存及活动，并不驱赶，而且互不相碍。城市共享

图 3-1-2　亚洲最大的印度孟买达拉维贫民窟中的鸟巢

（图片来源：作者摄于 2018.2.2）

图 3-1-3　世界文化遗产孟买维多利亚火车站售票大厅地面熟睡的狗

（图片来源：作者摄于 2018.1.30）

图 3-1-4 印度新德里规划建筑学院门厅中电子显示屏上的鸟
（图片来源：作者摄于 2018.2.5）

图 3-1-5 巴黎某火车站室内大厅内的鸽子
（图片来源：作者摄于 2014.7.26）

性的生物均享性从鸟类的角度而言，可用惊飞距离❶和地面活动指数❷予以表征。

1.2.6 城市共享性的空间性

城市共享性的空间性是指城市空间既是共享的资源也是共享的主要对象，且因空间性质差异而呈现的若干特性。

首先，城市共享在经济上的主要形式——共享经济与城市空间和城市生活紧密关联（Silvia Mazzucotelli Salice and Ivana Pais，2017），显示了城市空间对共享的重要作用。其次，城市空间资源紧张，“共享空间”（shared space）的获得与共享行为的完成，往往需要经过“公共空间使用的有组织的斗争和竞争”（Milena Komarova and Liam O’Dowd，2016）显示了空间共享的竞争性。第三，不同密度的区域在空间共享性需求方面相差悬殊，高密度的城市区位对空间共享性有着特殊要求，显示了空间共享性需求的差异性。一般而言，越是在人流众多的市中心区，越要强调其共享性，这是真正将市中心区做成城市“客厅”的有效举措之一（图 3-1-6、图 3-1-7）。第四，城市空间共享性的达成需要提供足够的空间资源才能达成。如，芝加哥中央商务区（卢普区）2.5km^2 的范围内，分布有 30 余个广场，广场密度约为 12 个/ km^2（图 3-1-8）。而上海外滩、徐家汇每平方公里广场数量分别只有 3 个和 6 个，空间供应水平的差异导致两者空间共享性水平有较大差异（张玉鑫，奚东帆，2014）。

---

❶ 惊飞距离是指人在鸟类惊飞之前能接近鸟类的距离，反映了鸟类对人为侵扰的适应程度。见：王彦平，陈水华，丁平．惊飞距离——杭州常见鸟类对人为侵扰的适应性［J］．动物学研究，2004（3）。

❷ 此指数是笔者试提出，通过鸟类在地面活动的空间范围和时间范围来表达人类对鸟类的惊扰程度或友善程度。当指数值低说明人类对鸟的友善度低，反之，说明人类对鸟的友善度高。

图 3-1-6 纽约时代广场的机动车、自行车、游人共享于有限的空间之中

（图片来源：作者摄于 2016.8.8）

图 3-1-7 德里贾米清真寺外广场台阶的休憩人群

（图片来源：作者摄于 2018.2.8）

第五，市民对空间共享性的追求会极大地影响城市的空间共享性状况。如，产生于蒙特利尔市、帮助市民识别城市中未使用的空间，将这些未使用的空间暂时地或较长时间地转化为游乐场、公园和花园的青年志愿者组织“Lande”，被称为是正在兴起的促进城市空间共享的运动的一部分。Lande 强调土地的使用价值而不是其交换价值，强调土地的公共性而非其私人占有，强调可进入的而非明确的边界线，Lande 使得城市更加绿色，反映了市民意愿对提升城市空间共享性的巨大影响（Amelia Thorpe，2018）。与此类似，纽约的“城市黑客”利用被忽视的城市空间，从水面到空地，从屋顶到小巷，建造着他们的绿色驳船（Science Barge）、分时后院（Timeshare Backyard）、街道泳池、屋顶庇护所、城市蜂巢甚至巷道养鸡场。城市中原来闲置的未利用空间转化为优质的场所，被城市黑客们赋予了充分的共享性内涵（何勇，2014）。

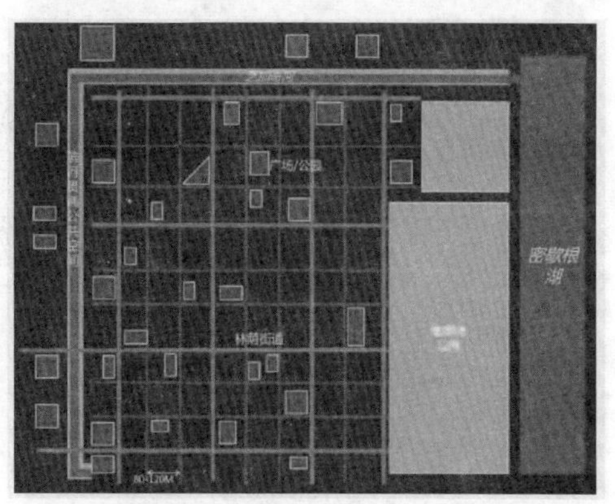

图 3-1-8 芝加哥卢普区绿地广场分布示意图

（图片来源：张玉鑫，奚东帆，2014）

1.2.7 城市共享性的管理效应

指城市共享性水平受管理理念、管理机制、管理能力的极大影响。如巴黎卢浮宫每个星期开放 6 天，四天闭馆时间为 18：00，有两天闭馆时间延长至

21：45（据卢浮宫网站），这样的管理制度可以使游客在每周的特定日期尽兴欣赏卢浮宫的艺术珍藏；反观我国较少有博物馆有此人性化的规定，相反，一些博物馆往往不到闭馆时间工作人员就开始做下班的清扫而使得游客扫兴。显然，卢浮宫的管理制度对游客提供的享受较高，实质性地提升了其共享性水平。

又如，城市共享性受管理理念等影响有程度之分。如有的国家首都中心广场的著名纪念碑由于各种原因是封闭的，人们并不能临近或进入欣赏（图 3-1-9）；而有的国家的纪念碑（建筑）人们则可以几乎零距离接触（图 3-1-10），从共享程度而言，显然后者远远大于前者。

图 3-1-9 新德里印度门
（无法进入拱门之内）
（图片来源：作者摄于 2018.2.7）

图 3-1-10 巴黎凯旋门
（可进入凯旋门拱门之下）
（图片来源：作者摄于 2014.7.27）

1.3 城市共享性的低碳生态效应

可从节用资源、共享经济、优化服务三个方面探讨城市共享性的低碳生态效应（图 3-1-11）。

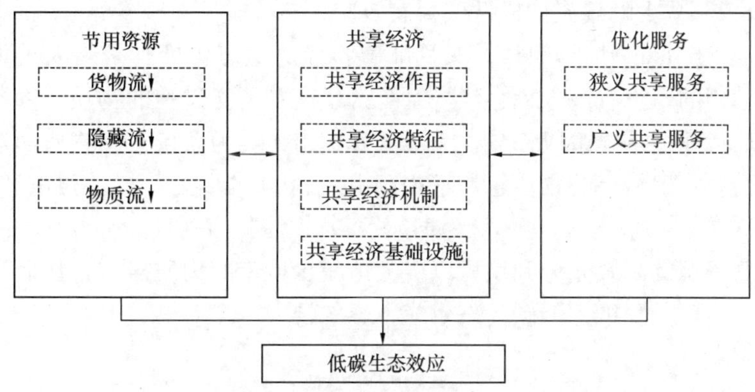

图 3-1-11　城市共享性低碳生态效应分析框架

（图片来源：作者自制）

1.3.1　基于资源充分高效利用的低碳生态效应

城市共享性低碳生态效应的达成与共享性的基本特征有关，包括：对现有资源和闲置资源的充分利用。前者可避免因需要生产新的产品而对资源进行开采，从而导致物料的消耗而增加碳排放；而后者使得闲置资源免受折旧报废无从发挥效益的结果，实现了物有所值、物有所用，从而提高低碳效应。

1.3.1.1　减少货物流达成低碳生态效应

从“流”的角度，城市物质类型可归纳为自然流（又称资源流）、货物流、人口流和资金流几种。其中，货物流是重要的一类。对现有资源充分高效利用的直接积极后果是可以大量减少货物从外部输入和废弃物向外部输出，前者可以减少直接能源投入和直接物质投入，减少工业和建筑垃圾，家庭、市政与商业废弃物；后者则减少了城市对外部地区的污染，两者都减少了碳排放，达成了正向低碳生态效应（图 3-1-12）。

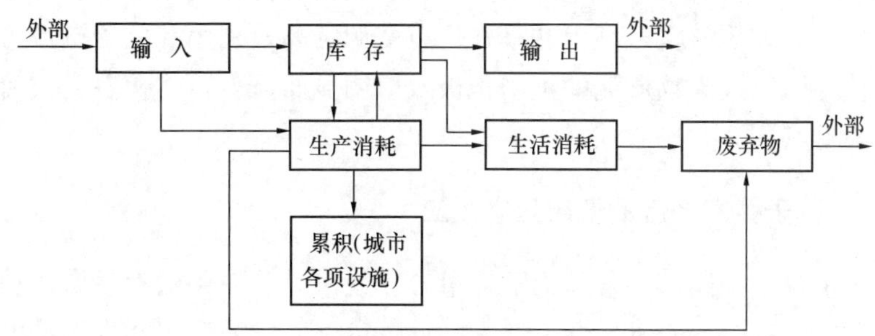

图 3-1-12　城市系统中货物流的流程途径

（图片来源：作者自制）

1.3.1.2 减少隐藏流达成低碳生态效应

隐藏流（hidden flow，HF。又称非直接流、生态包袱）是指人类为获得有用物质而动用的、没有进入社会经济系统的生产和消费过程的物质。隐藏流是经济系统物质代谢的重要组成部分，其形象表达出人类为获得有用物质而造成的附加生态压力。一般城市的物质总需求中隐藏流占 80%以上，如兰州市 2004 年隐藏流达 87.02%（刘军，2006），天津市为 90%（图 3-1-13）。城市共享中对现有资源和闲置资源的高效充分利用可以极大地减少城市的物质需求，从而有效减少隐藏流的产生，其积极的低碳生态效应不容忽视。

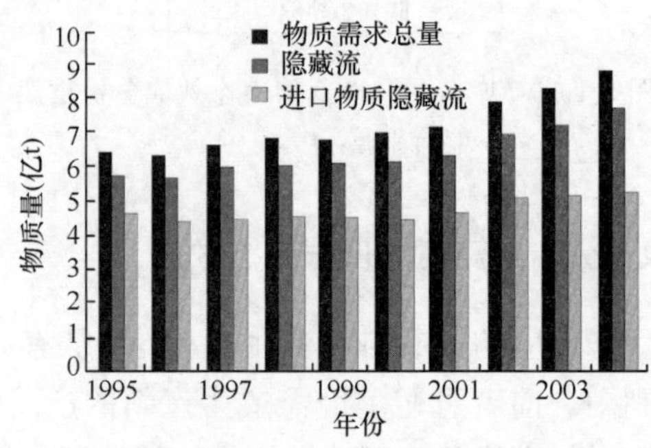

图 3-1-13 天津市历年物质需求总量与物质隐藏流

（图片来源：刘伟，等，2006）

1.3.1.3 降低城市物质流达成低碳生态效应

城市物质流是为维持城市运行而产生的物质、资源、能源等的流动。其产生的低碳生态效应主要是通过人为物质流的作用而体现的。Neumann Mahlkau (1999) 将“人为物质流”定义为“人工物质搬运”，人类对地球表层的改造集中体现为人为物质流。人为物质流在城市范畴内由于人口的增长和经济的发展，使其规模日益膨大，其负面效应也越来越严重，结果之一是使地质应力场、地下水动力场、表生地球化学场等发生不断的变化。这些变化深刻地影响着城市的地质环境，甚至引发地质灾害。城市共享在现有资源的高效利用和闲置资源方面的充分利用，使得城市人为物质流的正向积极效应明显而显著，将使各类灾害的发生频率大大降低（图 3-1-14）。

1.3.2 基于共享经济的低碳生态效应

共享经济是一种能够使各种人群通过合作使未充分使用的存量资源得到利用的经济现象（Jessica Schmidt and Pia A. Albinsson，2017）。共享经济的发展是由人们的减少资源消耗、减少生态足迹的生态愿望所驱动的（Claire Borsenberger，2017），因而，其自然具有正向的低碳生态效应。

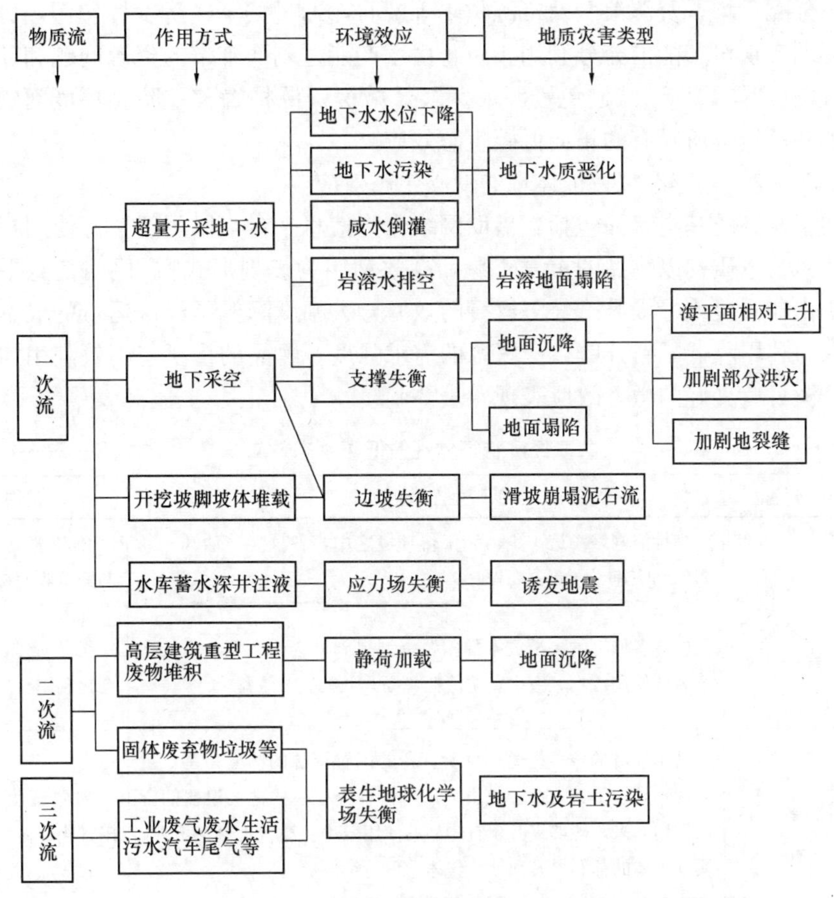

图 3-1-14 人为物质流与城市地质灾害

（图片来源：罗攀，2003）

1.3.2.1 共享经济作用发挥引致的低碳生态效应

共享经济这个术语最早由美国马科斯·费尔逊（Marcus Felson）和琼·斯潘思（JoeL. Spaeth）于1978年发表的论文（Community Structure and Collaborative Consumption：A Routine Activity Approach）中提出❶，共享经济现象却是在最近几年流行并广受重视。

当拥有闲置资源的机构或个人有偿让渡资源使用权给他人，让渡者获取回报，分享者利用闲置资源创造价值时，共享经济得以形成。罗宾·蔡斯在《共享经济：重构未来商业新模式》一书中这样解释共享经济：共享经济的实质是对过剩产能的共享❷。共享经济的出现，一定程度上也是由于我们的生活环境所面临

❶ http：//wiki. mbalib. com/wiki/共享经济

❷ http：//wiki. mbalib. com/wiki/共享经济

的资源分配不均，资源浪费及资源枯竭等威胁，通过共享经济发挥作用，可以最大限度地实现对产能的充分利用，防止由于产能过剩而带来的资源问题和环境问题。“过剩产能共享”、“避免资源浪费”、“减缓资源枯竭”、“防止环境问题”等体现了共享经济所具有的正向低碳生态效应。

1.3.2.2 共享经济特征体现的低碳生态效应

共享经济的基本特征包括：借助网络作为信息平台；以闲置资源使用权的暂时性转移为本质；以物品的重复交易和高效利用为表现形式❶。网络信息平台的非物质化和便捷化，提升了经济运行的效率，大幅度降低了经济运行的成本；闲置资源的利用降低了新开辟生产资源的需求强度；物品的重复与高效利用均使得共享经济具有良好的生态效应表现（表3-1-2）。

共享经济特征体现的低碳生态效应 **表3-1-2**

共享经济特征	低碳生态效应表现	关键词
以网络作为信息平台	高性能网络渗透于生活和工作环境之中，各项经济活动、经营活动快速、便捷、高效	单位资源效率与经济收益提升
以闲置资源使用权的暂时性转移为本质	施享者拥有的沉没成本的闲置资源得到社会化利用，降低受享者的使用成本，减少资源消耗，提升低碳生态效益	沉没成本的社会化利用
以物品的重复交易和高效利用为表现形式	共享经济的核心是通过将所有者的闲置资源的频繁易手，重复性地转让给其他社会成员使用，这种分享模式把被浪费的资产利用起来，能够提升现有物品的使用效率，高效地利用资源，实现个体的福利提升和社会整体的可持续发展	闲置资源的非闲置化转移
以全社会共享发展为宗旨	以社会全部成员的共生、共荣，共享发展成果为共享经济的宗旨，促进社会公平、公正、和谐发展，促进社会生态系统的和谐	全社会共生、共荣、共享

（来源：根据“http：//wiki.mbalib.com/wiki/共享经济”及其他资料整理归纳。）

1.3.2.3 共享经济运作机制的低碳生态效应

共享经济的运作机制之一为市场交换机制，利用共享服务网站、智能手机、社交网站和在线支付等信息技术支持可极大降低共享经济的交易成本；网站信息平台可为供求双方提供结对机会，可以直接将物品的主人与租用者连接起来；带有GPS定位功能的智能手机和平板电脑为代表的信息终端可以让需求者了解标的物概貌；社交网络平台提供了查看他人并建立信任的途径；共享经济的交易都通过网上支付，系统解决了资金交付事务❷。所有这些，都使得资产流通成本比

❶ http：//wiki.mbalib.com/wiki/共享经济

❷ http：//wiki.mbalib.com/wiki/共享经济

以往更加低廉、经济，运行更加便捷，所产生的低碳生态效应更加明显。

1.3.2.4 共享经济基础设施引致的低碳生态效应

共享经济基础设施（sharing economy infrastructure）是由多专业的有效协同作用对共享经济提供关键支撑的基础设施类型；基础设施由技术性基础设施（“硬”基础设施）和社会性基础设施（“软”基础设施）组成，其使共享经济成为可能，因而其对共享经济意义重大（Frederik Plewnia，Edeltraud Guenther，2017）。

为了使城市共享行为普遍化，必须满足多专业、多领域对基础设施的需求。Frederik Plewnia，Edeltraud Guenther（2017）从机动性、能源两个方面提出了多学科研究构建共享经济基础设施的思路框架，强调城市机动性与能源对共享经济基础设施的重要支撑。基础设施消耗大量资源与能源，在其运行过程中也会产生一定的碳排放，多学科多专业对共享经济基础设施的研究和实践，将产生良好的低碳生态效应（表 3-1-3）。

建立共享经济基础设施跨学科研究的框架 **表 3-1-3**

基础设施挑战	机动性（M） 能源（E）	研究学科
技术性（硬）基础设施		
IT 基础设施	M，E	信息技术
为共享交通而提供的机动车停车位和自行车站	M	建筑学，城市规划
充电基础设施（为电动车充电，也共享电网中过剩的电量）	M，E	电力工程，城市规划
互联微电网（促进非集中式发电、储藏和使用设施的共享使用	E	电力工程，信息技术
社会性（软）基础设施		
使用 IT 基础设施的技能	M，E	教育
法律系统	M，E	法律
共享平台的商业或组织模式（营利或非营利）	M，E	工商管理
社会标准或文化价值	M，E	社会学，人类学，心理学

（来源：Frederik Plewnia，Edeltraud Guenther，2017.）

1.3.3 基于共享服务的低碳生态效应

1.3.3.1 狭义共享服务的低碳生态效应

共享服务是指将服务功能独立化和集中化，使服务对象使用方便，从而大幅度提升服务效能的新型服务类型与模式。此类共享服务侧重于降低成本、提高收益，属于狭义共享服务的范畴。

越来越多的跨国公司采用了共享服务这种组织形式，共享服务的业务涉及财会职能、人力资源、采购、信息系统，以及法律、投资、研究与开发等。世界财富 500 强企业中的前 20 位公司中有 16 家采用了共享服务中心。通过建立共享服务中心，将减少公司全球财务人员，为公司员工和销售额提供支持，极大地提高了工作效率（刘汉进，2008）。

某咨询和国际数据公司通过对 50 家财富 500 强企业的调查表明，共享服务项目的投资回报率平均为 27%，人数可减少 26%。Pacific Bell 从 1991 年开始，通过共享服务使服务成本降低 54%，满意度从 70%提高到 90%，劳动力减少 42%。IMA（Institute of Management Accounting）的一项研究对财富 100 强企业中实施和未实施共享服务的公司进行了比较，结果表明，所选择的六项共享服务功能成本平均下降 83%（刘汉进，2008）（表 3-1-4）。

财富 100 强企业实施与未实施共享服务的经营状况比较　　表 3-1-4

管理功能	未共享服务时的平均成本（美元）	共享服务后的平均成本（美元）	成本节约（%）
应付账款	43.15	7.71	82
应收账款	8.69	2.44	72
固定资产	290.89	36.19	88
会计	17.59	2.22	87
薪酬福利	37.02	4.34	88
差旅费	75.00	14.61	81

（来源：刘汉进，2008。）

1.3.3.2　广义共享服务的低碳生态效应

狭义共享服务有必要加以推广，使之成为广义的共享服务。所谓广义共享服务首先是指服务力普遍化与服务化极致化。具体措施包括（但不限于）：将城市中的空间设施和一些零散的资源全部转化为服务力；以物理性的社区空间为基础，利用万物互联、AI 和大数据与虚拟云平台体系，将一切的资源进行服务化[1]。当服务化代替了生产，其低碳生态效应将十分明显，可使其低碳生态效应达到更为优化的程度。

其次，广义共享服务的彻底的社会性能够促进财富的相对公平分配，使低收入人群生活改善，化解社会不同收入人群之间的冲突风险，因而可以提升城市韧性。此既是共享服务的社会生态效应所在，也是广义共享服务的低碳生态效应的

---

[1] 黄广雄，共享社区发展的主张与实践，中国城市规划网，http：//www.planning.org.cn/solicity/view_news? id=1016，2017-11-23。

表征之一。

第三，广义共享服务还包括了前述的非物质共享的成分，即从社会心理角度，共享所产生的温馨感、归属感、拥有感、受尊重感具有积极的社会效应，均为共享的生态效应构成。此外，高质量的生态环境、生态服务功能共享；有温度的、诗情画意的人文社会景观风貌环境的共享；城市的温暖性（人文性）的共享，也可产生明显的积极社会效应，亦构成了良性的生态效应。如南宋临安当地商人对外地商人来临安欲开店经营者，不但没有任何排斥刁难，还借钱借地提供多种便利，避免了外地商人与本地商人可能产生的恶性竞争，是一种具有“温暖性”的商业共享性。又如，英国学者 Maria Rubins 2015 年出版的《Russian Montparnasse：Transnational Writing in Interwar Paris》一书中，有一章标题为“一个被所有外国人共享的家乡：巴黎的神话（A Shared Homeland for All Foreigners：The Paris Myth)”，该学者提及，一个居住在巴黎的美国人称：“美国是我的祖国，但是巴黎是我的家乡”（Maria Rubins，2015）。之所以如此，巴黎的温暖性共享氛围的作用不可或缺。以上两例均体现了广义共享服务的积极作用。

1.4 城市共享性研究展望

以上，对城市共享性基本特性，以及城市共享性低碳生态效应的分析，尽管涉及了城市共享性的较多的重要问题，但，未来城市共享性的研究及实践还需要在以下几个问题上做积极扎实的工作。

1.4.1 基于多学科和跨学科的人人共享城市研究

城市共享性与共享城市牵涉城市的方方面面，也与众多学科相关（表 3-1-3）。仅以生态学为例，人人共享城市是生态位、生态资源、生态服务功能极其丰富、多样、充裕，城市中所有生物都有机会获得生存空间，可以满足城市中每个生物的生存和发展需要的城市。生态学的竞争与共生平衡原理，辩证反映了自然界中生物之间、生物与环境之间关系及演进的规律，对人人共享城市的规划建设具有重要参考意义。整合并融合各个学科独特的观察视角、理论方法对城市共享性和人人共享城市展开全面深入的研究，将使对问题的研究具有前所未有的深度和厚度，并因而极大地促进相关的实践活动。

1.4.2 城市共享性生态产品研究

物质产品、文化产品和生态产品是支撑现代人类生存和发展的三类产品，生态产品是指维持生命支持系统、保障生态调节功能、提供环境舒适性的自然要素，生态产品具有空间差异性、动态性、整体性、范围有限性、用途多样性、持续有效性、正负效应、公共物品性和外部性等特征（曾贤刚等，2014）。强调共享性作为生态产品的新特性，通过研究优质生态产品共享性对降低资源能源消耗作用机制，以及对生态服务功能和生态环境质量起积极作用的机制，将使城市共享性与生态产品建立关联，可较大程度地拓展城市共享性的积极生态效应。

1.4.3　城市共享性成本问题研究

英语中有 sharing costs，指（共享）成本分摊，这说明共享是会发生成本的。共享结果可能产生正面效应与负面效应两种可能性，后者的重要原因之一是共享成本高于共享效益所致。如果共享某项价值活动的好处大于成本，说明共享是有意义的，反之则是无意义和不可持续的。一般意义的共享成本包括协调成本、妥协成本和僵化成本，各类成本对共享的影响不同，需要加以仔细的鉴别（刘汉进，2008）。城市共享成本研究要将经济、环境、社会三大系统，近、中、远期，人类-生物，资源、能源、土地、空间，保护与发展等系统与要素统筹考虑，对城市共享的共有成本与独有成本予以明确的鉴别，并与共有效益与独有效益进行关联分析，以便采取综合性措施降低共享成本，提升共享效益。

1.4.4　城市共享性的适度性研究

在信息领域，共享的程度越深，获得的利益就越多，同时因信息共享带来的风险和成本就越高（高璐璐，2007）。英语中有 controlled sharing，指受控共享，一定程度上说明共享这一活动与过程必须对之进行恰当的调控使之处于适当的水平，而不是放之不管。现代社会是一个社会分工日益深化的社会，是一个生产生活日益程序化、法律化、功能化的社会，它所追求和倡导的是达成一种规束与共享的生活秩序（王学文，2010），这对城市共享性的适度性研究具有参考意义。

1.4.5　城市共享性的帕累托更优（Pareto Improvement）途径研究

基于帕累托最优变化，在没有使任何人境况变坏的前提下，使得至少一个人变得更好。一方面，帕累托最优是指没有进行帕累托改进余地的状态；另一方面，帕累托改进是达到帕累托最优的路径和方法。帕累托最优是公平与效率的“理想王国”[1]。城市共享性在使得原来未获得享有核心城市服务的人群获得服务的同时，也不应使原来享有一定水平的城市服务的人群所获得的服务水平降低。

---

[1] https：//baike. baidu. com/item/帕累托优化/1225877

这是使施享方愿意持续其施享行为的重要基础条件。

1.4.6 城乡共享研究

城市与农村具有不可分割的物质、能量、信息关系，研究城市共享或共享城市，不能将乡村排除在外。王蕾等（2012）认为，城乡共享的领域包括基础设施、发展机会、公共服务、发展成果等四个方面。但笔者认为，在现阶段，通过城市对乡村的反哺和生态补偿，促进了乡村对城市提供各类生产和生活资料的积极性，实际上促进了两者共享关系与共享水平的提升。因此，应将城市对乡村的生态补偿、城乡一体化（含城乡生态环境一体化）、城乡共生共融等作为城乡共享研究的重要方面。

1.4.7 城市共享性指标体系研究

城市共享性指标体系是实现共享城市规划及建设目标的具体化工作之一。其功能具有多重性，既可对城市共享水平进行评价及测度，又可对共享城市规划目标及建设目标进行分解，使之具体化、阶段化和可操作化。具体而言，要在建立包括共享意愿、共享资源、共享能力、共享程度、共享层次、共享环境（氛围）、共享模式、共享过程、共享技术、共享渠道、共享平台、共享组织、共享绩效、共享质量、共享可持续性等城市共享性评价指标体系框架的基础上，选择具体指标，确定指标权重和评价标准，推导评价模型，展开实际评价。在评价的基础上，对现有城市共享性状态与共享机理有全面的把握，便于有效指导共享城市的规划与建设。

1.4.8 智慧共享研究

智慧具有利他（使用智慧帮助自己或他人获得福祉）、亲社会（理解他人、关怀（爱）他人、同情心、包容）、考虑公共利益等特性（陈浩彬，王凤炎，2013），其本质属性具有较为明显的共享成分。以“生态智慧”为例，生态智慧既是生态科学与生态实践有机融合而产生的生态伦理道德观念，又是人类在其与自然互惠共生关系深刻感悟的基础上成功进行生态实践的能力（沈清基，等，2016）。生态智慧的“互惠共生”内核体现了共享精神。城市共享性的提升在智慧的介入和参与下有质的飞跃。仅举一例，西方当今两个著名的共享案例——PARK (ing)Day 和 Restaurant Day 共同特点之一，是在遵循现有法律规章制度的前提下，根据民众的心理活动的特征和喜好，巧妙设计共享项目，从而使这两个共享项目成为目前广受欢迎并获得了良好的经济、社会、生态环境效应的典型案例（Amelia Thorpe，2018）。这两个案例的智慧与共享的有机融合，是其成功的重要原因。

1.4.9　城市共享资源优化研究

城市共享资源优化既包括物质资源，也包括非物质资源。此外，生态资源、社会资源、管理资源潜力等的挖掘、开拓、创建和统筹，及其相互间关系的协调，也属于城市共享资源优化的范畴。资源具有衰竭性，城市共享资源的优化研究对于延缓资源的衰竭，延长资源生命周期，提升城市共享资源的丰富化、可持续供应和高效率利用水平，均具有重要意义。

1.4.10　城市共享性规划与共享性设计研究

有必要将共享性规划与共享性设计的理论与方法研究提上议事日程，并与低碳规划设计、生态规划设计融为一体。城市共享性规划设计既要满足空间共享的要求，以共同享有为原则，秉持协调特定区域内人与环境的复杂关系，为城市公共活动提供良好的物理共享场所和心理共享空间的设计理念（王美达，等，2009）；但更为重要的是，共享性规划设计要在战略、战术、功能、空间、文化等方面着手，以提升城市的生态进步、生态现代化、生态智慧化水平，优化城市活力、生命力、魅力为目标（沈清基，等，2016），对整个规划设计过程进行系统、统筹的综合谋划。因此，有必要在顺应移动技术、人工智能技术、城市发展趋势、未来生活趋势及规划学发展趋势的基础上，将城市共享性规划设计的理论与方法凝聚成符合学科要求的系统性学术成果，并顺势建立“共享规划学”❶。目前，共享发展已成为普遍共识，表明构建“共享规划学”这一新学科的“应需性”已经具备；与共享性相关的各类社会经济、规划设计实践与研究也已十分普遍，表明构建“共享规划学”新学科所需的“现象”与“研究”两方面的基础条件已经具备。当我们进一步明确“共享规划学”的研究对象和范围，提出系统的理论方法，并以“共享规划学”的新理论和新方法来解释现有的各类城市及规划现象时，与原有的“规划学”理论能够有一定程度的自洽；同时，基于“共享规划学”提出新视角和新问题，并依据“共享规划学”的理论与方法加以解决，并实质性地优化人居环境质量和可持续性水平，则“共享规划学”的确立将为期不远。

---

❶ “共享规划学”的提出受同济大学李振宇先生提出的“共享建筑学”启发，“共享建筑学”详见参考文献［19］。

2 智 慧 小 镇[1]

2 Smart Towns

党中央、国务院高度重视新型智慧城市建设，习近平总书记多次作出重要指示，明确要求加快分级分类推进新型智慧城市建设。智慧小镇作为分级分类建设新型智慧城市的重要组成部分，承担着“接城连乡”的重要作用，直接影响着我国新型智慧城市建设效果。我们要深刻认识建设发展智慧小镇的重要意义、科学内涵，落实政策举措，因地制宜扎实推进小镇智慧化建设，为确保实现信息化发展战略和特色小镇发展战略目标奠定坚实基础。

2.1 充分认识发展智慧小镇的重要意义

2.1.1 智慧小镇是贯彻新发展理念推动高质量发展的重要平台

党的十八届五中全会创造性地提出创新、协调、绿色、开放、共享的五大发展理念，它是破解我国经济社会发展中突出问题与挑战的重要指引，是我国社会进入新的发展阶段的重要任务。党的十九大更是做出加快建设现代化经济体系、推动高质量发展的重要部署，建设智慧小镇必须认真贯彻新发展理念，搞好谋篇布局，抓好具体落实，开辟小镇经济社会高质量发展的新路径。

目前，我国小城镇发展面临诸多难题，较发达地区或面临产业转型升级挑战，欠发达地区或缺乏产业支撑，无法带动农村劳动力就业，部分小镇存在资源枯竭、生态脆弱等困境。智慧小镇以人为本，以数据开放共享为引擎，加速新技术、新业态、新模式发展，拓展经济社会各领域智慧化应用，营造宜居宜业发展环境，使智慧小镇真正成为我国各地践行新发展理念、推动高质量发展的重要平台。

首先，创新是智慧小镇建设的根本动力。这不仅体现在新一代信息技术的创新应用，极大促进小镇技术与资本、管理、人才等要素集成，推动信息技术和大数据产业孵化与培育，还体现在对智慧小镇建设和运营模式的创新探索，激发市

---

[1] 郑明媚，国家发展和改革委员会城市和小城镇改革发展中心智慧低碳发展部主任；张劲文，国家发展和改革委员会城市和小城镇改革发展中心智慧低碳发展部技术政策研究所所长。

场活力，有助于小镇构建起可持续发展机制。其次，建设智慧小镇坚持以人为本、“三生”协调发展。智慧小镇不完全等同于小镇信息化，而是小镇发展方式的智慧化，核心是以人为本，运用现代信息化手段，促进小镇产业布局、管理体制、治理结构更加合理化。此外，建设智慧小镇建立城市能源与环境监控管理系统，对小镇产业、大型建筑、交通车辆等耗能情况以及水、气、噪声等环保情况进行统一实时监控、调度和管理，有利于营造良好绿色生态空间。最后，建设智慧小镇加快推进信息资源开放共享与更新，提升小镇管理水平。建设智慧小镇实现基础信息资源和业务信息资源集约化采集、网络化汇聚和统一化管理，有助于提升小镇基础设施管理的数字化和精准化水平。

2.1.2　智慧小镇是推进新型城镇化实现城乡统筹发展的有力抓手

《中共中央关于全面深化改革若干重大问题的决定》中明确提出“加快完善现代市场体系、健全城乡发展一体化体制机制、创新社会治理体制”等改革任务。智慧小镇的创建，不仅为区域经济发展打牢基础，促进当地转型升级快速推进，同时还能带来有效投资增长、促进城乡一体化、推动社会治理现代化等效应，是全面深化改革、促进城乡统筹发展的有力抓手。

首先，建设智慧小镇有助于充分发挥市场在资源配置中的决定性作用。信息化带来的城镇管理和服务模式的改变，已在倒逼城镇建设机制的创新。智慧小镇的建设需要政府、企业和社会各界达成共识并形成合力，这不仅仅是一个技术方案问题、项目建设问题，还涉及城镇规划、建设、管理和服务体制改革，涉及如何正确处理政府与市场关系等重大问题。在这一过程中，注重发挥政府规划和政策引导的同时，要放宽准入、开放市场，激发企业和创业者的创新热情和潜力，形成政府引导、企业主导、市场化运作、多元化投资的开发建设格局。

其次，建设智慧小镇有助于促进城镇管理方式现代化。建设智慧小镇实现数据综合共享，运用大数据技术，强化精细化、精准化管理，形成“用数据说话、用数据分享、用数据决策、用数据创新”的城镇管理新方式，有效提升城镇管理和公共服务的普适性、可及性和针对性。

最后，建设智慧小镇有助于城乡一体化协调发展。智慧小镇作为新型智慧城市的重要组成部分，城乡空间建设的有机部件，是连接城市与乡村的桥梁纽带。智慧小镇通过信息化建设和智慧产业培育带动城市理念、人才、资金、技术等高端要素以及优质教育、医疗等资源向乡村、市郊流动聚合，将极有利于打破城乡二元发展结构，加速我国新型城镇化发展进程，促进城乡统筹协调发展。

2.1.3　智慧小镇是新时代加快区域经济转型升级的有效路径

全球投资贸易格局的变革，将导致产业价值链结构发生实质性变化。在廉价劳动力竞争优势日渐被侵蚀的背景下，我国各地产业转型升级面临的最大挑战是如何向价值链上游延伸，转向增加值更高的生产活动。智慧小镇建设有助于形成资本、技术、人才、信息等要素的聚集和不断扩张的市场效应，有利于激发创业创新活力，推动传统产业升级和新兴产业发展，同时，智慧小镇的建设还带来人口集聚、生活水平提高、生活方式变化，进一步扩大生活性服务需求，促进地方现代服务业发展。

建设智慧小镇对于我国综合条件较好、发展潜力较强的地区加快产业转型升级、培育经济新动能意义重大而深远，突出表现在：首先，建设智慧小镇有助于吸引高端要素集聚，发展智能制造等先进制造业。智慧小镇建设所需的信息化设施、技术装备、智能产品等，这都需要制造业企业的参与配套，由此，智慧小镇建设会形成市场巨大的智慧制造业，带动先进制造业发展。同时，建设智慧小镇有助于加快当地打造科技创新平台和高端要素的聚集平台，为重大科技项目的入驻奠定坚实基础。其次，建设智慧小镇有助于带动当地传统制造业转型升级。智慧小镇建设紧扣产业升级趋势，引入先进的研发要素，将智慧技术向传统制造业领域辐射渗透，给传统产业植入智能化、信息化的“芯片”，加快开发新产品，改善投入产出比，做深当地传统制造业，拓展延伸产业链，不断提高产业的集聚度。最后，建设智慧小镇有助于提升当地的区位优势，推动信息软件、电子商务、大数据、移动互联网、物联网、智慧健康、智慧旅游等现代服务业发展，为小镇建设地创造新的区域经济增长点。

2.1.4 智慧小镇是分级分类推进新型智慧城市建设的重大举措

近年来，党中央、国务院高度重视新型智慧城市建设工作，习近平总书记多次就推进“新型智慧城市建设”作出重要批示指示。2016 年 4 月，在网络安全和信息化工作座谈会上，习近平总书记指出“要以信息化推进国家治理体系和治理能力现代化，统筹发展电子政务，构建一体化在线服务平台，分级分类推进新型智慧城市建设”；同月，国家层面由国家发改委、中央网信办等 25 个部委组建“新型智慧城市部际协调工作组”，进一步加强跨部门工作协调力度，形成政策合力，切实推进新型智慧城市建设；5 月，印发了《新型智慧城市建设部际协调工作 2016—2018 年工作分工》，对我国新型智慧城市推进进行了总体部署，确立了 26 项重点工作；11 月，推动印发了《关于组织开展新型智慧城市评价工作务实推动新型智慧城市健康快速发展的通知》，完成了全国 338 个地级以上的共计 220 个城市的评价工作。地方层面，目前，已有广东、江苏等 20 多个省区市编制了本省区智慧城市建设工作方案，近 9 成地级市建立了智慧城市领导组织机构，初步形成了中央地方有序推进智慧城市建设的工作格局。

新型智慧城市是数字中国的重要内容，是智慧社会的发展基础，事关国计民生的重大任务和长期工作。当前，我国发展不平衡不充分问题在智慧城市建立领域也很突出，主要表现在：空间板块发展不均衡，东部和中部建设水平明显高于西部和东北，东部城市、中部城市、西部城市提出建设智慧城市的城市数量的比例分别为 69.3%、57.9%、53.4%；不同领域发展存在明显不均衡性，网络安全、改革创新、市民体验较好，信息资源和惠民服务程度较差；发展层级体系显著失衡，目前我国大城市建设水平力度较大，中等城市持续发展动力不足，小城镇数量虽多但由于发展基础薄弱、投入不足、设施建设历史欠账多、体制约束等问题发展十分滞后。推进智慧小镇建设，是解决我国智慧城市发展仍相当不平衡不充分矛盾的必然要求，是落实总书记关于分级分类推进新型智慧城市建设指示要求的重大而有力的举措。

在中国特色社会主义新时代，智慧小镇是一个可以大有作为的广阔天地，迎来了难得的发展机遇。数字中国、智慧社会、特色小镇等国家政策为智慧小镇建设提供了难得的历史机遇，乡镇一级作为我国最低的行政管理区划级别，由于规模小，智慧城市建设反而更容易统筹推动。此外，智慧城市从地级市逐步下沉态势明显，地方探索已取得富有成效的成果，如嘉兴乌镇、杭州丁兰、东莞清溪等一批智慧小镇竞相涌现，因此，必须紧紧把握国家发展大势，顺势而为，以更大的决心、更明确的目标、更有力的举措，因地制宜推动智慧小镇加快发展，谱写新时代新型智慧城市建设的新篇章。

2.2 准确把握智慧小镇发展的科学内涵

2.2.1 概念内涵

智慧小镇在信息技术迅猛发展，我国新型城镇化进程快速推进的背景下蔚然兴起，社会各界持续高度关注与重视。按照习近平总书记关于分级分类推进新型智慧城市建设指示精神，结合新型智慧城市建设理念以及地方实践探索经验总结，我们认为，智慧小镇是一定空间集合体或城镇单元，依托特定区位资源条件，基于新一代信息技术在小镇生产、生活、生态领域的融合应用，构建起以数据流和信息流为核心驱动的复合功能生态系统，逐步实现镇域治理精准化、产业经济数字化、民生服务智慧化、基础设施智能化、城乡发展一体化等综合效能的创新发展平台。

2.2.2 典型特征

智慧小镇的标志性特征不仅体现在产业上“精而强”、功能上“聚而合”、形态上“小而美”、机制上“新而活”，更具有自身典型内涵特质。

一是融合性：信息化深度融合应用。新一代信息技术深度融合并广泛渗透小镇的经济社会各个领域，民生服务便捷性、政务服务高效性、社会治理精准性得到极大提升。大数据、互联网、云计算、人工智能等信息化技术随着国家战略的布局不断在进步，以大数据为基础的信息化建设也在全国各个范围内开展，宽带网络速率虽然较国际先进水平差距较大，但较之前已经实现了极大的突破。智慧小镇便是利用和融合信息技术，通过物联化、互联化、智能化的方式，广泛渗透到小镇的各个领域，使得万物互联互通，形成技术集成、综合应用、高端发展的现代化、网络化、信息化的小镇。本质是通过更加透彻的感知、更加广泛的链接、更加集中和更加有深度的集数字化、网络化、智能化于一体的生态智慧小镇。随着硬件基础设施和网络等信息基础设施不断完善，信息化和产业化的不断融合，交通、能源、物流、工农业、旅游、金融、智能建筑、医疗、环保、安全等重点行业的垂直应用，将形成无处不在的惠民服务、透明高效的在线政府、融合创新的信息经济、精准精细的城市治理、安全可靠的运行体系。

二是创新性：新兴经济创新活跃。数据资源开放共享激发创新创业，新技术、新模式、新业态不断涌现，开源创新的新经济异军突起。数据是基础性资源，也是重要生产力。大数据与云计算、物联网等技术相结合，正在迅疾并将日益深度地改变人们生产生活方式。在小镇这个强调生产、生活、生态相融合的空间里，拥有大量的数据资源，对推动各行各业依托大数据创新商业模式提供了决定性作用。通过建设科技创新服务平台和资源信息共享平台，推动新技术、新产业、新业态的加快成长，大力改造升级小镇内传统产业，例如在医疗、养老、教育等多领域推进“互联网＋”，提升智慧小镇的活力，竞争力和吸引力，使新经济迅速崛起。同时，由于智慧小镇具有一定的政策优势、产业生态优势，创业成本较低，更容易打造成为新经济的有效平台和载体，助力大众创业、万众创新。

三是系统性：智慧生态系统协同高效。政府、企业、居民等主体协同精准治理格局基本形成，互联互通、开放共享、多方协作的生态圈充满活力和谐有序。智慧小镇选择以小镇或者小城镇为核心，其运行的重要载体和平台均是小镇。一方面是为了解决小镇相较于城市面临的产业基础薄弱，信息化基础设施不健全，政府治理能力水平有待提高等突出问题，另一方面是在小镇建设智慧服务，具有更高的经济性。随着互联网连接范围的扩展，将更多区域纳入智慧服务范围的能力在提升，成本在下降。未来，智慧化的生产、生活、服务不仅仅是解决小镇的所需，也将在农业、农村的现代化中发挥重要作用，对建立健全城乡融合发展体制机制方面起到促进作用。从运行机制上，智慧小镇在基础数据的互联互通，标准、技术的共建共享，社会各界的积极参与下，使得生产、生活、治理、服务形成更有机的整体，实现政府、企业、居民协同治理的智慧生态体系。

2.2.3 主要类型

在类型方面，智慧小镇同样具有多样形式，从规模和功能角度划分，我们可以将智慧小镇划分为智慧小城镇和智慧特色小镇两种形态以及智慧家庭、智慧楼宇、智慧社区、智慧商圈、智慧园区、智慧乡村等多种类型功能单元。其中，智慧特色小镇是顺应新一代科技革命和产业变革趋势，聚焦智能制造、信息服务、数字媒体、科技创新、智慧农业等新兴产业领域，融合产业、文化、旅游、社区功能的新经济发展平台；智慧小城镇是指特色产业鲜明、统筹城乡发展、具有一定人口和经济规模，通过提高城镇智慧化建设水平，以高效、精细、惠民理念模式打造宜居、宜业、宜游环境的建制镇。

2.3 有序推进智慧小镇建设发展的思路举措

建设智慧小镇，要贯彻落实新发展理念，深入实施中央分级分类推进新型智慧城市建设的意见部署，着力推进“顶层设计、示范带动、智慧应用、融合创新、开放协作”五大举措，实现生产、生活、生态“三生融合”，构筑设施智能、服务便捷、管理精细、产业兴旺、环境宜居的空间集聚体，使智慧小镇真正成为统筹城乡发展的“加速器”，成为分级分类推进新型智慧城市的“助推器”。

未来持续推进智慧小镇建设发展，应重点抓好五大举措：一是加强顶层设计，科学指引建设布局。按照因地制宜、因城施策、因时而变的原则，制定各级各类智慧小镇发展的目标蓝图与建设内容指引，引导合理布局、循序建设；二是突出示范带动，引领高质量发展。支持引导有条件、有基础的一批智慧小镇率先发展，充分发挥典型示范作用，以点带面，引领带动全国小（城）镇智慧化建设，不断提高小镇整体建设水平和发展质量。三是加快智慧应用，支撑智慧社会建设。加大对小镇智慧政务、智慧交通、智慧综治、智慧社区、智慧乡村等重点领域建设应用的统筹力度，推进物联网、云计算、协同制造服务支撑平台等新型应用基础设施建设，为智慧社会建设提供有力支撑；四是推动融合创新，助力经济转型升级。发挥数据的基础资源作用和创新引擎作用，抓好“互联网＋”、人工智能创新发展和数字经济试点重大工程，以小镇特色优势领域的典型示范带动有关行业与新一代信息技术的加速融合发展；五是鼓励开放协作，打造共建共享生态。推动智慧小镇建设多元协作生态，支持国家级平台型机构更好发挥资源优势为智慧小镇规划、建设、产业和运营提供全方位高水平服务，鼓励其他各类市场主体与居民积极参与，构建多方主体利益共同体。

3 智慧城市（社区）

3 Smart Cities（Communities）

随着生物特征识别、MEMS微传感器、边缘计算、无人驾驶等城市应用技术成熟，智慧城市也在互联网技术的推动下迎来了新的建设热点。包括人工智能、低功耗物联网的商用也迎来了城市体系中万物互联的发展曙光。

谷歌旗下的Sidewalk Labs公司宣布在多伦多滨水区建设的一处名为Sidewalk Toronto的新兴社区，试图探索解决城市中的各项挑战，包括建立包容且气候友好的社区，改善人们的生活质量并重新构建公共空间。多伦多滨水区规划是典型的智慧城市顶层设计。其理念是采用软硬件一体化技术，将交通、建筑、公共空间、管网基础设施等层面通过科技与数据进行串联，从而达到对城市规划模式颠覆式的再定义。即为城市装上大脑的同时，也为其搭载最先进的四肢与感官系统。

Sidewalk Labs首先提出了其智慧社区的发展目标，也是整个方案的逻辑起点：

（1）建立一个完整的社区，为多元化的居民、工作者与访客提供超高质量的生活品质。

（2）为尝试解决各项城市挑战的人们、企业、创业者与本地组织提供一个理想的环境，共同解决如能源使用、住房可负担性以及交通运输等问题。

（3）使多伦多成为全球正在快速兴起的城市创新的新型工业的中心。

（4）将该项目打造成多伦多甚至全世界的可持续社区的典范。

在Sidewalk Toronto的项目方案中，精心选择的一系列尚未广泛应用的城市技术在数字平台、可持续发展举措、绿色建筑以及绿色交通方面为我们呈现出一个完整的未来城市运行愿景，创造更加灵活开放的城市空间。

3.1 智慧城市（社区）的数字平台[1]

未来的城市运营管理不只需要大量的新型基础设施建设，更需要一个更加智能的运营管理平台作为保障，Sidewalk就给出了数字层的架构思路。标准化的数据格式，开放的可编程接口让城市数字化运营管理成为可能。平台借助大量传感器构成感知系统，在机器学习技术的支持下构建城市运营的预测模型。平台的地

---

[1] https://mp.weixin.qq.com/s/D91p39dIG8hcrK0ZOC4V_A

图功能也将改变以往的静态模式，在位置信息基础上增加了实时的监测数据，而平台账户功能的构建在保障民众知情权的同时，权限分级管理也确保了安全（图 3-3-1）。

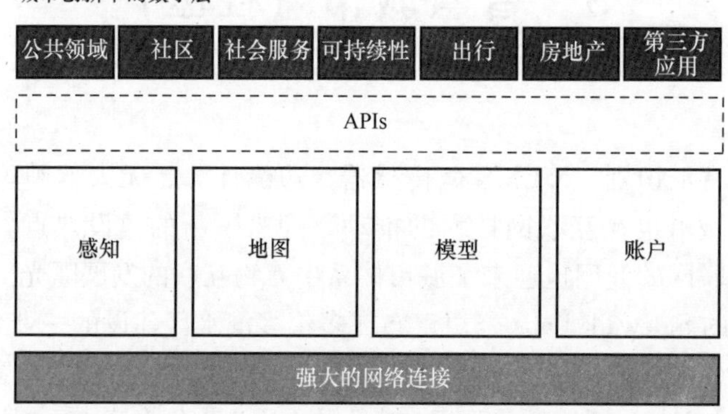

图 3-3-1 城市创新中的数字层

3.1.1 无处不在的连接（Ubiquitous Connectivity）

以互联网角度来建设未来社区的巨大好处是，从一开始就可以建立所需的感测技术。新的建筑都将安装快速接入设备，并提供一套稳定的运营平台、电力和网络连接，而并非是那种传统的、昂贵的、耗时费力的在建筑和街道家具上另行安装传感器（图 3-3-2）。

图 3-3-2 无处不在的连接

推动降低传感器安装与升级的成本，促进了低成本传感器的部署。谷歌以快速而简单的修复或更换故障组件的方式，降低了维护服务器的成本。类似的，Sidewalk 将能够使用商业、现成的组件，其成本将显著低于设计仅能够使用数十年又更换代价高昂的组件。随着技术的进步，这也将使传感器保持最新。

3.1.2 感知（Sense）

在城市中，如果想要提高生活质量和效率，首要任务其实就是理解城市本身。随着传感器成本的下降，物联网技术的发展，无所不在的感知变得可行，有助于人们更深入的了解城市环境。

（1）测量和感应

从低带宽的温度传感器，到每秒拍摄数百万像素图像数十次的高分辨率摄像机，传感器可以记录缓慢变化的数值，也可以记录高速变化的数据。其中摄像机值得特别注意，因为它引起了隐私问题。

Sidewalk 预计部署的传感器包括：①空气质量传感器(一氧化碳、颗粒物、二氧化硫)；②噪声水平传感器(由车辆产生的噪声、建筑、人类活动)；③雷达、激光测距和计算机视觉(车流、自行车流、行人群)；④局部天气(温度，风速，湿度)。

（2）分析（Analytics）

收集数据本身并不重要。要了解什么使得城市环境运行良好，并检测何时表现不佳，就需要进行纵向分析，并能够将正常状态与异常情况区分开来。基于随时间推移的分析可以让用户了解城市状况的变化，以及为什么会出现这种变化，尽管可以通过提升人的直觉，但还需建立预测模型。

（3）建模（Modelling）

一旦有了细粒度的数据，就有可能开发出一种反映社区状况的数字模型，并使用该模型来评估各种决策的效果。预测可能的干预措施的后果，并根据实际结果来改进模型，这是提高社区宜居性的催化剂。

举一个先前的例子：作为 Sidewalk 实验之一的天气应对策略，它将从高密度的传感器网络获得实时反馈，从而获得关于温度和风速的实时反馈。这样就能对不同的应对方法进行实时评估。同样，当平台检测到行人拥挤时，例如在娱乐活动期间，社区会收集产生瓶颈的位置与致因的详细数据。通过利用动态标牌，可变的街道家具和手机应用程序的指导，平台可以尝试更好地引导行人流。向居民和游客提供实时拥挤的信息，也可以使他们能够知情并做出合理的出行决策。

3.1.3 “地图”（Map）

了解公共领域的事情，就可以让社区安全、高效和反应灵敏。

例如，高效的交通依赖于掌握自驾车辆的位置，并且当碰撞危险时，让骑自行车的人知道安全性。跟踪公共事件，帮助人们一目了然地发现事情，将提高人们对社区的体验。了解公园、道路和其他资源的使用模式，可以更好地规划。

从最大的建筑物到最小的环境传感器实时记录公共领域的所有部分的位置，这包括固定物体——建筑物、道路、公园长椅以及移动自主车辆、配送机器人、无人机的固定物体，使人们和事物能够以最大的安全性、自信和效率在周围移动。在 Quayside，有关环境的实时信息将通过地图绘制，产生邻域的实时快照。这些信息将通过某些应用程序直接受益于居民和游客。

3.2　智慧城市（社区）的绿色发展[1]

多伦多的可持续发展模式在于促进环境与可持续创新的发展。城市管理者提高资源与能源利用率，并结合被动式技术和灵活的能源管理，致力于打造有利于改善气候，环境友好型的“绿色多伦多”。本篇案例介绍运用新科技与新的管理系统，对多伦多水岸从电热供应到垃圾处理等方方面面进行优化以实现城市可持续发展的愿景，值得中国城市借鉴。

3.2.1　实现对气候的积极影响

目前，Sidewalk Labs 已经制定了可以使得滨水区实现对气候具有正面影响的策略。例如，利用先进管控技术的被动式节能屋；利用多种绿色热能可灵活调节的热力管网；既可以在场地内产生电力，又可以管理来自于电网的电力的先进的微电网技术；还有处理固体废弃物的创新技术。

滨湖东区的规模有利于开发利用三个主要的热源，分别是 Portlands 能源中心、Ashbridges 废水处理工厂和安大略湖本身。这三个热源中的任何一个都可以实现对气候的正面影响并且它们将会成为多伦多市区清洁热能的主要供给来源。

3.2.2　减少能源需求：建筑标准

可持续发展的核心是拥有高效节能的建筑。多伦多滨水区以其最低的绿色建筑的要求树立了一个高标准。不过 Sidewalk Labs 坚信 Quayside 将会成为北美地区最大的大型被动式节能屋群。结合最先进的需求管理，可以将多伦多滨水区 MGBR 项目以合理的成本将与建筑相关的能源消耗减少 25%。

尽管被动式节能屋标准最近被应用于这些新建的大型建筑物中，不过相较于北美地区，其在欧洲应用的更为广泛。如果被动式技术同时部署在几个建筑物

---

[1] https：//mp. weixin. qq. com/s/8kUh4dRUTi5XVtDNO2-lQA

中，那么其增量成本将会大幅度地减少。尽管被动式节能屋技术增加了 5%～10%的建筑成本，其关键的成本则是未来在技术上的创新和能源节约，例如开发新技术来测试建筑的气密性（图 3-3-3）。

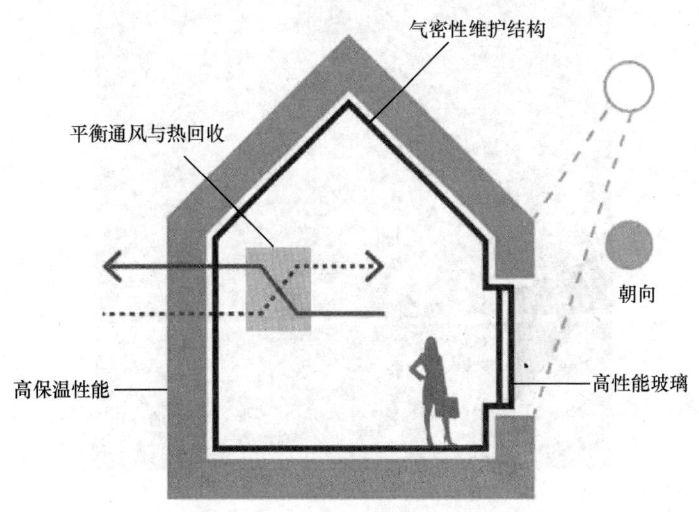

图 3-3-3 被动式节能屋的主要设计特点示意图❶

3.2.3 LEED 和被动式节能屋标准对比

被动式节能屋标准和 LEED 的标准最大的不同之处在于，LEED 使用了具有强制性要求的积分制评分标准，而被动式节能屋标准则有一组特定的能源性能目标和设计原则（图 3-3-4）。被动式节能屋的能源目标是基于不同的气候区而定的，表 3-3-1 所示的数据都是适用于多伦多的。

被动式节能屋的能源目标 **表 3-3-1**

LEED Gold V4	被动式节能屋
积分制	基于不同气候区的明确的能源目标
节省能源成本 10.5%～42% 可以获得能源方面 1～10 分	热负荷≤10W/m²，年热需求≤15kW/m²，年主要的能源需求≤120kWh/m²，热桥 Psj≤0.0，气密性≤0.60ACH（50Pa）
有些设计的得分点是可选择的	用设计原则去控制建筑的制热/制冷/照明
系统的可控性，照明=1 分	太阳辐射冬季最大化，夏季最小化
场地发展，保护，修复=1 分	减少窗户的尺寸小些以防止室内外空气的渗透

❶ 被动式节能屋的设计核心是合理利通热能的自然传递，包括根据季节变化管理太阳能，引导冷热空气流向需要的地方而不是仅仅考虑通风，并且使用热泵技术而不是直接燃烧的方式。

图 3-3-4　Cornell Tech 被动式节能屋❶

3.2.4　主动式需求管理（Active Demand Management）

主动式需求管理系统是利用数据，特别是预测能够显著地降低能源消耗的关于使用需求的数据，来减少能源需求。例如，当一天中开始变冷的时候，可以对建筑进行预热，或者在一个夏天的下午，当日程显示很多职员将会早点离开，则会减少空调的开放。更重要的是一些小规模干预措施，如房间专用的温控器驱动变速风扇的转动来平衡房间的温度。

（1）一个中型被动式办公楼的能源消耗和主动控制的影响（表 3-3-2）

中型被动式办公楼的能源消耗和主动控制的影响　　　**表 3-3-2**

电力负荷	百分比	影响	控制
HVAC	25%	高	感应传感器，室外新风补偿
照明（天花板）	16%	高	感应传感器，自然光
照明（工作）	3%	中	感应传感器
厨房电器	7.5%	高	基于人员使用电源的开/关
台式电脑和显示器	9.5%	高	基于人员的使用习惯预测电源的开/关

❶　该建筑 26 层，是有史以来最高的被动式节能屋。与之可比较的纽约其他中等水平建筑相比，其减少了 73%的能源消耗。

续表

电力负荷	百分比	影响	控制
笔记本电脑	6.5%	低	为最小的消耗量设计
打印机/复印机，会议室显示屏	19%	高	基于人员的使用习惯预测电源的开/关
其他	13.5%	n/a	为最小的消耗量设计的其他特征

(2) 节约热能

考虑到气候的变化，热能是多伦多地区最大的能源需求，也是被动式节能屋设计关注的焦点。结合被动式节能屋设计和主动需求管理，Sidewalk Labs 预计将会将多伦多滨水区 MGBR 的热能需求减少 64%以上。同时通过主动式能源管理留在被动式节能屋里的热能。这两种方法之间的协同作用所产生的潜在能量是很令人期待的。

(3) 节约电能

电力需求只占 Tier1 或一栋 MGBR 建筑总需求的三分之一。尽管通过主动式能源管理可以再减少 25%，但这并不容易，因为余下的大部分是插座负荷，包括电脑、电气用具和其他服务于使用者的系统（图 3-3-5、图 3-3-6）。

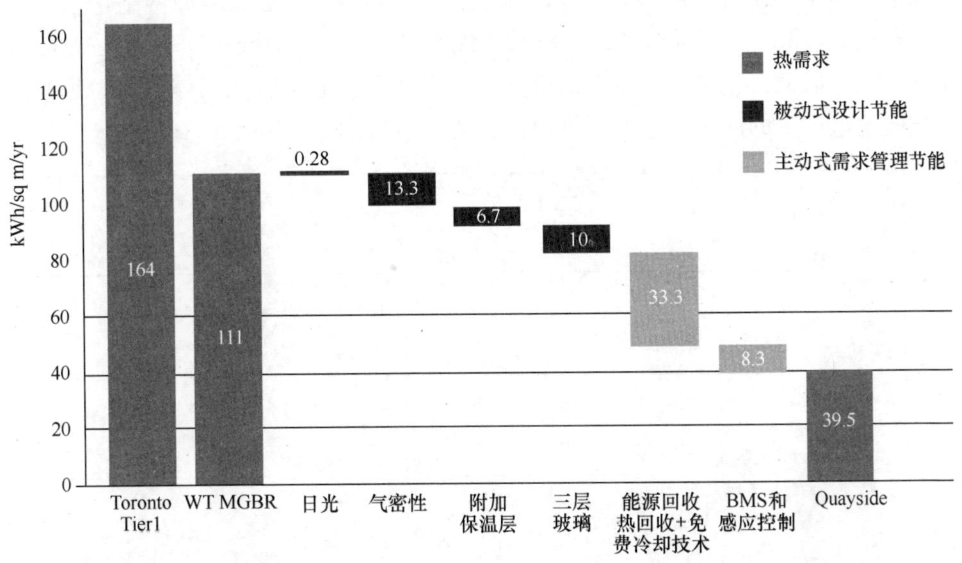

图 3-3-5 被动式节能屋设计和主动式能源管理的所节约的热负荷（/m²）

3.2.5 提供清洁能源：先进的微型网络（Advanced Microgrid）

随着太阳能光伏板价格的持续下跌，在城市中，就地进行可再生能源发电（onsite generation）的最大限制不再是成本，而是网络间的相互影响。到目前为止，就地发电仍然无法满足多层建筑所需要的能源消耗，在未来，这个问题也仍

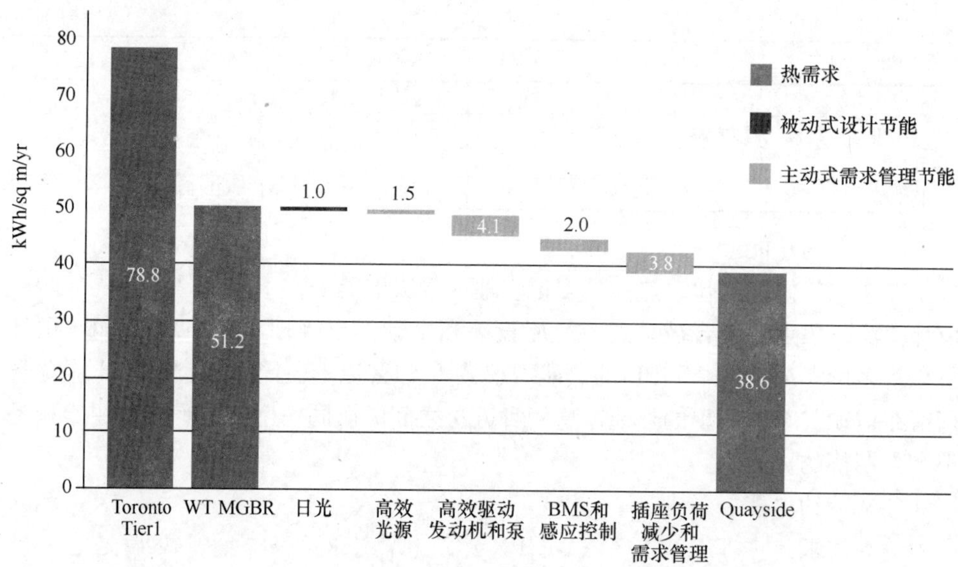

图 3-3-6 被动式节能屋设计和主动式能源管理的所节约的电能（$/m^2$）

然无解。为了摆脱这个困境，Sidewalk 设想在 Quayside 建立微型网络，包括就地发电设施（onsite generation）、就地电能存储（onsite storage）以及建筑间的交互系统，以最大化地利用生产的电能，减少外部供电的温室气体排放，也避免太阳能发电产生的巨大能量对周围电网产生冲击（图 3-3-7）。

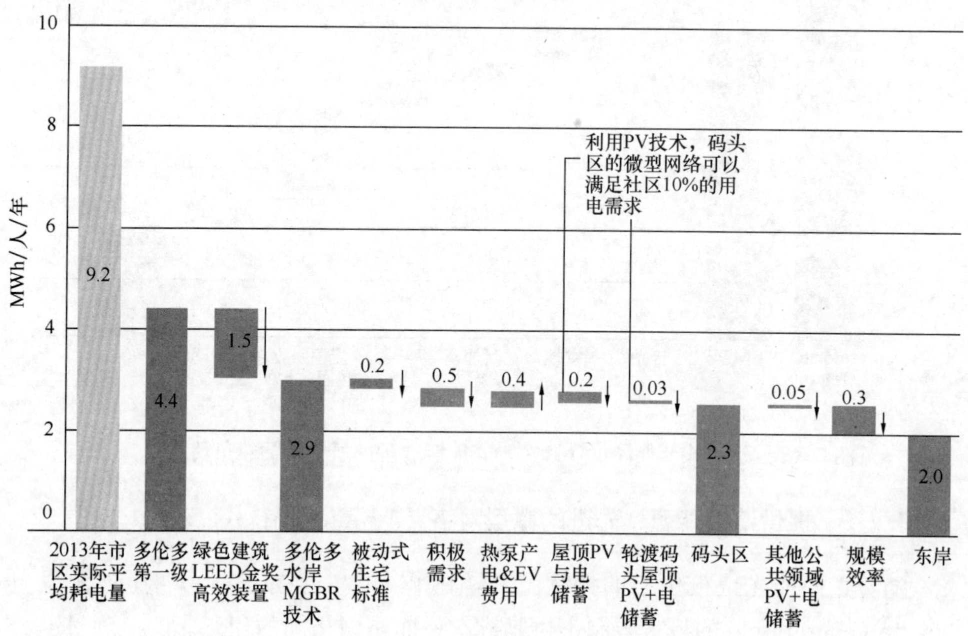

图 3-3-7 电网供电的人均耗电量

为了高效管理微型网络，应在区域内建设起独立的操作系统（ISO：local independent system operator)，采用国际顶尖的软件和智能测量技术，实现建筑间电能供需的完美平衡。ISO 系统会优化 Quayside 的经济效率和碳排放量，同时确保生产的电能不会破坏多伦多水利系统（Toronto Hydro’ s grid）的稳定性。

3.2.6 灵活多变的热网（Flexible Thermal Grid）

多伦多已经成为北美地区最具革新性区域型供能系统的使用者之一，不管是城区还是多伦多滨水区，都认为应该发展区域供暖和区域制冷这一可持续发展的技术，来满足人们的生活需求。大多数的区域型能源系统都集中关注从可靠来源捕捉热能或冷能，不过从某种程度上来说，能量的来源是可变的，当捕捉能源不可行时，机械制冷和锅炉制热通常也参与供能。这使得所有的区域型供能系统都或多或少地依赖化石能源，也阻碍了此类系统使用规模更大但更丰富的能源。

以上提到的三种热能来源中的任何一种所产生的能量都远超东岸自身的需求，因此能量的盈余可以输送给多伦多的其他区域。如果东岸的开发能够接入这三种供能系统，那东岸有潜力满足多伦多市区大部分的热能需求。

3.2.7 固体废物巧处理：智慧处理链

(1) 垃圾处理策略

多伦多 2016 年固体废物处理规划设立了一个全市范围内的垃圾缩减目标，力图在 2026 年前实现分流 70%的可循环和有机垃圾，多伦多滨水区也要在未来开发中践行这一愿景。Sidewalk Labs 提出四条垃圾处理策略，其水平高于多伦多滨水区所设立的标准。首先，每个厨房都会配备有机垃圾碎渣机，它可以轻易地直接分离出有机垃圾，而后进入废物处理系统而不是下水道（将有机垃圾倒入下水道在多伦多是违法行为)；第二，针对多户家庭的住宅，实行“扔多少付多少”的激励机制，减少垃圾的产生，鼓励使用三类分装的垃圾箱，改变垃圾分流率低的现状；第三，垃圾会通过专用的管道设施运送，减小运输流量过大产生的影响，减少随之排放的气体；最后，就地进行有机垃圾回收和处理，利用产生的甲烷为热网供能。总之，Sidewalk 希望减少垃圾的产生、进行厌氧处理，以此来减少超过 90%的填埋垃圾，对环境也有益处（表 3-3-3)。

垃圾分流率 **表 3-3-3**

	多伦多垃圾分流率现状	Sidewalk 项目垃圾分流率
独户住宅	66%	n/a
多户住宅	26%	至少 90%
工业、商业与机构	13%~18%	至少 90%

（2）固体垃圾处理系统

Sidewalk 设想的固体废物处理系统（图 3-3-8）有四个部分：1）有机垃圾处理单元，设立在每个厨房与办公室里；2）根据产生的非有机垃圾量进行计费的垃圾槽；3）自动化的垃圾运输系统；4）收集和处理垃圾的回收中心。

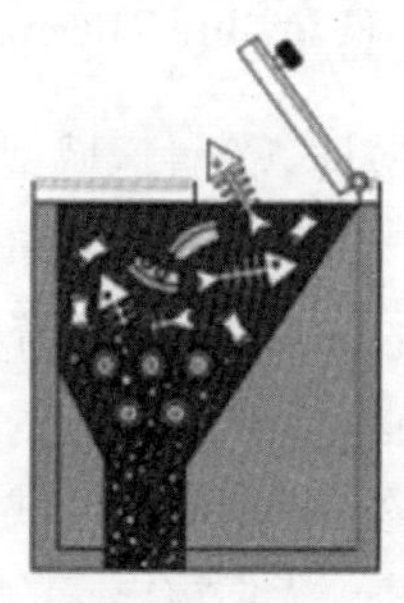

图 3-3-8 固体垃圾处理系统

3.3 智慧城市（社区）的绿色建筑[1]

当建筑与可负担性相碰撞，通过建立完整社区、创新建造方法与建筑材料、增加 Loft 建筑类型、成果导向模式管理建筑环境、多样化的居住模式以及使得居者有其屋并创新融资结构等，Sidewalk 描绘了更具开放性、创新性与包容性与

[1] https://mp.weixin.qq.com/s/5Ldoe8PXck8sI8ef-KrCWg

可负担性的绿色建筑蓝图。

3.3.1 建立完善社区

多伦多房产市场目前未被满足的住房需求催生了租金和房价的快速增长。大多伦多地区的平均住房价格已经在过去33个月攀升了33个百分点，与此同时，家庭收入平均数在今年的增长率仅为3%。来自租赁市场的数据显示，公寓租金在2016年价格基础上攀升了12个百分点，空置率是纽约和蒙特利尔的一半。

Sidewalk对完整社区的愿景将关注以下方面：建筑的施工方式，如何适应规范和分区，如何适应终端用户不同和不断改善的需求，触碰住宅市场的供需两端。Sidewalk的愿景将让建筑以更简单、更低成本的方式建造，通过更小的人均面积和更适应人口变化的可变空间创建更有效的布局。通过这种方式，Quayside和滨湖东区的物理环境将考虑以下设计准则：灵活和对终端用户需求的高度反应。

通过与多伦多滨水区、所有三级政府以及整个社区的紧密合作，Sidewalk将使用新的使用者模型、新的住宅持有方式和创新的金融结构，以此来改变社区组织、建立和参与的方式。通过预知和针对住户的需求，滨水区的新社区将从根本上保证可承受性，改善都市体验，并为全球提供一个动态的、社会经济多元化、跨代际的社区蓝本。

分配20%～30%的住宅作为可承受的住宅是整个全盘计划的一个方面。Quayside将是滨湖东区全新都市体验区的实验场。

3.3.2 建造方法

Sidewalk认为住宅能够并且应该像汽车一样被批量制造出来，通过一种垂直整合的过程，从设计到交付贯穿整个产品生命周期。这并不是一种全新的理念。垂直整合的确是阻碍了制造标准和能效。在很多情况下，在做“模块化建造”的决定之前建筑的设计已经完成，模块化工厂只能寻找像室内施工这样的工程而不是更高级的生产任务。另外，由于前期在设计上对美学和功能进行通盘考虑，会给消费者留下模块化等同于低质、单调的负面印象。

(1) 模块化建造

使用高级制造技术来组合这个库中的不同产品，比如重复组装、机械化施工、场内外自动化和3D打印技术，Sidewalk能够在设计、试验和材料使用上达到一个新的生产效率。

系统的协同将改变建筑结构设计和建造的方式。为住户和租户设计吸引人的空间将不再像框架结构建筑那样需要昂贵的个性化。批量化生产将促进布局和设计的效用，让住户能在更少的空间内生活得更舒适。

这些创新集合在一起，将获得把新建建筑的造价成本和建设时间显著降低。事实上，Sidewalk 确信可以将住宅的生产时间降低到现行施工方式的三分之一，同时节约时间和金钱。因为预制单元是可替换、标准化的产品组件，能够轻易替代和回收，将降低施工的初始成本，还能降低运营和改造费用。

（2）材料创新

新型建造方式的另一个重要组成部分是材料创新。Sidewalk 专注于那些更加可持续但是又不减少承受能力强或者设计灵活性的材料使用。因此，它会使用消耗更少能源、减少固废并且经济健康的建筑材料。

Sidewalk 相信在预制和材料上的创新会对减少建造量产生重大影响。完全标准化的材料和单元将减少建筑标准审核的工作量。迅速完成且可预料的施工进度将降低意外开支和缩短回报周期，提高资金效益（图 3-3-9、图 3-3-10）。

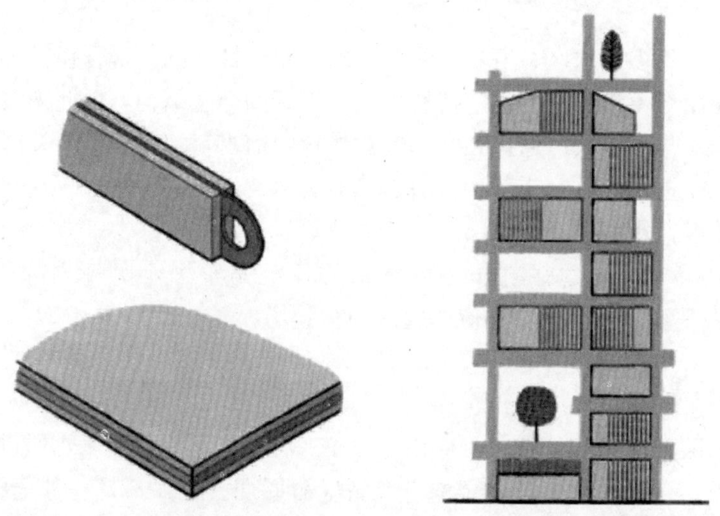

图 3-3-9 混合建筑系统和复合板是木制的（左）木制建筑可以被应用于各种尺度和高层建筑（右）

3.3.3 居住模式

购买较大面积增强设计效率，优化社区服务与设施。Sidewalk 认为新的入住模式，可以通过更低的成本为巨大且增长迅速的人群提供更好的住房选择。虽然追求创新性的居住模式通常被认为是年轻人的专属，但意识到这些模式对不同类型的居民具有较大潜力价值是很重要的。他们将受益于居住类型的扩展，然而，对于 55 岁以上的老人来说，他们需要更多的社区、服务

图 3-3-10　中高层建筑将使用材质更轻、更环保的木材代替传统的钢筋水泥

和关怀。

（1）合作居住

Sidewalk 打破传统的租赁模式，基于灵活性、社区和可负担性引导一种新的居住标准。Sidewalk 通过提供高水平的设施和服务，使居民组织和制作自己的程序决定，为多伦多居民创造新居住模式提供潜力。人们通过数字图层轻松获取和控制住房的方方面面，包括选择新位置的新单元、预留和控制共享空间、协调家庭护理、与邻居进行数字通话讨论保姆的事宜、组织周日晚上的家庭聚会等。

除了为多伦多居民提高便利性和可获取性，这种合作居住模式也具有经济效益。共享生活耐用品、分摊建筑和个人服务成本、提高空间效率（据估计高达 70%）。

（2）微型公寓

微型公寓也是解决方案中的一部分。Sidewalk 小组成员密切参与纽约市第一个可负担性微型公寓。这项倡议显示了人们对较低的价格、小型（23～33m^2）、私人居住空间的巨大兴趣和需求。微型公寓的目标对象主要是处于城市核心区但是难以负担得起高昂房价的人群。

Sidewalk 和多伦多 Quayside 通过提供多样化的住房类型，可以提高当地居民的生活质量。例如，通过整合数字图层，可以将具有共同兴趣爱好和价值观的人聚在一起。从建筑业主的角度出发，更具创新性的居住模式有利于提高住房保有率、增加住房价值、降低管理成本和简化用户友好的物业管理。最重要的是，这种类型将提供更广泛的经济适用住房选择，推动反映地区社会经济、文化和代际多样性的社区建设。

3.3.4　居者有其屋与创新融资结构

自 2010 年以来，多伦多与开发商（非营利组织和私营部门）合作建造了近 3000 套可负担性租赁房与 800 套可负担性住房。并计划在 2020 年实现建成 10000 套可负担性租赁房屋和 20000 套可负担性住房的目标。多伦多 Quayside 通过这项雄心勃勃的发展计划建成了 500 套经济适用房，还有 80 套正在建设中。

即使十年目标得以实现，改善大多数人的住房选择，但并不能充分解决多伦多的住房危机，更不会为申请经济适用房的 88000 户家庭都提供住房。因此，除了新的居住模式外，Sidewalk 需要创造一种激励持续交付的环境，以涵盖不同经济收入水平的家庭。

Sidewalk 将与当地的利益相关者合作，根据多伦多市场动态量身定制，开发家庭融资和可负担性住房解决方案。可以通过模仿现有方案，比如纽约，开辟新的道路（例如国家“经济适用住房银行”，将发挥类似的作用在推动加拿大基础设施银行建设并为符合可负担范围内的项目提供低成本融资），并借鉴其他全球中心城市的成功经验（图 3-3-11）。

图 3-3-11　Sidewalk 与 Waterfront Toronto 合作为市民提供多样化的住房选择

（图片来源：Mark WIckens 拍摄）

3.4　智慧城市（社区）的绿色交通[1]

通过为整个多伦多地区的居民、工作者和旅行者提供一整套出行工具和选项，Sidewalk 对未来交通和出行的愿景不亚于一场变革，主要涉及以行人和自行车为最优发展的交通方式，更发达的公交系统，对停车进行约束和精细化管理，共享出行的试验田等等内容，以及拥堵收费的价格机制。这些措施综合到一起将把 Quayside 打造成为一个无传统小汽车出行之地。如果上述措施真的能有效应用至整个滨湖东区，Sidewalk 将会有机会在全球范围内重塑未来的城市出行。

3.4.1　向一个无车化的居住区迈进

Sidewalk 的最新规划包含有气候改善行动、共享单车服务以及为降低小汽车保有量而实行的有限停车空间政策等措施的全套综合策略，其核心目标是让步行和骑行成为 Quayside 区的主要交通方式。此外当地还将会有一个共享且高能效的小汽车车队，这意味着若当地居民想要驾驶，可以使用一辆共享小汽车而不必拥有它。而且当居民驾驶时，车辆不会排放温室气体。通过以上举措，Sidewalk 规划其实质是将为 Quayside 的居民消除与交通有关的温室气体排放。

同时，Quayside 将会成为代表未来城市交通新科技的试点场所。自动驾驶的卡车、城市友好型的自动驾驶接驳公交车以及可以主动探测行人的交通信号灯都是能为 Quayside 带来积极影响的交通系统，将为大规模应用在滨湖东区实施的系统改善提供基础（图 3-3-12）。

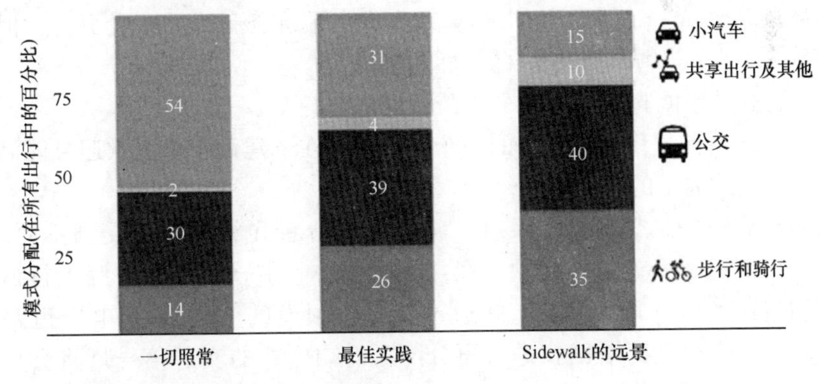

图 3-3-12　通向更绿色、更健康的出行选择规划

---

[1] https：//mp. weixin. qq. com/s/YvOrifSJqIhFGUuiVvX3eg

3.4.2 将Quayside镶嵌入多伦多核心市区

Quayside将跨越目前看来不可逾越的Gardiner高速，与城市其他地区的街道和自行车网络进行相连。步行将会成为该居住区内，以及前往项目北侧充满活力区域的最主要出行选择方式。骑行率也将达到全市最高。两者相加，步行和骑行将会占据当地居民35%的出行比例。

Sidewalk的步行和骑行优先的策略主要包含以下三项内容：

(1) 打造短距离出行生活圈

达到高水平步行和骑行的核心在于正确的城市形态。Quayside规划了当地5分钟步行生活圈，该圈内能够满足所有生活需求，包括公园、菜场超市、饭馆和公交站。同时通过多伦多充足的共享单车停靠点，骑行将会变得便捷且方便。这些步行和骑行的便利设施将让该社区在WalkScore和BikeScore的评分体系中得分超过95。

(2) 与城市的其他部分紧密联系

Quayside的出行网络将会与现存和已规划的多伦多市骑行和步行网络进行进一步的广泛连接。此外通过建造一条全新的行人、自行车专用桥来与Parliament街道相连，并以此接入Esplanade以北的那些可能建造的道路，提供该地急需的南北通勤服务。

和Distillery地区一样，Quayside区的位置会自然地产生一种步行或骑行到周边区域的冲动。然而，就如该市的交通核心策略所展示的，市中心和该地区的滨水区之间的通勤由于高速路和轨道走廊的存在，变得十分没有吸引力。渐进式的变化，包括改善的信号灯、公共艺术植入以及为食品卡车和其他项目保留空间，都将让Parliament街道和Cherry街道的地下通道变得更有吸引力，但并不可能创造一个真正与城市心脏的标志性连接。

(3) 将公共空间打造为步行——骑行友好型

Sidewalk出行与移动性规划的一个核心部分在于建设一个受欢迎且能满足多种交通出行模式需求的公共空间。

例如智能的公共空间管理系统，将会在步行者和骑行者感受到不便之前，自动识别出街道和人行道的问题所在，例如养护需求；它还能跟踪人行道、自行车道和道路各种空间的需求，并通过路面内预设的LED系统电子道路标线来根据需求的变化实时对路权进行再分配。而响应式的交通信号灯将会识别行人和骑行者，并通过调整小汽车交通流的信号相位，使步行和骑行具有优先级(图3-3-13)。

3.4.3 通过气候改善行动进一步鼓励主动、多样的出行

多伦多的气候是城市基因的一部分，但是风、雨以及极端寒冷和炎热的天气

图 3-3-13 将 Quayside 与多伦多丰富多彩的步行文化融合一体的关键是让穿过 Gardiner 高速路和铁轨变得对行人更有吸引力。Sidewalk 还将会与多伦多共享单车机构合作，确保充足的单车停靠点

使得人们应该户外活动的时间内也更倾向于留在室内，这些气候问题对鼓励更积极的出行方式也并没有帮助。

创新型的城市设计、新型的轻质材料以及更卓越的天气预报能力，使得公共空间并不需要变为一个个室内暖房，也因此使得管理各种气候条件下的各种户外公共空间活动体验变得前所未有的切实可行。能够挡雨的遮棚，能够在冬季挡风而夏季透风的结构，以及遮阳帘等等，都将显著增加每天中适宜户外活动的时间，不论是在白天还是夜晚。而在规划 Quayside 时，Sidewalk 将会在建筑、人行道区域以及自行车道上集成一系列气候改善策略。一套完整可实施的干预措施将会让人们花在户外的时间翻上一倍，甚至更多，从而极大地增加步行和骑行的比例。

3.4.4 与市中心加强联系：扩大 Quayside 的公交可达性

Sidewalk 相信一些关键的、策略性的公交投资将令 Quayside 转变为整个城市中最适宜公交出行的地区。这些投资包括对现有公交网络的延展以及修建新线路，同时 Sidewalk 也需要和多伦多滨水区以及多伦多市交通委员会进行一些富有创意的合作。

例如已经规划的滨湖有轨电车就是其中一项关键性的连接工程，Sidewalk 的远景还包括其他几项渐进式的公交改善措施，总体上将实现其与市区内其他主要目的地的高质量公交覆盖。这也将让绝大多数的 Quayside 居民和工作者通过公交来到达工作地点（图 3-3-14）。

图 3-3-14 对现存有轨电车的延伸是将 Quayside 与多伦多市中心更好联系规划的重要部分

（图片来源：Mark Wickens）

3.4.5 Quayside 减少对私家车的依赖

之前阐述的策略——包括延伸 Quayside 到多伦多市中心的公交联系，让穿越 Gardiner 高速路变得更为便捷，气候改善行动，以及让该区域对步行和骑行更为友好，都会带来当地居民对私人小汽车出行的百分比的降低。而若要进一步降低小汽车的保有量——达到 Sidewalk 愿景规划的 20% 目标——Quayside 的停车位管理将会受到严格限制及精细化的管理，Sidewalk 采取的是技术性手段以及停车收费策略，来抑制小汽车的发展。更进一步，为不再拥有小汽车的居民提供出行替代方式十分必要。例如为居民提供共享单车、共享汽车可以确保其放弃私人拥有小汽车而不至于影响出行。

3.4.6 为公交缺乏竞争力的地区提供其他出行方式

而在 Quayside 地区只要是步行、骑行可以到达的地方，就能真正做到让居民满意且无需使用小汽车出行，这样小汽车将不再那么具有吸引力。但是对于人们出行来说，实现无车生活需要，人们在不拥有小汽车的情况下能够到达他们要去的地方。

Sidewalk 设想的 Quayside 社区的未来拥有以下两个有效的策略：

(1) 对于短途旅行，共享单车服务是合适的。

(2) 对于长途旅行，共享汽车可以满足人们偶尔旅行的需求。

Sidewalk 的未来是确保所有居民都可以使用共享电动车的服务。而共享小汽车车队只需要私人小汽车的十分之一规模，就能满足该地区所有居民的出行需求，就好像他们拥有自己的小汽车一样。通过集中维护保养、并提供充电桩的停车场，不仅成本更低，也对环境更友好。

3.4.7 革命性的交通创新技术：无人驾驶交通工具的应用

通过街道设计和有限的停车位供给，传统车辆将被限制在一个很小的区域内，但是即便这样该区域也只是个过渡区，将逐步全面禁止传统小汽车。

在 Quayside 区的示范项目中，几乎所有货物都会经由传统卡车运送到一个分拣配送中心，然后分拣配送中心通过各种传输带以及控制，将它们分发到在地机器人网络进行入户投递。每个包裹的运输都会有特定的运输路线，这些路线是根据其紧急程度、易逝程度，或优先程度制定的，还有例如使用货运自行车或者无人机送货也会被运用。城市货运系统将为行人和骑车人重返街道作出重大贡献（图 3-3-15）。

图 3-3-15 配送中心强大的送货能力，能够减少滨湖东区的传统卡车数量以及总的交通出行量。同时也有潜在的将这些配送中心变得可移动的可能性，这样配送中心可以自己前往邮局收件，并且被各种在地机器人定位到（图片来源：莱切斯特大学）

4 绿色声明和绿色消费[1]

4 Green Claims and Green Consumption

当我们立下城市生态宜居的目标，当我们追求在人人共享的城市中享受安全、健康、可持续时，最常思考的问题是，生活、生产、生态怎样实现三生融合？生活、生产、生态又怎样取得三生共赢？答案很明确，那就是绿色发展、生态优先必须成为生活、生产、生态的主线，将这条主线与全国公众和企业相连的则是绿色消费，而打开绿色消费之门的则是绿色声明。

4.1 绿色标准引领绿色消费

为了推动全球公众和企业认识绿色、评价绿色、享受绿色消费，ISO 国际标准化组织在 1992 年联合国环境发展大会后即着手建立推进可持续发展的环境标准体系，其中 ISO 14020 环境标志及声明系列标准则着眼于绿色消费，这些标准对产品及服务提供绿色信息资料，消费者或潜在的消费者在选择他们所需要的产品和服务时，能够应用这些信息资料，产品和服务的供应商则希望环境标志及声明能够影响消费群，引导他们用手中的钞票变成支持环保的选票，这就是绿色消费的开始。

ISO 14020 系列标准除 ISO 14020 规定了环境标志和声明的通用原则之外，其他目前存在的国际标准 ISO 14021、ISO 14024 和 ISO 14025 分别规定了第三方认证的环境标志、自我声明的环境标志、第三方验证的环境标志，为公众获得和企业发布绿色信息开拓了多种方式。

在 ISO 14025：2000 标准颁布之时，中国商品学会就开始了第三方验证企业自我声明的实践，从 2000 年至今一直在推动中国企业Ⅲ型环境标志的自我声明验证，逐步形成了以 ISO 14025 和 ISO 14062 为基础的中国企业绿色声明的基本架构。ISO 14025 和 ISO 14062 从属于 ISO 14000 环境管理体系系列国际标准，强调在计划-执行-检查-处理的循环过程中，突出主要环节，提升企业环境管理体系的执行效果。其中，ISO 14062 强调加强计划环节，突出环境要素介入产品和服务设计和生产全过程；ISO 14025 关注处理环节，要求企业通过发布产品和活

[1] 夏青，中国绿色发展联盟专家委主任。

动的生命周期信息公告来促进自身环境管理水平的提高。中国商品学会将上述两个环节的提高要求，都吸收进公之于世的生命周期信息公告中，让企业声明接受外界监督，实现上升式循环持续改进自身的环境管理水平，实现永续的进步。这种中国式的自我声明创新，较之绿色认证，内容更全面，更有激励性。

在中国企业开展产品和全生命周期环境影响最小化的自我声明活动十余年之后，欧盟在2013～2017年开展了基于ISO 14025产品环境足迹指令与产品环境声明实践研究，建议使用产品环境足迹（PEF）；同时还对各类组织的环境足迹（OEF）进行实践，探求一体化绿色产品市场的衡量手段和方法，已有大约280个公司和组织作为志愿者加入方法的开发和研究。随着欧盟产品环境足迹指令和产品环境声明实践研究结论报告的完成，欧盟将颁布新的指令，这对于全面推行ISO 14025为代表的企业绿色声明将会是一个新推动力。

与此同时，2015年9月中共中央国务院印发了《生态文明体制改革总体方案》，第46条提出“建立统一的绿色产品体系，将目前分头设立的环保、节能、节水、循环、低碳、再生、有机等产品统一整合为绿色产品，建立统一的绿色产品标准、认证、标识等体系，完善对绿色产品研发生产、运输配送、购买使用的财税金融支持和政府采购等政策”。这一生态文明体制改革的新要求在2015年11月23日由国务院文件再次提出，并列入中央全面深化改革领导小组2016年工作要点。中国的绿色消费在2017年第一次颁布了13项国家绿色产品评价标准，并颁布了中国绿色产品统一标识，在认证类绿色产品的推进方面前进了一步。

4.2　绿色声明集中绿色信息

绿色声明是企业社会责任和绿色创新成果的集中体现，也是公众享受绿色产品和服务、了解绿色信息的捷径。这是中国在标准化改革中形成的绿色标准新形式。实现了将企业标准自我声明与产品和服务绿色声明融为一体，使国际标准有关第三方验证的规定能够依托企业标准自我声明执法监督，这就提高了绿色声明的法律地位。有关企业标准自我声明的改革从2015年开始，至今已有超过10万家企业在国家质监局的企业标准信息公共服务平台网站上发布了企业标准自我声明。

有关企业标准自我声明的指导性文件，一是《国务院关于积极发挥新消费引领作用加快培育形成新供给新动力的指导意见》（国发［2015］66号）文件，提出了产品和服务自我声明要求，“……提高国内标准与国际标准水平一致性程度。建立企业产品和服务标准自我声明公开和监督制度”；二是《关于促进绿色消费的指导意见》（发改环资［2016］353号）文件，再次提出了“推动实施企业产品标准自我声明公开和监督制度”，同时引出了“领跑者”制度。

尽管有关绿色品牌的评价标准尚未出台国际标准和国家标准，但由中国主导制定的品牌评价国际标准强调了五要素：有形资产、无形资产、质量、服务、创新。在绿色发展时代有关无形资产、质量、服务、创新这四个要素都离不开绿色、低碳、循环发展理念和公众所关心的安全、健康、环保、舒适，最终全面体现以人为本。

为此，目前已经出现的企业产品和服务绿色声明都是从凝练企业绿色亮点出发，形成公开声明，并将这些绿色指标融入企业标准，接受执法监督，从而使中国的绿色声明较之国际标准规定的III型环境标志提升了新高度。

中国企业产品和服务的绿色声明要求从八个维度出发收集绿色资料，这八个维度是：企业标准、设计创新、资源节约、低碳节能、健康环保、质量亮点、服务承诺、绿色影响。最后归纳为创新设计、用料保障、过程清洁、产品亮点、服务承诺五个方面的声明，每一项指标均提供经过验证的检测、试验证明材料，可以作为企业标准声明绿色记录的发布依据，也可以作为环保创新示范项目的申报依据，是企业品牌价值提升的重要绿色证据。

4.3 企业标准助力执法监督

企业标准是企业组织生产的依据，也是执法监督和社会监督的依据，因此所有的绿色指标都应融入企业标准，成为内外监督的依据。以往的认证活动没有与企业标准相关联，特别是许多绿色认证指标都没有进入企业标准，是一大缺陷。在绿色发展时代，公众需要享受绿色，质量需要保障绿色，企业标准是最直接的保障手段。如果招标法明文规定通过企标核查投标标书技术指标，广告法明文规定通过企业标准核查广告用语，那么有关绿色认证的达标结论进入企业标准就不是一件难事。现在在没有招标法和广告法明文规定企业标准作为依据的条件下，由第三方验证通过的绿色声明均特别强调了“本数据表主要指标已融入企业标准，接受社会监督和执法检查”。

以湖南某公司的浓缩洗衣氧颗粒产品为例，该企业引进欧盟生态洗涤剂临界稀释体积指标倒逼产品新配方，企业标准规定对水生态系统无影响的临界稀释体积指标为 $15m^3$/kg 衣物，低于欧盟生态标签 $31.5m^3$/kg 衣物要求。这个指标的绿色意义在于为保护受纳污水的天然水体生态环境，从源头提出终端生态保护要求，引入确保水生态系统无影响的每公斤衣物使用产品量需要的最低稀释水量，促进了产品绿色性能的提高。中国环境科学学会在环保科技创新示范项目权威发布中，肯定该公司生产的氧净产品，“采用全新的工艺技术和配方，以可再生的脂肪醇聚氧乙烯醚为主要活性物，组合生物酶和活性氧，以碳酸盐-碳酸氢盐及抗再沉积剂构成全新的抗沉淀体系，不添加4A沸石和高聚物，剔除无去污作用的芒硝，堆密度为0.7，去污力强，用量仅需20～25g（30L水，2kg衣物）。普粉添加4A沸石和高聚物，硫酸钠含量高达50%，堆密度0.3～0.4，去污力低，每次要用50g。灰分沉积远低于无磷粉（20次循环洗涤灰分比值有磷粉标准为≤2.0，无磷粉为≤3.0，本品≤0.5）。COD的产生量与普粉相当，而用量仅为一半，可减少COD排放量50%以上。而且可减少洗涤污水中的悬浮物，减少污水处理厂的污泥。”

又如广受关注的快递包装白色污染问题，武汉某公司为实现大幅度降低生物降解快递袋生产成本，利用企业专利技术通过反应性改性助剂改善PBAT与PLA之间的相容性，通过交联反应提高材料的物理性能，采用独有填料改性技术，使填料表面活化，提高填料与树脂之间的界面结合力，确保承重、耐穿刺、韧性、透光率等性能与传统快递袋一致。产品通过欧盟认证，比利时OWS检测机构检测产品生物降解率达到99.97%，优于欧盟可降解认证生物降解率大于90%的标准要求，为国际领先。该公司的Q/WHS 010-2017产品标准遵照不低于欧盟标准的原则，制定了产品生物降解率大于等于90%、析出物限量、溶剂残留总量等公众关注的敏感指标要求，且能保证承重、耐穿刺、韧性、透光率等性能与传统快递袋一致。这一产品入驻某企业购绿色物流包装供应平台，公司首批在上海范围内使用完全降解绿色快递袋，为品牌商家以及1000万以上终端用户提供即时物流服务；支撑某化妆品企业全国库房和各仓快递均改为全生物降解绿色快递袋的决定以及为澳洲禁塑提供技术支撑等。降解塑料产品的绿色纪录随着国家标准把生物降解率提高到90%，很快就会对企业标准提升提出新的要求，有理由对此项纪录的快速更新充满期待。

4.4 绿色创新依托技术革命

空气净化器新国标GB/T 18801—2015的核心指标包括CADR值（洁净空气量）、CCM（累计净化量）、能效等级及噪声标准四项，这些指标除了噪声能与消费者的要求直接相连，其他都只反映设备工作能力。如新国标增加的指标累计净化量，能反映削减污染物的最大限值，却不能反映最终空气质量。公众关心室内空气质量PM2.5、二氧化碳、臭氧三项指标，希望室内空气质量PM2.5在室外PM2.5为300μg/m^{3}时，室内保持35μg/m^{3}以下；二氧化碳不高于1500PPM，保证室内人员氧气需求；臭氧增加量不高于0.02mg/m^3，是防止净化机产生有害气体，都是体现以人为本的宗旨。另外，公众购买空气净化器也希望把维持八年至十年服务质量作为要求，“应包括不少于八年整机质保，以及不少于八年全部维护、保养、运行费用；应包括不少于八年正常耗材更换，正常清洗人工、材料全部费用”，这意味着供应商要配备专业人员常年保障运行和维护，消费者不仅买产品，还要买服务，对于空气净化器来讲，这种服务尤其重要，因为过滤组件不及时更换或清洗，洁净空气量会明显下降，室内空气质量则得不到保障。

绿色声明产品离子瀑新风净化机全面满足了公众的需求，该设备采用离子瀑和水雾瀑空气颗粒物高效净化技术，在超细颗粒物一次净化效率指标为对纳米级（PM0.001）超细颗粒物一次性净化 98%以上，为世界领先水平，无需任何机械滤网，持续净化能力可达 10 年以上；产品承诺 5 年质保，10 年不用更换主要部件，持续保持企业标准规定指标；PM2.5 一次净化率 93%以上；空气中自然菌平均消除率大于 90%，臭氧增加量未检出等指标表明该设备经得起高水平指标考评。北京某公司已通过 Q/AAVI-SYXF-2016 企业标准向全社会公示。

在全国防治雾霾治理大气污染源的会战中，瓷砖行业的社会责任面临着考验。2014 年中国瓷砖产量突破 100 亿平方米，《建筑卫生陶瓷单位产品能源消耗限额》GB 21252—2013 规定的瓷砖能耗为 7.8kgce/m^2，达到这一限值，用现有技术是需要花大力气的。采用免烧利废真空异构聚合技术的真空石生产单位平方米的综合能耗低于 6 度电，折合为 2.3kgce/m^2。使用新技术较全国瓷砖 7.8kgce/m^2 的限值可节省 5.5kgce/m^2。这样，全国年产 100 亿平方米瓷砖就可减少标准煤消耗约 6000 万吨，减少二氧化碳排放 1.5 亿吨。相当于减少全国全年 1.5%的能源消耗，对治理雾霾无疑是个不小的贡献。

老百姓关心的除了环保指标，更关心使用功能是否受到影响。从已经使用过这种免烧制瓷砖的场所：上海某商场、酒店，北京某城市公寓等，可以发现由于这种产品可制成大板，大板铺装可缩短施工工期，节省 60%以上的施工时间，减少现场水泥黄沙等使用量；产品强度是瓷砖及石材的 5 倍以上，使用过程中不需要维护；这种瓷砖比烧制瓷砖和天然石材具有更好的保暖性能，可以助力绿色建筑物节能；相比石材，这种瓷砖无放射性。使用者更关心的外形美观也未受到影响，装饰性卓越是这种瓷砖最大的亮点，因为免烧制，可以用电脑设计和配置无限种色彩组合和花样组合，供顾客选择。由于原材料来源广泛，生产成本可以低于现有同质建筑材料，给老百姓更多的实惠。产品的各项指标已在安徽某公司 Q/UMLT02-2016 企业标准中公示。

4.5 公众需求导向绿色指标

全社会对食品安全的高度重视，特别是蔬果农药残留问题对公众健康的影响如何防治，成为公众之所急。由于长期使用农残超标的果蔬，会引起人类身体各个器官的免疫力降低、肝脏及神经元损害、大脑功能紊乱、殃及当代或后代不育不孕等。因此保障大众膳食安全、去除蔬果表面残留农药成为亟待开发的环境保护新技术。去除蔬果食品表面农药残留的绿色产品从原材料健康安全抓起，选择天然来源的椰子油和棕榈油衍生表面活性剂作为主要原材料，攻克了这些材料的复配和应用难题，所用的表面活性剂除一种（月桂酰胺丙基甜菜碱）生物降解性指标为92.8%，其他均为100%，优于国家标准90%的规定。有了配方设计和原材料的保障，产品的安全性也有了保障，权威部门的检测数据表明小白鼠半数致死量（LD50）为5100mg/kg体重，且对雌雄小鼠骨髓细胞微核试验均为阴性，对金黄色葡萄球菌和大肠杆菌的抑菌率均达到99%以上，有效保障了人体的健康。这就为公众解除了蔬果清洗剂本身是否安全的疑虑，为公众送上了实际无毒级蔬果清洗剂。

某公司的Q/JMCW 004-2016企业标准要求电子坐便器的功能使用寿命为1000小时，就反映了多个单项指标正常工作的综合需求。在公众热衷于购买日本马桶盖时，该公司的电子坐便器产品为达到功能使用寿命1000小时的指标，采用臀洗60秒、妇洗60秒，暖风干燥120秒为一个周期，需完成30000个周期，达到冲洗寿命1000小时，烘干寿命1000小时，超过国标、行标及日本JIS A 4422-2011电子坐便器行业标准要求，这个纪录用数字帮助公众进行绿色选择。并且有利于公众进行人性化微创新和核心技术创新，打造第五代智能马桶等智能产品的各项努力。

在2018年世界环境日提出“塑战速决”主题，号召齐心协力对抗一次性塑料污染问题，指出塑料污染已无处不在，我们使用完的塑料包装绝大多数会一直存在，并最终流入海洋。在“塑战速决”的号召下，某公司有关完全生物降解农用地膜产品的绿色声明，强调从提高地膜生物可降解性和降低地膜厚度减少投资入手，严格控制农用地膜微量元素含量和生物毒性，确保农用地膜在推荐覆盖使用时间内获得降解，实现地膜生态设计的全生命周期控制要求。产品生物降解性大于98%、种子发芽率和存活率大于90%等主要指标均优于国家标准和国际标准；该公司的完全生物降解塑料购物袋产品绿色声明，则强调同时满足工业堆肥和家庭堆肥要求、具有优异安全性能和抗老化性能，替代普通聚乙烯购物袋。践行绿色、生态、环保的理念，依托生态设计和优选材料，执行EN 13432、ASTM D6400等国际标准，执行欧盟EC/1935/2004法令；努力满足不同使用需求，逐步优化材料性能、调整规格、提升印刷性能等，实行多样化设计。产品生物降解性大于99%、崩解程度大于99%等主要指标均优于国家标准和国际标准。合肥某公司的完全生物降解一次性餐饮具产品绿色声明，强调一次性餐饮具的使用功能与降解要求兼得，践行生态设计理念，实现聚乳酸（PLA）材料与纸质材料的完美结合，在生物降解率、生物毒性、总迁移量等生态、健康、安全指标方面确保人体健康基准评价合格。全部产品通过欧盟和美国可降解认证，感官、重金属特殊迁移量等主要健康、安全保障指标均优于国家标准和国际标准。

上述所涉及的全部产品均为绿色声明产品，实践已经可以证明这些绿色声明打开了绿色消费之门，不仅发扬光大了世界绿色标准引领绿色消费的成功模式，而且在绿色声明集中绿色信息，企业标准助力执法监督，绿色创新依托技术革命三个方面形成了中国特色和新的绿色消费发展模式，并在公众需求导向绿色指标方面不断推陈出新。从公众需求得到满足的众多事实中，让公众和生产绿色产品、提供绿色服务的企业共同懂得，提高生活质量的需求是绿色消费日新月异的无尽动力，不断提高的产品和服务绿色声明则不断催生新动力。

5 城市二氧化碳排放数据搜集与评估[1]

5 Collection of and Evaluation on Urban Carbon Dioxide Emission Data

"联合国住房与城市可持续发展大会"（United Nations Conference on Housing and Sustainable Urban Development，简称"人居大会"）是全球范围内最高级别的有关城市和住房问题的大会，每20年召开一次，由世界各国首脑、相关机构、团体和权威人士参加。2016年10月17日至20日在厄瓜多尔的首都基多举行了第三届人居大会，简称"人居Ⅲ"（Habitat Ⅲ）。此次会议制定的纲领性文件《新城市议程（THE NEW URBAN AGENDA）》，为今后20年世界城市的发展确立了目标和方向。研究将通过对"人居Ⅲ"大会的背景、"新城市议程"的编写内容、特别是第八政策组：生态城市与韧性城市的工作介绍，分享其中的收获与感悟，以国际视野审视城市面临的机遇挑战、以战略眼光定位城市发展的时代坐标、以前沿理念强化城市发展的规划引领。

城市在国家应对气候变化行动以及低碳战略转型中具有非常重要的意义，不仅因为城市消耗绝大多数能源（67%～76%）且对绝大多数人为CO_2排放（71%～76%）负责，更重要的是城市是工业、商业、交通、建筑等的聚集地，不同部门高度集中在城市中，相互之间发生高强度的能量流和物质流，为综合、高效降低CO_2排放提供了巨大潜力和示范机会。城市，尤其是地级市是中国行政管理、数据统计和决策执行等相对较为完整和健全的独立行政单元，城市内部各类自然、人文等要素均质性较好。城市管理者更贴近城市居民，与其沟通和交流能力要强于国家和省，并且直接服务于公众日常生活和工作，政策灵活性和针对性更强。因而，在城市层面开展CO_2排放统计分析、特征研究和绩效评估，有利于基层政府自下而上实施切实可行的减排措施，并在CO_2排放管理和减排中形成"领跑者"竞争氛围，激励城市之间相互借鉴和学习。

2005年是中国承诺减排目标的基准年份，是衡量目标实现的基准。《国家应对气候变化规划（2014～2020年）》中的目标是"到2020年实现单位国内生产总值CO_2排放比2005年下降40%～45%"；《中国国家自主贡献》目标中，2030年自主行动目标之一是单位国内生产总值CO_2排放比2005年下降60%～65%。

---

[1] 中国城市温室气体工作组，http：//140.143.189.230：8080/。

城市作为国家目标的落实和实施单位，往往参照这一目标设置自身的减排和达峰目标。因而，2005年是中国城市减排战略制定和近中期低碳转型的基准年份和对照年份，其数据的一致性、全面性和精准性对于全国所有城市和每个具体城市的目标考核和评估都有重要的意义。

研究基于中国高空间分辨率排放网格数据CHRED 2.0（China High Resolution Emission Gridded Database，CHRED），联合来自53个单位的86名研究人员，分别从企业、行业与部门和城市总化石能源等不同层面，对中国城市的能源数据进行了大量的交叉验证和数据分析，最终建立2005年中国城市CO_2排放数据集，以期为中国城市CO_2排放研究和政府决策提供数据基础。

5.1 方法和数据

5.1.1 核算方法

借鉴国际上较为成熟和应用广泛的城市CO_2排放核算方法，计算中国城市的范围1和范围2排放。范围1排放是城市行政边界内的所有直接排放，范围2排放是城市由于向外界购买电力、热力等导致的间接排放。本节所述范围1排放中没有考虑森林及土地利用变化导致的CO_2排放和吸收，范围2排放仅考虑城市外调电力导致的排放。以下范围1排放称直接排放，范围2排放称间接排放。排放因子主要源自《中国温室气体清单研究》，该文献是中国第二次国家信息通报中排放清单的基础，推荐了中国分行业、分能源类型和分燃烧设备的排放因子，数据详尽且较为权威。工业过程排放包括水泥和石灰的过程排放，计算方法同样参考《中国温室气体清单研究》。间接排放采用城市范围内的外调电量乘以城市所在区域电网排放因子。城市外调电量＝城市用电量－城市发电量（当“城市外调电量”＜0，将其取值设为0）。城市发电量（化石能源发电量＋非化石能源发电量）基于发电企业点源数据库统计各城市范围内的发电量。

5.1.2 数据来源

城市化石能源消费量数据整合了三个来源数据，一是CHRED 2.0数据库；二是城市层面的各类官方数据，包括统计年鉴、政府文件和调研报告等；三是研究者现场调研、现场采访、电话咨询和向相关部门发函获取数据等。后面两种数据来源获取到了中国2005年191个地级城市的化石能源消费数据。三个来源获得的数据全部为直接化石能源消费数据，没有一组数据是经过经济、产业、人口等间接计算的能源消费数据。基于此构建中国2005年1km CO_2排放空间数据集，经过GIS空间分析，形成城市直接 CO_2 排放数据。CHRED 2.0 数据库[1]包括中国工业企业点排放源基础数据，是采用自下而上方法建立的中国 CO_2 排放高空间分辨率的重要基础数据。中国化石能源电厂发电量及空间位置来自 CHRED 2.0；非化石能源电厂（水电、风电、核电、生物质燃料发电和太阳能发电）发电量及空间位置来自《中国电力工业统计资料汇编 2005》；城市全社会用电量来自《中国城市统计年鉴 2006》。

5.1.3 城市范围和分类

根据《中国城市统计年鉴 2006》，2005 年中国共有地级区划数（地级行政单位）333 个，其中地级市 283 个。包括除港澳台地区以外的地级市（283 个）和直辖市（4 个）共 287 个城市。

从产业结构、人口规模和气候条件 3 个角度对中国城市进行分类（表 3-5-1）。产业结构对中国城市化石能源消费和 CO_2 排放有着非常显著的影响，不同产业结构的城市，其 CO_2 排放往往差异较大。人口规模体现了城市的人口体量。不同人口体量的城市，其 CO_2 排放特征和单位 GDP 的 CO_2 排放往往有显著差异。

城市气候条件影响城市的采暖和供冷，从而影响城市化石燃料和外调电力消费，很多国际国内的城市温室气体排放评估研究都将气候条件作为重要的考虑因素。本书采用城市的采暖度日数（HDD18）[2] 和空调度日数（CDD26）[3] 之和作为城市 CO_2 排放相关的气候条件。采暖度日数（HDD18）和空调度日数（CDD26）按国家标准《严寒和寒冷地区居住建筑节能设计标准》JGJ 26－2010 计算。

城市分类 **表 3-5-1**

分类角度	分类	名称/特点	分类依据
产业结构	第 1 组	工业型	第二产业占城市国内生产总值比例≥50%
	第 2 组	服务业型	第三产业占城市国内生产总值比例≥50%
	第 3 组	其他类型	其他情况
人口规模	第 1 组	特大城市	常住人口>500 万人
	第 2 组	大城市	250 万人≤常住人口≤500 万人
	第 3 组	中小城市	常住人口<250 万人

[1] http：//www. cityghg. com/

[2] 采暖度日数（HDD18）指一年中，当某天室外日平均温度低于 18℃时，将该日平均温度与 18℃的差值乘以 1 天，并将此乘积累加。

[3] 空调度日数（CDD26）指一年中，当某天室外日平均温度高于 26℃时，将该日平均温度高于 26℃的差值乘以 1 天，并将此乘积累加。

续表

分类角度	分类	名称/特点	分类依据
气候条件	气候 A	采暖供冷需求较大	气候数据（HDD18+CDD26）降序排列前 33.33%
	气候 B	采暖供冷需求一般	气候数据（HDD18+CDD26）降序排列中间 33.33%
	气候 C	采暖供冷需求较小	气候数据（HDD18+CDD26）降序排列后 33.33%

5.1.4 数据分析和处理方法

中国城市温室气体工作组（CCG）组织了国内外 86 名从事温室气体相关研究的学术人员，分成 9 个小组，共同完成数据收集、分析和验证工作。各组独立工作，并根据整体方案建立各组自己的详细工作方案。各组初步结果完成后，进行组间交叉检查，最终结果由技术组和专家组审核，针对具体问题逐一与具体城市负责人质疑和讨论。2005 年中国城市的能源数据非常缺乏，原始数据的质量是决定城市 CO_2 排放数据可信度的核心要素。作者在 CHRED 2.0 数据库的基础上，开展了 7 个月的工作，进行了大量的现场走访和调研，尤其是和城市能源管理的相关部门及重点企业进行了现场访谈和咨询，获取了大量的一手数据；对于无法进行现场调研的城市，作者采用了电话、正式发函（以负责具体城市的作者所在单位为发函方）、电子邮件（主要是针对有在线服务平台的城市）等形式，与城市相关部门取得联系，获得了城市各部门的化石能源消费数据。

基于三种来源数据在不同层面上进行了大量比对和交叉验证，包括企业层面、城市不同行业和部门、城市工业层面和城市总化石能源消费等。同时整合城市数据与省级和国家层面的能源消费数据进行比对分析，最终确定了每个城市不同化石能源类型消费数据。基于这次众多作者的共同努力，数据质量和可验证性都得到了极大的提高，同时也奠定了后续数据建设的方法体系和标准化流程。

5.2 结果和分析

5.2.1 城市排放总量比较

二氧化碳排放中等偏下的城市较多（近 2/3），两极分化严重，最高的上海是最低的拉萨的 344 倍，排放量较高的城市相对集中在经济发达地区（图 3-5-1）。排放总量高于 1 亿吨的城市有 6 个，包括四大直辖市中的 3 个（上海、北京、天津）和 3 个重要的工业城市（唐山、济宁、邯郸）；排放总量介于 5001～

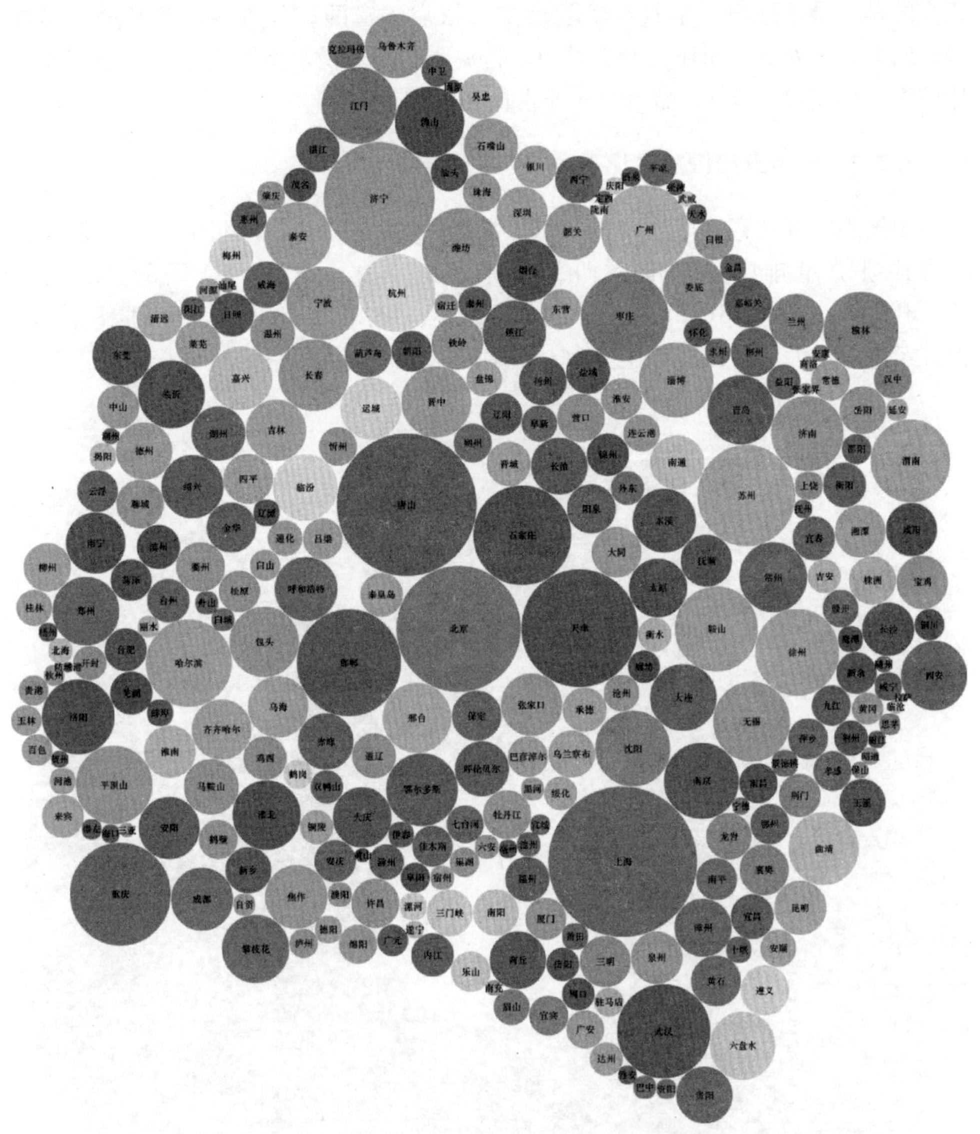

图 3-5-1 中国部分城市排放气泡图

10000 万吨之间的城市有 21 个。排放总量介于 2001～5000 万吨之间的城市有 85 个；排放总量介于 1001～2000 万吨之间的城市有 88 个；排放总量介于 500～1000 万吨之间的城市有 43 个；排放总量低于 500 万吨的城市有 44 个。二氧化碳排放量主要受人口规模和产业结构的影响。排放较高的主要是经济发达的特大城市，且多数城市第二产业占比较高；排放较低的主要是中小城市，工业发展水平较低，第二产业比例较小，主要依靠第一产业和以旅游业为主的第三产业带动经济发展。例如，鄂尔多斯和包头作为典型的资源型城市，虽为中小城市，却拥有较高的排放量。这归因于其经济发展主要依靠丰富的矿产资源，尤其是煤炭资源；南充、六安和永州作为特大城市，排放水平却较低，主要由于其第一产业占比较高（均超过25%），而第二产业占比相对较小。

5.2.2 城市直接排放占比

中国不同区域直接排放占比及重点城市的区域占比情况见图3-5-2。四大区域直接排放量排序为东部＞西部＞中部＞东北，分别占全国的44.59%、21.76%、22.70%、10.95%。虽然东部地区土地总面积仅占全国的18.33%，但其经济总量大，第二产业比重大，是中国二氧化碳排放量的主要聚集地。从省

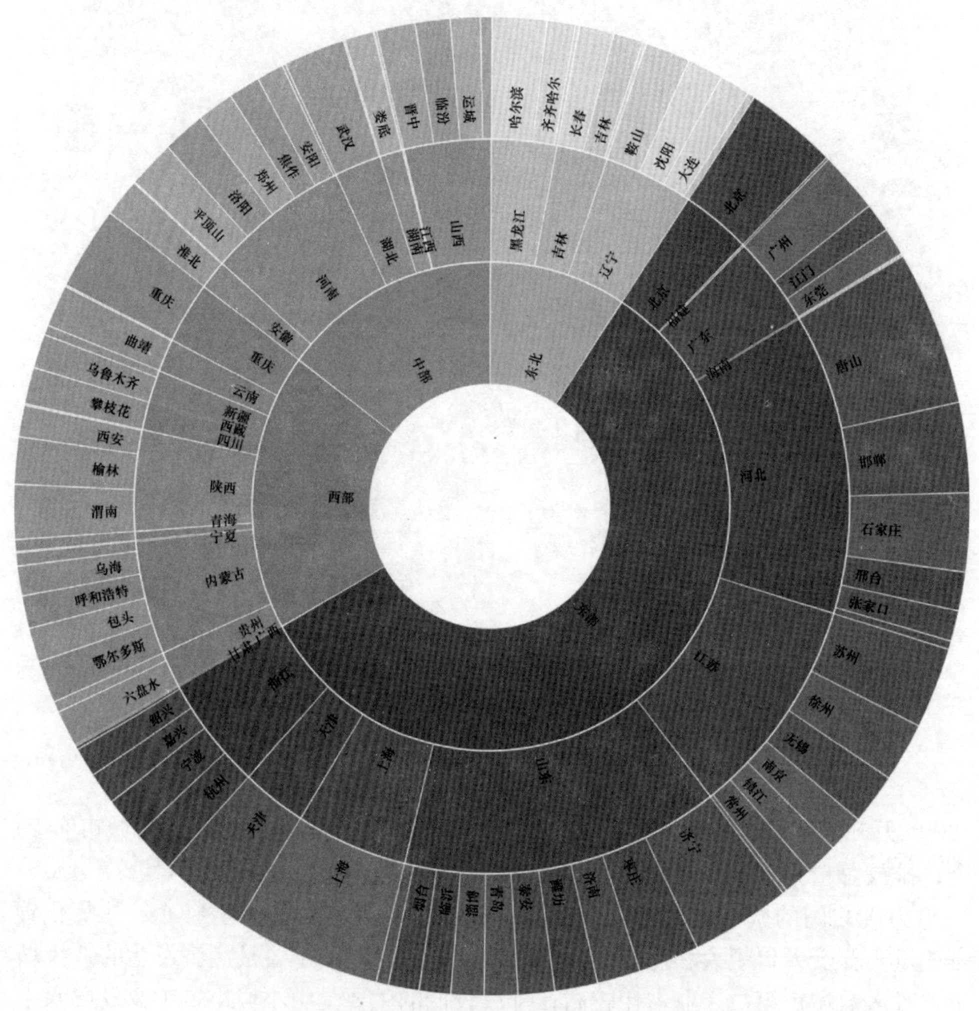

图3-5-2 中国部分城市二氧化碳直接排放环形图

（注：图中仅标注出占比较高的城市，为了便于图形表达，未标注占比较低的城市。）

级层面数据来看，东部地区内部直接排放量整体较高，其中山东、河北直接排放量分列前两位，分别占东部排放量的22.56%、19.19%；中部地区河南直接排放量最高，占中部地区排放量的27.40%；西部地区内蒙古和陕西直接排放量明显高于其他省份，分别占西部地区排放量的19.69%、17.11%。直接排放量较大的城市可分为两类：一类是经济体量大、人口数量多、城区面积广的特大城市，例如北京、上海、天津等城市；另一类是资源型城市，如济宁、唐山、平顶山等城市。

5.2.3 城市累积直接排放特征

从中国城市累积 CO_2 直接排放及相应的人口、GDP、土地面积的累积量中可以看出（图3-5-3），排放量累积曲线位于最上面，说明 CO_2 排放的集聚性要高于其他要素，即存在一定数量的地级市其 CO_2 排放在中国的占比要明显高于其GDP、人口、土地面积在中国的占比。中国50%的城市排放了82%的 CO_2，说明中国城市 CO_2 排放在分布上存在严重的不均衡性。从经济发展来看，直接排放前50%城市的GDP占全中国GDP的77%，且从曲线特征来看，GDP与 CO_2 排放具有相同走势，说明中国城市的 CO_2 排放与GDP之间存在着一定联系，经济越发达的地区，其直接产生的排放量也相对较高；从人口累积分布来看，直接排放前50%城市的人口数量占全国人口的62%。人口累积分布线与直线较为接近且较平滑，表明人口数量与 CO_2 排放量的关系相对GDP要弱。从土地面积的累积分布来看，82%的排放发生在51%的城市土地上，人口累积分布线与直线最为接近，说明城市 CO_2 排放量与土地面积相关性很不明显，且在地域上存在

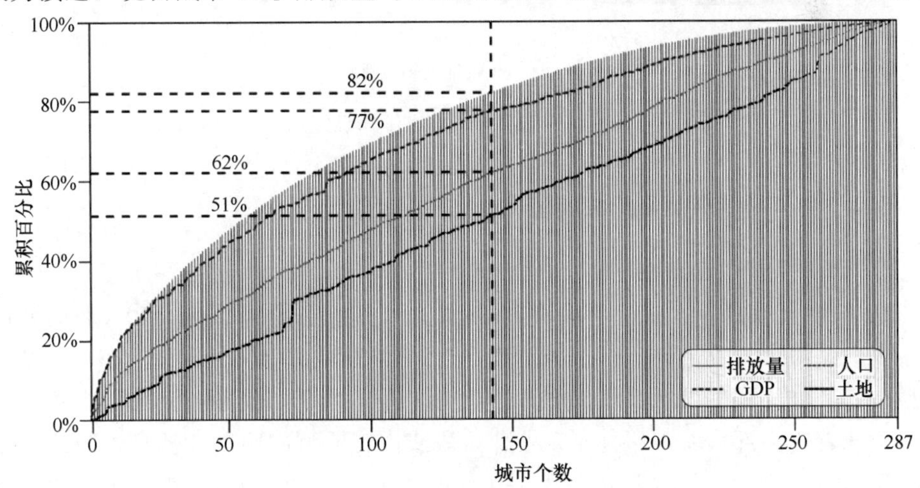

图3-5-3 中国城市直接排放累积曲线图

（注：先将城市直接排放量按照从大到小排序，然后计算其累积百分比。）

明显的不均衡性。

5.2.4 城市排放直方图

中国大部分城市的CO_2排放总量集中在0～6000万吨区间，其中以200万吨量级的城市为最多，达到24个（图3-5-4）。但也有个别城市的二氧化碳排放总量远远高于其他城市，如唐山、北京、上海、天津等，一般是规模庞大的特大城市，或者是产业结构以第二产业尤其是重工业为主的城市。CO_2排放总量低于20万吨的城市集中在中国青藏高原地区，具有城市规模小，第一产业和第三产业占比较大的特点。中国城市CO_2排放总量分布较为集中，但同时排放高值与排放低值之间差异悬殊，这与中国幅员辽阔、人口分布不均有着密切的关系，也是不同地区间经济社会存在较大差异的一个缩影。

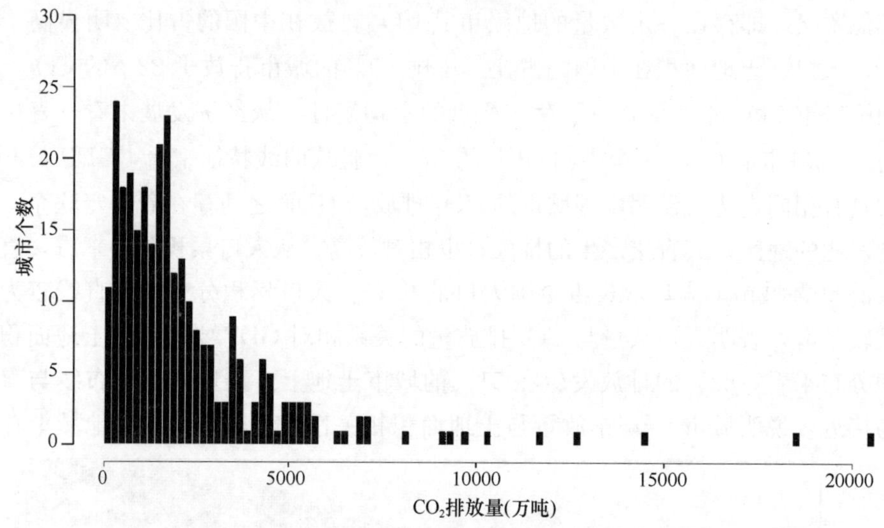

图3-5-4 中国城市CO_2排放直方图

5.2.5 不同城市类型排放特征

5.2.5.1 按产业结构

2005年全国287个城市中有5.9%的城市属于服务业型城市，40.0%的城市属于工业型城市，剩下54.0%的城市属于其他类型城市（图3-5-5）。在三种城市类型中，其他类型的城市数量最多，其次为工业型城市，服务业型的城市数量最少，意味着绝大部分城市正处于工业化阶段或由工业型向服务业转型的阶段。服务业型城市主要为一些重要的大型城市，如北京、上海作为直辖市和国际化大都市，其服务业比重超过50%。省会服务型城市主要包括：西安、海口、乌鲁木齐、呼和浩特、拉萨、太原、长沙。其中，西安、海口、太原、长沙所处的陕

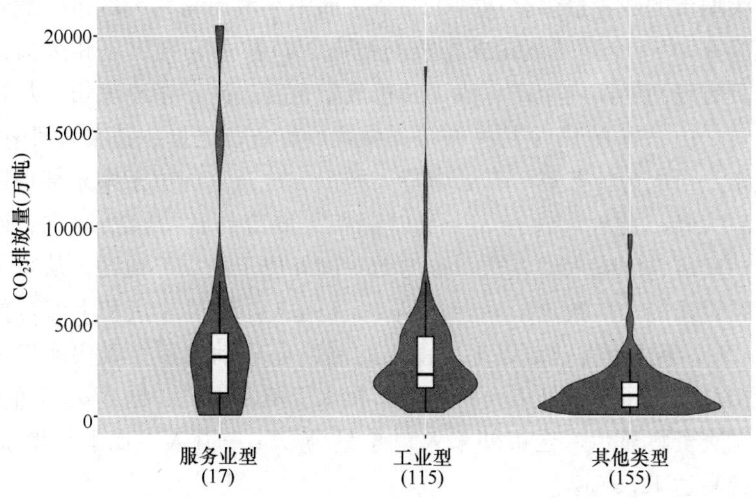

图 3-5-5 中国城市排放特征-按产业结构

西、海南、山西、湖南四省虽然不甚发达，但其省会城市的首位度很高，均处于服务业转型的前端。有趣的是，乌鲁木齐、呼和浩特、拉萨三市的服务业占比大于 50%，但并没有从工业型城市到服务型城市转变的明显证据。这一现象的原因在于这三市缺乏区位优势，资源环境存在刚性约束，工业基础设施薄弱，因此城市更多地承担了生活和服务方面的功能。

5.2.5.2 按人口规模

2005 年全国 287 个城市中，28.9%的城市属于特大型城市，41.5%的城市属于大型城市，29.6%的城市属于中小型城市（图 3-5-6）。在三种城市人口规模

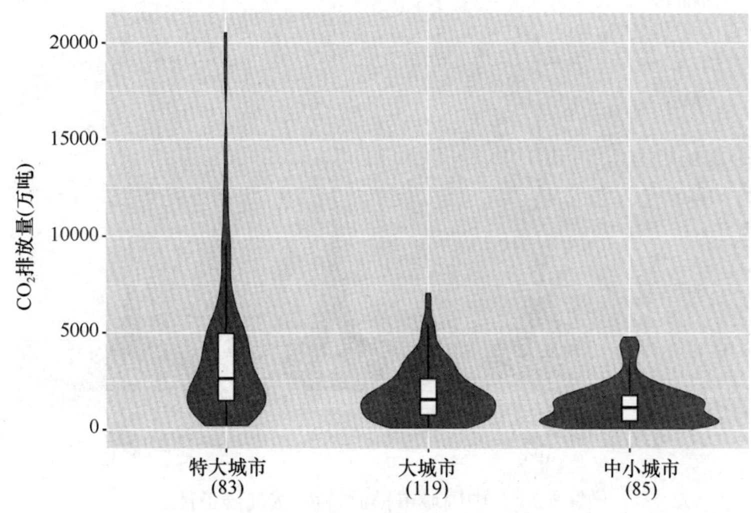

图 3-5-6 中国城市排放特征-按人口规模

类型中，大城市的数量最多，达到119个。而中小城市与特大城市的数量十分接近，分别为83、85个。二氧化碳排放与城市人口数量表现出正相关关系，特大城市不但具有较高的国内生产总值，其排放量也普遍高于中小城市。从特大城市的数量来看，山东省有10个特大城市，位列所有省份之首，其次为河南省，有9个特大城市，再次为江苏省，有8个特大城市。这三省均位于中东部地区，也是中国的人口大省。此外，含有5个及以上特大城市的省份包括河北、四川、湖北、广东、安徽、湖南六省，这六省均无一例外位于中东部地区。从特大城市的规模来看，重庆的人口数量最多，达到2967万人，超过北京和上海，位居全国第一。自1997年成为直辖市以来，重庆的制造业和批发零售业快速发展，通过新增就业岗位吸引了大量外来人口，城市化水平不断提升。据2005年重庆市1%人口抽样调查资料显示，全市外来人口总量为274.2万人，比上年增加了31.4万人，增幅高达12.9%。

5.2.5.3 按气候条件

采暖供冷需求（HDD18＋CDD26）较小、一般和较大的城市数量基本持平。多数城市的HDD18＋CDD26数位于500～3000或3000～5500之间（图3-5-7）。中国各城市的供暖需求具有显著的纬向特征：采暖供冷需求较小的城市大多位于中国南部纬度较低地区，如广东省、海南省、云南省等地区；采暖供冷需求较大的城市大多位于中国北部纬度较高地区，如东三省、内蒙古等地区。采暖供冷需求较小（或较大）类型城市之间的CO_2排放差异较小，且最大值与最小值之间的差距也较小。而采暖供冷需求一般的各城市之间差异较大，且最大值与最小值之间差距也较大。以广东省为例，其大部分城市属于采暖供冷需求较小一类，主

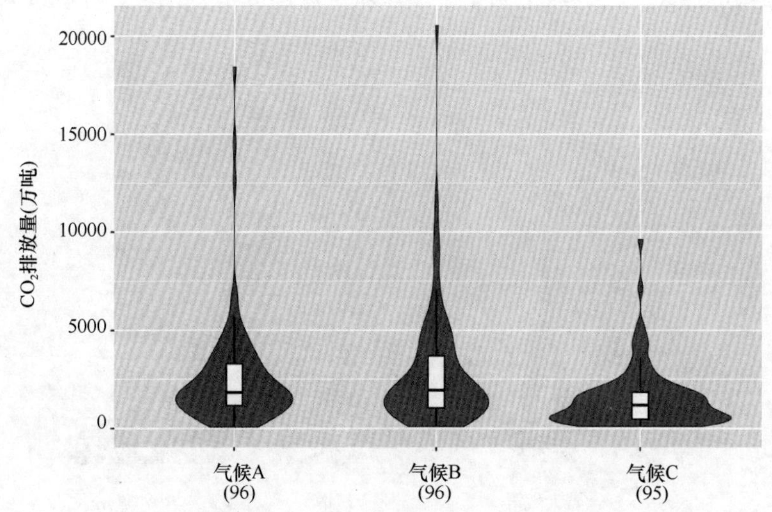

图3-5-7 中国城市排放特征-按气候条件

（注：气候A：采暖供冷需求较大；气候B；采暖供冷需求一般；气候C：采暖供冷需求较小。）

要是因为地处亚热带低纬度地区，常年气候温暖，冬季取暖需求较小，而夏季又多台风，天气相对来说没有长江中下游地区那么闷热，加之受传统观念的影响，不少居民将夏季供冷视为“享受型”消费，一些家庭仍然采用“一室一风扇”的方式消暑，因此供冷需求也不是很高。

5.2.5.4　不同分类之间比较

工业型城市大多是大型和特大型城市，原因之一是大部分城市的工业类型以劳动密集型为主，在解决人口就业和城市税收中做出巨大贡献，促使城市发展壮大；而小部分的工业型城市属于中小型城市，这有可能是由于城市工业体量不大，工业结构不具有竞争力，加之在地域上有局限性所导致。但同时，中小城市中约70%属于工业类型，说明工业是中小城市发展的主要动力，也是中小城市经济发展的重要支撑。但同时也导致了此类城市在二氧化碳排放上的贡献主要来源于工业，这种结构导致工业型城市的排放大量分流至特大城市，只有少量分流至中小城市（图3-5-8）。工业型城市在气候类型上也是相对有特点的，主要集中在气候A型和气候B型，导致工业型城市的排放分流至气候A和气候B类型城市中。服务业型城市大部分属于特大城市，这是正常规律。服务业的繁荣发展是现代化的重要标志。大力发展服务业特别是生产性服务业，对于加强和改善供给，扩大就业，拓宽服务消费，具有十分重要的战略意义。服务业型城市在气候方面主要集中在气候A型和气候B型。服务业在气候C型城市占比不高的主要原因并不是气候不适合服务业发展，而是由于特大与大中型城市主要集中在气候A型和B型城市，而特大型城市集中了大量的人口，这对发展服务业有很大的促

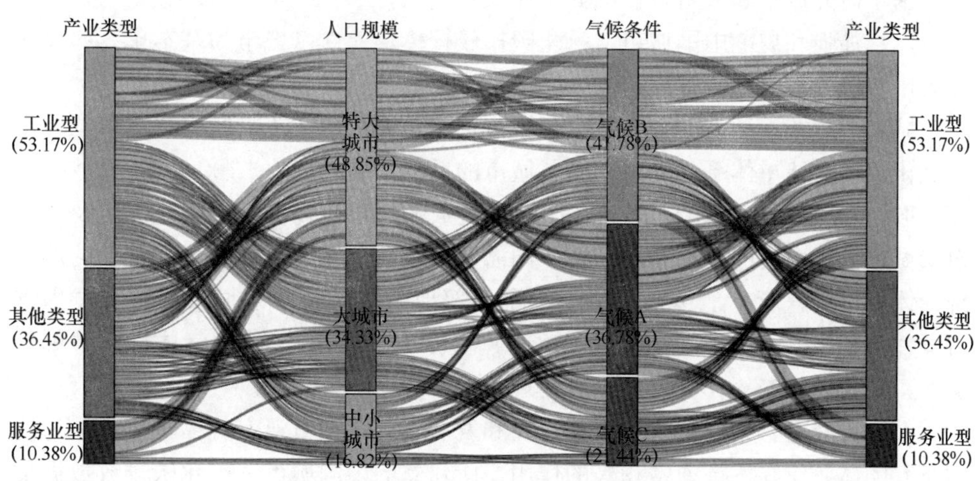

图3-5-8　中国城市直接排放特征-不同分类比较

（注：括号中的比例代表不同类型城市排放占总直接排放的比例；气候A：采暖供冷需求较大；气候B：采暖供冷需求一般；气候C：采暖供冷需求较小。）

进作用，所以人口规模是发展服务业的先决条件。其他类型产业的人口规模分布基本与全国城市规模分布比例相同，特征不突出，主要集中在特大以及大城市型，而在气候条件类型上也没有很强烈的趋向性。

5.3 小　　结

中国地级市二氧化碳排放水平、发展轨迹和减排路径对中国低碳转型和减排目标的实现有着决定性的影响。2005 年的排放数据尽管已经是 13 年前的历史数据，但其研究价值和实践应用意义丝毫不逊色于城市排放现状数据，原因不仅在于 2005 年是中国减排承诺的基准年，而是 2005 年至今，中国的经济发展模式、能源利用格局和环境治理力度和成效都发生了显著的变化，其借鉴和对比分析的意义非常重大。回顾历史，分析当前，针对中国城市二氧化碳排放数据建设提出一些我们的思考。

本研究试图清晰、准确、直观地刻画中国 2005 年城市二氧化碳排放整体特点和个性化差异，解决中国城市二氧化碳排放数据可比性差的问题，在同一规范和数据体系下，推动中国地级市排放水平的横向比较和对标工作，协助中国每个城市更加全面和系统地了解自身二氧化碳排放底数及在中国城市二氧化碳排放格局中的坐标和定位，从而支撑科学合理的低碳城市规划和碳排放达峰方案的制定，提高决策者和公众对中国城市二氧化碳排放全面掌握和了解；推动公众和舆论对城市二氧化碳排放管理的参与和监督，从而推动城市二氧化碳减排与低碳发展。基于研究成果和分析，提出如下建议：

（1）加强和规范中国城市二氧化碳排放核算，建立以城市为基本单元的二氧化碳排放统计体系和数据库，鼓励民间第三方数据建设和发展

城市能源统计能力薄弱导致中国城市迄今仍无法建立覆盖所有地级市的城市二氧化碳排放清单体系，严重制约了城市的低碳发展。城市二氧化碳排放数据的可获取性和质量直接影响了城市二氧化碳排放的科学研究、低碳战略制定及公众对于城市低碳发展的监督和参与。中国需要尽快在地级市层面上建立全面的能源统计体系，覆盖所有地级市，适当给予西部地区城市及中小城市资金和技术支持。并且基于城市能源统计体系，逐渐建立城市二氧化碳/温室气体排放清单数据库，加快城市二氧化碳排放核算的规范化和数据的公开化。

鼓励民间非官方的第三方数据建设和发展，中国城市温室气体工作组作为民间研究团体，正在发挥非常积极的作用，所建立的中国城市二氧化碳排放数据集不仅是国家排放数据的重要补充，而且为地方低碳发展提供了数据支撑和借鉴参考。

（2）加强地级市排放水平的对比分析，推动城市之间减排的横向比较，因地

制宜地建立“城市碳减排领跑者制度”

国内外针对中国单一城市或者典型城市二氧化碳排放的研究相对较多，全覆盖、全口径的城市排放研究相对较少。城市二氧化碳减排和低碳发展是个动态、相对的过程，其往往受到周边城市、同类型城市及国家和国际大环境的显著影响，分析单一城市，往往无法体现大格局、发展趋势和潮流，也反映不出不同城市低碳产业发展之间的动态博弈过程，从而使得城市很难清晰、准确地确定自身的定位，出现目标脱离现实且缺乏发展标杆的情况。

建议利用中国城市温室气体工作组建立的城市排放基础数据，开展中国城市和不同类型城市（按产业结构、人口规模、气候条件等特征的城市分类）的二氧化碳排放横向比较和评估，建立城市减排领跑者制度。本文仅是这方面的一个初步尝试，很多领域和方向尚未涉及。希望能通过数据深度分析和公开，促进城市在制定低碳发展目标和实施低碳战略的过程中，相互比拼和相互追赶。同时，通过评估、排序和信息公开，调动地方政府和公众对城市二氧化碳排放的关注，推动公众和舆论对城市二氧化碳排放管理的参与和监督，从而促进城市的低碳发展。

（3）全口径分析和研究城市排放发展路径和减排路径，汲取有价值和可借鉴的内容，供中国当前城市低碳发展参考和借鉴

城市的低碳发展有着其内在的逻辑和规律，不同经济和产业发展阶段的城市发展历程往往可以相互借鉴，发达城市的低碳路径可能就是相对落后城市低碳发展的未来。因而，从众多城市中挖掘相对稳定的机理性内容，供不同类型城市参考和借鉴，是城市低碳战略规划一个非常重要的途径。没有任何一个战略制定者的时间尺度可以贯穿任何一个城市发展的始终。因为人的生命尺度要小于城市的生命尺度，甚至小于城市低碳发展的时间尺度。在这种情况下，基于统计意义上的大样本调查是解决问题的重要途径。中国城市类型多样、全面，同时经济发展速度和环境治理力度从 2005 年至今都是空前的，这就为中国城市乃至全球城市的低碳发展提供了一个千载难逢的浓缩化路径。夯实 2005 年中国城市的数据基础，深入挖掘 2005 年以来中国城市减排的路径和经验教训，将为中国乃至全球城市的低碳发展提供宝贵的经验。

6　城市资源环境承载力监测预警指标与体系[1]

6　Indexes and System of Monitoring and Early Warning of Resources and Environment Carrying Capacity of Cities

6.1　研　究　背　景

城市是不可移动的，这使得城市资源与环境具有时空的有限性。近年来，中国一些地区资源环境承载能力已达到上限，特别是在人口高度聚焦的城市地区，生态破坏、环境污染问题日益突出[1]。2014 年，国务院发布《关于调整城市规模划分标准的通知》，其中规定：城区常住人口 500 万以上 1000 万以下的城市为特大城市。特大城市常常是地域的政治、经济和文化中心，能够带动周边中小城市共同发展，形成以特大城市为中心的经济圈。但是城市经济高速增长和城市规模的迅速扩大带来的城市人口激增，带来水、土资源短缺，大气、水、土壤及生环境的恶化等一系列问题。资源消耗大、环境污染重的粗放型经济增长方式不可持续，为保护环境与资源而停止或牺牲发展更不可取。城市资源环境承载力为破解资源环境与发展之间的矛盾提供了现实的解决路径。

对城市的资源开发与环境利用进行预警分析可以辨别和排除非持续利用征兆的人类活动与行为，从而实现资源的可持续利用及生态环境的良性发展。2017 年，中办、国办印发的《关于建立资源环境承载能力监测预警长效机制的若干意见》（厅字〔2017〕25 号）明确提出要开展资源环境承载能力监测预警工作，并要求按资源环境承载能力等级和预警等级进行综合管控，将资源环境承载力风险预警评价提到了政策必须执行的高度。通过监测和评价各地区资源环境超载状况，诊断和预判各地区可持续发展状态，为制定差异化、可操作的限制性措施提供依据[2]。

成都位于四川盆地西部的岷江中游地段，介于东经 102°54′～104°53′，北纬 30°05′～31°26′之间，总面积为 14605 平方公里。成都市是世界上少有的在市域

---

[1] 贾滨洋，成都市环境保护科学研究院副院长，教授级高工，清华大学访问学者；刘毅，清华大学教授；李玫，成都大学。

内海拔高差近5000米，拥有平原、丘陵和高山等不同地貌的特大型城市。成都雨量充沛，年均降水900～1300毫米，包括过境水多年平均水资源总量达到246亿立方米。由于地表海拔高度差异显著，直接造成水、热等气候要素在空间分布上的不同，不仅西部山地气温、水温、地温大大低于东部平原，而且山地上下之间还呈现出明显的不同热量差异的垂直气候带，因而在成都市域范围内生物资源种类繁多，门类齐全，分布又相对集中。

2016年，全市实现地区生产总值（GDP）12170.23亿元。2016年末全市常住人口1591.8万人，全市城市化率为71.5%，远高于全国水平（2016年全国城市化水平为57.4%）[2]。但是成都市的发展极不均衡，约64%的人口和82%的GDP聚集在占全市土地总面积的40%平原地区。粗放型的经济增长模式在给成都带来飞速发展、引领成都进入工业化中期阶段的同时，也使城市的资源、环境问题凸现，水资源、土地资源和环境容量已经成为制约成都快速发展的重要瓶颈。随着工业化和城市化进程的加快，成都的资源、环境压力将更为巨大。

研究以成都市为代表对资源环境承载力监测预警指标体系的构建进行实例分析，研究建立一套适合于特大型城市、系统完整规范的资源环境承载力综合评价指标体系，采用综合评价的方法对资源环境承载力进行测算，包括水资源承载力、水环境承载力、大气环境承载力、土壤环境承载力和生态环境承载力5个方面。

6.2 资源环境承载力的概念和评价指标构建原则

6.2.1 资源环境承载力的概念

承载力概念的起源可追溯到马尔萨斯时代，马尔萨斯是首先发现环境限制因子对人类社会物质增长过程有重要影响[4]。1921年人类生态学家Park和Burgess明确提出了承载力的概念，即“某一特定环境条件下（主要指生存空间、营养物质、阳光等生态因子的组合），某种类个体存在数量上的最高极限”即承载力是指在某个给定的环境条件限制下，某种或某类个体能够存在的数量最高限制[5]。1978年，Schneider发展了环境承载力的概念，将其定义为“人为或自然环境系统在不遭受严重退化的情况下，其对人口增长的持续容纳能力”[6]。

国内学者的研究普遍认为，承载力是评价资源环境与社会经济协调度的重要标准，资源环境承载力反映了人类与环境相互作用的界面。其内涵的基本特征表现在：①资源环境承载力是人类活动与自然环境不断相互作用的过程，人类不断改造和利用自然环境，自然环境反过来约束人类活动；②资源环境承载力的大小受到特定区域环境状态与条件的制约；③人类活动的方向、强度、规模影响着资源环境承载力的大小；④资源环境承载力是资源环境系统结构特性的抽象表示；⑤资源环境承载力通常是指系统最大承载能力[7]；⑥由于资源、环境条件的变化及科学技术水平的提高，承载力是动态变化的[8]。

6.2.2 资源环境承载力指标体系的构建原则

资源环境承载能力预警应该是对承载力各构成要素及其组合的变化规律的预言预判，以避免或缩小因承载力临界超载或超载带来的损失。但从政策制定的需求，根据承载力状态的变化诊断发展存在的问题、及时调整限制性和约束性政策、以实现未来可持续发展的目标，更为迫切和重要。因此，资源环境承载能力预警的指标应是通过监测和评价各地区资源环境超载状况，诊断和预判各地区可持续发展状态，为制定差异化、可操作的限制性措施提供依据[2]（图 3-6-1）。

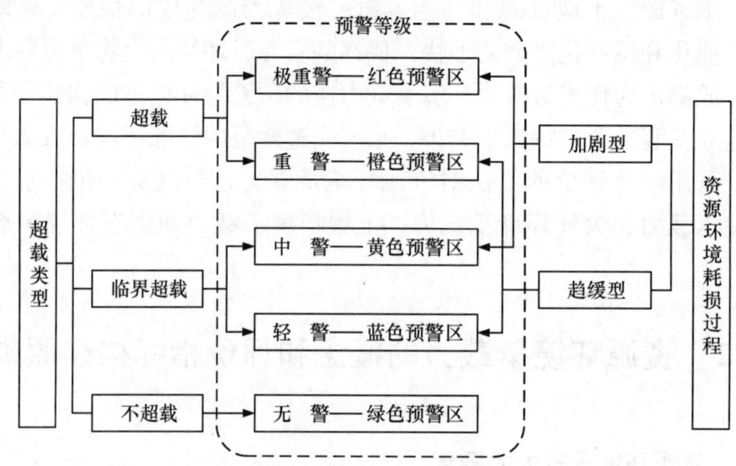

图 3-6-1　资源环境超载类型与预警等级的对应关系[2]

资源环境承载力指标体系的构成原则如下：（1）科学性原则。评价指标体系要建立在科学的基础上，充分考虑资源环境承载力的系统性特征、代表性和完整性应体现城市资源环境承载力的运行实际，能够满足社会经济发展规划的需要，与城市规划、统计指标、常规性监测项目和数据相适应，（2）可操作性原则。为使城市载荷和它所具有的承载能力便于在国内各省、市间具有横向可比性，所选研究指标应尽可能采取国际上通用的概念、测量方法和计算方法，采用年度连续监测、监测分析方法统一、数据较齐全的通用指标，并充分考虑到数据获得和处理的难易程度，尽可能选择由相关部门公布的数据。（3）可持续性原则。城市资源环境承载力本身处于动态变化之中，在一定的对期内是相对稳定的。因此指标体系的设立应当充分考虑到指标的长效性以及未来可能会遇到的各种情况，以实现成都市的可持续发展。

6.3 资源环境承载力预警体系

6.3.1 成都市资源环境承载力评价指标选取

成都市大气、水等环境容量有限已成为制约经济社会发展的主要瓶颈。2016年成都市二氧化硫（SO_2）、二氧化氮（NO_2）、PM10和PM2.5的年均浓度分别为14μg/m^3、54μg/m^3、105μg/m^{3}和63μg/m^3，仍处于较高浓度水平，在全国74个重点城市的排名处于中等靠后；与国家标准相比还存在较大差距，其中PM10、PM2.5、NO_2浓度分别超标50%、82.9%、35%。尤其是秋冬季节，受到不利气象条件的影响，重污染天气频发，污染物累积速度快，区域连片污染特征显著。"十二五"期间成都市人均占有水资源量约为828m^3/年，大大低于国际公认的人均水资源量1700m^3/年的警戒线，属结构性缺水城市，约为全国人均水平的1/4、全省的1/5，水资源保障生产和生活用水后，生态流量严重不足。地表水出境断面水质未达标、劣V类断面比例处于全国落后水平。

根据成都市资源环境综合承载力的基本特征，选取指标突出反映水资源承载力、水环境承载力、大气环境承载力的特征，并兼顾土地承载力、生态承载力等资源要素的供给与需求（详见表3-6-1）。

权重通过专家打分法确定，具体做法是：选取了对成都市环境问题熟悉的二十位专家，在互不知情况的隔离状态下，对成都市资源环境综合承载力的权重，采取百分制进行独立的打分。经三轮打分后，取平均值。

成都市资源环境综合承载力指标体系　　表3-6-1

指标类型（权重）	评价指标（权重）	指标含义
水资源承载力（0.25）	水资源承载率（0.15）	取水总量/可利用水量
	用水总量红线（0.1）	用水总量/用水总量控制线
水环境承载力（0.25）	水环境承载率（0.15）	环境容量/污染物排放量
	水质达标率（0.1）	考核断面及饮用水源地水质达标率
大气环境承载力（0.3）	大气环境承载率（0.15）	环境容量/污染物排放量
	大气优良率（0.15）	大气质量优良率
土地承载力（0.1）	土地承载能力（0.05）	土地资源综合承载能力
	土地环境质量（0.05）	土壤环境质量指数
生态承载力（0.1）	生态质量（0.05）	生态指数
	生态供给（0.05）	森林覆盖率

6.3.2 成都市资源环境承载力风险预警评价指标状态划分

承载力的测度是一个相对量的概念[9]，采用承载指数来衡量。承载指数是通过现有要素的承载力水平与预警性指标进行比较，通过二者大小比较进行承载力判断。其中预警性指标是指反映要素承载能力的警戒标准。

承载指数＝要素承载力数值/要素预警性指标（即要素承载力标准）

如果现有要素承载力数值大于预警性指标，则说明城市现状承载负荷较大，而潜在的承载空间较小，未来发展空间受到限制，可能出现相关的城市问题。反之则表明城市发展处在合理容量之内，还具备一定潜力空间。预警性指标的取值直接影响承载指数的大小，二者均随着技术水平的提高而发生动态变化。

根据承载指数情况，可将承载状态分为良好状态、一般状态、预警状态和危机状态四种。各要素的承载力指数是相对于合理的容量而确定的，为了保证承载力指数与承载状态方向的一致性，即承载指数越大，表示城市的承载能力越大，承载状态越好（表 3-6-2）。

资源环境承载率状态划分 **表 3-6-2**

承载状态	表征状态	水资源承载指数	水环境承载指数	大气环境承载指数	土地承载指数	生态环境承载指数
超载	红	＞50％	＞1.0	－2～1.5	＜0.1	＜25％
	橙	40％～50％	0.9～1.0	－1.5～1	0.1～0.2	25％～35％
临界超载	蓝	36％～40％	0.8～0.9	－1～0	0.2～0.4	35％～55％
	黄	30％～36％	0.6～0.8	0～0.2	0.4～0.6	55％～75％
不超载	绿	＜30％	＜0.6	0.2～1	0.6～1.0	≧75％

6.3.3 资源环境承载力风险的综合评价方法

综合性指标是由一系列指标构成的指标体系。虽然各个指标并不能直接映射出城市承载力的容量，但是若干指标构成的综合指标体系能够比较全面地反映影响承载力的因子体系。综合指标体系强调各个因子的相互作用及对承载力的影响强度。通过各个因子权重的大小，表示对承载力影响的强度。

建立综合指数法评价模型：

$$REC = \sum_{i=1}^{n} w_i f_i$$

式中：REC 为综合承载力值；f_i 为第 i 项指标的权重；W_i 为第 i 项指标的标准化值（由于各项指标数值范围、计算单位等各有不同，进行标准化）。指标权重越大表明该因子对系统的贡献度越大；而综合分值越大，表明城市承载人口、社会经济的能力越大；要素得分最低的就是城市发展的短板因子，未来城市发展受到这种要素的限制。

由可持续承载度计量分析模型可得，*REC* 的值在[0，1]之间，依据承载能力大小，取 0～0.2～0.6～0.8～1 作为承载能力的分级标准，见表 3-6-3。

资源环境承载率的综合表征　　表 3-6-3

承载状态	表征状态	综合评价
超载	红	$0 \leqslant REC < 0.1$
	橙	$0 \leqslant REC < 0.2$
临界超载	蓝	$0.2 \leqslant REC < 0.6$
	黄	$0.6 \leqslant REC < 0.8$
不超载	绿	$0.8 \leqslant REC \leqslant 1.0$

6.4　小　　结

特大型城市在我国经济中占有较高的比例，并在经济活动组织、技术创新等领域发挥着重要作用。开展资源环境承载力评价，确定城市一定时期内的资源环境承载力阈值，用以指导确定承载对象活动的范围、强度和规模，有利于控制开发强度与城市边界及生态保护边界，引导产业结构调整、人口集聚布局，实现全面协调可持续发展。对特大型城市资源环境承载力的监测预警体系进行研究，将有助于解决“城市病”问题，切实将各类开发活动限制在资源环境承载能力之内，促进人口、经济、资源环境的空间均衡。

7　生态修复与景观设计、遗产保护案例

7　Ecological Corridors and Landscape Design

新型城乡关系下，城市建设中的生态廊道、景观设计以及遗产保护，不仅可以修复生态环境，而且进一步满足了人们与自然亲近的需求，增加城市的舒适度与美观性，已成为城市规划建设所要遵循的基本原则。对城市生态廊道、景观设计和遗产保护的现状、挑战、目标以及设计策略进行研究与分析，可以确保我国城市生态建设空间格局的合理性。

7.1　五水共治：浦阳江生态廊道[1]

“五水共治 ”是浙江的伟大创造，而浙江的“五水共治”是从治理金华浦江县的母亲河浦阳江开始的。案例通过水生态修复和景观营造拯救了一条曾经被抛弃的母亲河。设计运用了生态水净化、雨洪生态管理、与水为友的适应性设计以及最小干预的景观策略，结合硬化河堤的生态修复、改造利用农业水利设施，并融入安全便捷的慢行交通网络，将过去严重污染的河道彻底转变为最受市民喜爱的生态、生活廊道。设计实践了通过最低成本投入达到综合效益最大化的可能，并为河道生态修复以及河流重新回归城市生活的设计理念提供了宝贵的实际经验(图 3-7-1)。

7.1.1　场地现状与挑战

浦阳江发源于浦江，是钱塘江的重要支流，全长 150 公里，经诸暨、萧山后汇入钱塘江。浦阳江是浦江县城的母亲河，河流穿城而过。本案例位于浦江县域范围内，长度约 17 公里，总面积 196 公顷，宽度为 20～130 米。设计范围上游段从通济湖水库坝脚至翠湖，下游段从浦江第四中学至义乌溪。

浦江是“中国水晶之都”，鼎盛时期全国 80%以上的水晶制品均产自浦江，全县曾经有 2.2 万家水晶加工作坊，至少有 20 万人直接从事水晶生产。水晶产业一度给浦江人民带来了巨大的物质财富，但隐藏在繁华背后的却是一个极度

---

[1] 俞孔坚，北京大学建筑与景观学院；俞宏前、宋昱等，土人设计。

图 3-7-1　浦阳江河流绿道总平面图❶

“危险”的浦江：荡漾碧波被水晶污水吞噬，加之农业面源污染、畜禽养殖污染、生活污水处理水平落后，水质被严重污染。浦江全县出现了 462 条“牛奶河”、577 条“垃圾河”和 25 条“黑臭河”，环境满意度调查连续 6 年全省倒数第一。浦阳江水质连续 8 年劣五类，成为全省污染最严重的河流。曾经拥有秀美山水的浦江如今生态危机重重，人们赖以生存的自然环境变得满目疮痍。设计面临的最大挑战是如何通过综合有效的生态修复策略，恢复浦阳江的往日生机。

7.1.2　设计策略

(1) 湿地净化系统构建及水生态修复策略

在本次研究范围内共有 17 条支流汇聚到浦阳江，规划提出完善的湿地净化系统截留支流水系，将支流受污染的水体通过加强型人工湿地净化后再排入浦阳江。设计后湿地水域面积约为 29.4 公顷，以湿地为结构，发挥水体净化功效并提供市民游憩的湿地公园的总面积达 166 公顷，占生态廊道总面的 84%。其中具有较强水体净化功效的大型湿地斑块包括：上游段生态改造的翠湖湿地公园（石

❶　10 英里，60～390 英尺宽。现状照片和电脑效果图强烈对比出一条已衰退的河流廊道戏剧化的转变为一条丰富而连续的绿色基础设施。

马溪)、运动公园湿地净化斑块(黄龙溪)、湖山桥湿地净化斑块(桃源溪)、冯村污水处理厂尾水湿地净化公园、彭村湿地净化斑块(五溪)、第二医院湿地净化斑块(和平溪)以及下游的三江口湿地净化斑块(义乌溪)。各斑块设置在对应支流与浦阳江的交汇处,将原来直接排水入江的方式改变为引水入湿地,增加了水体在湿地中的净化停留时间。同时拓宽的湿地大大加强了河道应对洪水的弹性,精心设计的景观设施将生态基底点石成金,使生态廊道成功融入人们的日常生活当中。

通过水晶产业的整治和转型,结合有效的生态净化系统构建,浦阳江目前的水质得到提升。从连续的劣Ⅴ类水达到现在的地表Ⅲ类水,并且水质逐步趋于稳定(图 3-7-2)。

图 3-7-2 设计去除了河岸硬质水泥,重新恢复河流两侧的种植有乡土植被的河滨湿地。河流两侧的生态缓冲区净化左侧高架路流下的雨水和右侧农田来的雨水

(2)与洪水相适应的海绵弹性系统策略

设计运用海绵城市理念,通过增加一系列不同级别的滞留湿地来缓解洪水的压力。据统计,实施完成的滞留湿地增加蓄水量约 290 万 m^3,按照可淹没 50cm 设计计算则可增加蓄洪量约 150 万 m^3,一方面这大大降低了河道及周边场地的洪涝压力,另外一方面这部分蓄存的水体资源也可以在旱季补充地下水,以及作为植被浇灌和景观环境用水。原本硬化的河道堤岸被生态化改造,经过改造的河堤长度超过 3400m。硬化的堤面首先被破碎并种植深根性的乔木和地被,废弃的混泥土块就地做抛石护坡,实现材料的废物再利用。迎水面的平台和栈道均选用耐水冲刷和抗腐蚀性的材料,包括彩色透水混凝土和部分石材。滨水栈道选用架

空式构造设计，尽量减少对河道行洪功能的阻碍同时又能满足两栖类生物的栖息和自由迁移（图 3-7-3）。

图 3-7-3　通过种植路围合乡土植被形成的水质修复缓冲带像海绵一样能够降低水流流速、净化水质，宽阔的慢行道使得游客可以感受设计的自然

（3）低投入、低维护的景观最小干预策略

浦阳江两岸枫杨林茂密，设计采用最小投入的低干预景观策略最大限度地保留了这些乡土植被，结合廊道周边用地情况以及未来使用人流的分析采用针灸式的景观介入手法，充分结合场地良好的自然风貌将人工景观巧妙地融入自然当中。设计长度约 25 公里的自行车道系统大部分利用了原有堤顶道路，以减少对堤上植被造成破坏；所有步行栈道都由设计师在现场定位完成，力求保留滩地上的每一棵枫杨，并与之呼应形成一种灵动的景观游憩体验。

新设计的植被群落严格选取当地的乡土品种，乔木类包括枫杨、水杉、落羽杉、杨树、乌桕、湿地松、黄山栾树、无患子、榉树等。并选用部分当地果树包括：杨梅、柿子树、樱桃、枇杷、桃树、梨树和果桑等。地被主要选择生命力旺盛并有巩固河堤功效的草本植被，包括西叶芒、九节芒、芦苇、芦竹、狼尾草、蒲苇、麦冬、吉祥草、水葱、再力花、千屈菜、荷花；以及价格低廉、易维护的撒播野花组合（图 3-7-4）。

图 3-7-4 水杉林所创造出的极具特殊体验的步道空间鸟瞰图

(4) 水利遗迹保护与再利用策略

场地内现存大量水利灌溉设施，包括浦阳江上 7 处堰坝、8 组灌溉泵房以及一组具有鲜明时代特色的引水灌溉渠和跨江渡槽。设计保留并改造了这些水利设施，通过巧妙的设计在保留传统功能的前提下转变为宜人的游憩设施。经过对渡槽的安全评估以及结构优化，设计将其与步行桥梁结合起来，并通过对凿山而建的引水渠的改造形成连续、别具一格的水利遗产体验廊道。该体验廊道建成后长度约 1.3 公里，是最小干预设计手法运用的成功体现。设计通过在原有渠道基础上架设轻巧的钢结构龙骨并铺设了宜人的防腐木铺装，通透的安全栏杆和外挑的观景平台与场地上高耸的水杉林相得益彰。被保留的堰坝和泵房经过简单修饰成为场地中景观视线的焦点，新设计的栈道与其遥相呼应形成该案例中特有的新乡土景观。通过运用保护与再利用的设计策略，本案例留住了乡愁记忆，也保留了场地上的时代烙印，让人们在休闲游憩的同时感受艺术与教育的价值意义（图 3-7-5）。

图 3-7-5 悬挂于绿道崖壁的平台水杉树荫

7.2　新型城乡关系与遗产保护：城头山遗址外围景观❶

本项目将动态的农业生产过程作为景观体验来设计，使埋没于偏远贫困地区达数十年之久的城头山遗址被赋予了新的生命，不仅保护了古城遗址的完整性与真实性，而且还将其发展成为了具有旅游休闲价值的参观和体验区。作品展示了景观设计是如何将一个湮没无闻的考古遗址转变为一个能给当地发展带来效益的集教育性、娱乐性、生产性及经济性于一体的文化游览区（图 3-7-6）。

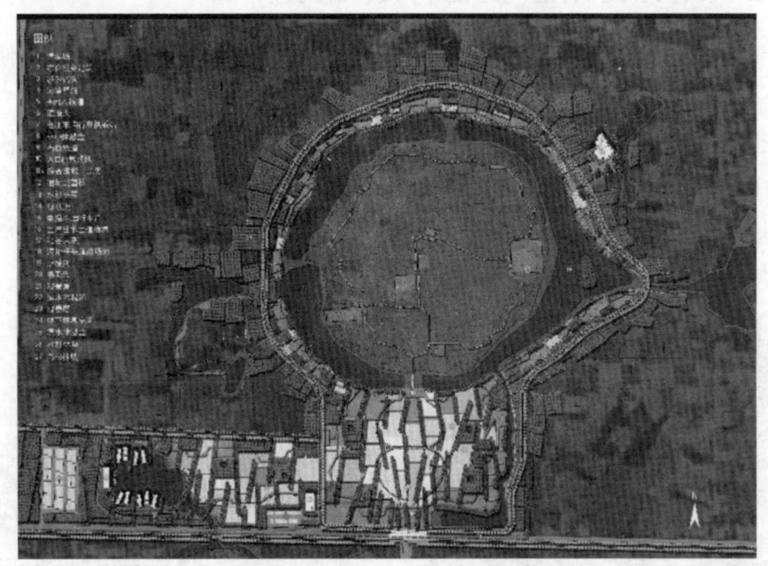

图 3-7-6　项目设计平面图❷

7.2.1　挑战与目标

1979 年前，城头山还是一个位于湖南澧县洞庭湖冲积平原上的一个土丘，被农民们所精耕细作，稻菽飘香。一夜之间的石破天惊，遗址被意外地发现，并被鉴定为迄今为止中国最早的古城池遗址，也是水稻种植的发源地，被誉为“稻作之源，城池之母”，不久之后被作为国家文物保护单位加以保护。这项伟大的发现对于当地居民来说却并不是上天的眷顾，在某种意义上说更是一种负担。由于位于贫困及偏远的农村地区，可用来耕种的农田极其珍贵，现在这片土地却被

❶　俞孔坚，北京大学建筑与景观学院；邵飞、耿苒等，土人设计。

❷　将城头山考古遗址保留在中央核心区，并对遗址护城河驳岸进行生态型修复。在遗址外的南入口处设计了一个户外稻作博览园。

定义为遗址保护区，并禁绝耕种以免遭到破坏。在经过 30 多年的消极保护之后，当地政府终于做出决定，通过将这一地区转变为旅游景点，促进当地经济发展，使负担变为福祉。

在开发旅游的同时，如何保护遗址的真实性和完整性的挑战仍然存在；与此同时，如何将随处可见的农业景观转变为具有吸引力的旅游地，并非易事。这两大挑战的核心是如何通过景观设计，既满足当地政府及社区的发展诉求，同时又能使国家级的大遗址得到很好的保护。

7.2.2 设计策略：将生产过程作为景观体验

设计共采取了三项策略来保护和改造城头山遗址及外围景观，同时使其具有旅游的价值。

首先，对中部的古城遗址本身做最少限度的干预，除了一条架空木栈道和与之相结合的环境解说系统外，对考古遗址现状不做任何干预。在一圈相对完整的护城河的环绕之下，考古遗址犹如一个空阔宁谧的剧院，人民游客遐想曾经在这里上演的历史剧情（图 3-7-7）。

图 3-7-7 左：田埂路采用生态友好的方式设计并能够保证密集的游客承载量；
右：木栈道最低限度地干预景观环境

其次，用各种湿地植物及林带，对环绕古城遗址的护城河外侧水岸进行生态修复。核心区以外的公园的主体部分，被重新设计为农田，成了一个户外的稻田博物馆。一年两季、多品种的水稻在这里轮作；作为农田景观的有机组成部分，水塘、水渠和湿地分布其中，生长着茂盛的乡土植被，这些湿地和水系像海绵一样，收集雨水，调节旱涝，同时吸收和过滤从稻田中流失的营养物质。精心设计的景观纹理将户外水稻博览区与其他一般性的农田具有相似却有不同的景观，这些田块肌理致密，田埂的朝向经过仔细的设计，形成多种微妙变换的透视角度。水杉林带只沿着大致南北方向的田埂路种植，既能给田埂路遮蔽，同时又防止树影投射在稻田里，因为这些稻田需要充足的日照来维持生长。夏日炎炎，绿荫下的道路为游客提供了舒适驻留和漫步机会（图 3-7-8）。

图 3-7-8　荷塘和湿地❶

第三，场地内设计了一座架高 4 米的玻璃廊桥，供游客登高远眺，使得公园北部的考古遗址尽收眼底。用玻璃作为桥面材料，可以使阳光穿透，保证其下方的农作物有充足的日照。如此，沿桥散步也成为一种奇妙的探险。玻璃廊桥通过四个方向的四个坡道来增强桥身的稳定性，并增加了桥与四方田埂的连通性。玻璃廊桥吸引了大量游客，特别是儿童和学生，使原先单调乏味的农业景观变得更令人兴奋且富有娱乐性（图 3-7-9）。

图 3-7-9　玻璃廊桥

在考古遗址像一个静静的舞台，默默地激发着人们丰富想象力的同时，户外水稻博物馆的田野犹如一台正上演着的活生生的农耕生产剧：水稻种植、除草和

---

❶ 荷塘和湿地是项目设计不可分割的一部分，其有助于修复稻田营养流失，调节季节性雨洪变化，为生物多样性和游客观景创造场地，同时也便于使用轮椅的参观者进入。

收割都被设计成与休闲活动相互交织的生动元素，融入了诸如慢跑、野餐、散步、学校和家庭的郊游。玻璃廊桥作为观景平台和使人身临其境，让城市游客能够亲眼目睹和体验水稻种植及收割过程，并与劳作的农民进行亲密接触。参观者亦可以加入到农民劳作之中，体验其中的艰辛与快乐。在这一景观中，劳作与休闲、生产与艺术、乡村与城市、土地所有者和游客、功能和审美之间都不分彼此地融合在一起，营造出美丽和谐的一幕（图 3-7-10）。

图 3-7-10 左：水稻种植和收获的见证过程；右：城市游客加入农民朋友共同收获水稻

经过一年时间的使用，城头山考古遗址公园被证明是成功的。

这个被保护的遗址在偏远的乡村沉默了几十年之后，突然间被人们在网络和微信上传播开来，吸引了附近城市的大量游客。人们从这里了解到自己的祖先，以及每天享用的食物的起源。贫穷的农村地区，特别是遗址周边的乡村，通过旅游业的不断发展也获得了相当显著的经济收益。

8 街道绿化指标评估[1]

8 Evaluation on Street Greening Indexes

街道绿化对居民尤其是行人的生活质量至关重要，是评估街道可步行性的重要指标之一。传统受限于数据获取的困难，对街道绿化的研究多局限于较小的地域，而目前运用新兴的街景图片进行评价的方法也多基于人工判断。本书试图构建一种自动的方法，来实现大规模、精细化尺度的街道绿化的量化评价，并以成都一、二圈层的街道为案例进行实践。研究发现：金牛区的街道绿化普遍偏差，温江区的街道绿化总体最好；二圈层的街道绿化好于一圈层的街道；东部、北部个别街道绿化较好，南部、西部整体绿化较好；绿化较好的街道主要与大学、公园景点、河流两侧、居住区有关；街道绿化与道路等级、街道周边地块性质、区位等相关。本书街道绿化的研究对步行系统规划、街道品质改善提升等工作具有一定的指导意义。

8.1 研 究 背 景

绿化是建成环境的重要因素，具有净化空气、缓解紧张情绪等作用，与居民生活的幸福指数息息相关。城市空间的绿化也一直受到人们的重视，霍华德所倡导的“田园城市”就建议在城市的周围布局广阔绿带，以形成兼具城乡优势的良好生活环境（Howard，E.，1989）。城市绿地包含公园绿地、防护绿地、生产绿地、附属绿地等，不同的绿地类型承载不同的功能，空间规划对各类绿地类型均有一定的规定；控制性详细规划中，为了保证居民的生活质量，也对居住类地块中的绿地率进行了规定。

然而，受绿地实施情况等多重因素影响，实际的绿地空间的往往比空间规划中的要少（韩昊英等，2010），平面图纸上的绿化并不是人们能够感受到的尺度，人肉眼可见的绿化才是与居民心情直接相关的因素。因此，可见绿日益得到学界和业界的关注，并建议在实践中应用（Aoki，Y.，1987；Ohno，R.，2000），受限于数据获取的困难，对其的客观认识均受到评价方法、时间和人力等方面的

[1] 郝新华，北京清华同衡规划设计研究院有限公司，硕士，规划师，北京，100085；龙瀛，清华大学建筑学院，博士，副教授，北京，100084，ylong@tsinghua.edu.cn。

约束，已有研究也多局限于较小的地域，如 Yang，J.（2009）等通过实地调查和摄影解释相结合的评价，建立评价城市森林景观的绿色景观指数。

同时，随着国家新型城镇化、中央城市工作会议等国家政策把对人的关注提高到新的高度，人的尺度的城市形态不断得到重视（龙瀛和叶宇，2016a），街道作为人本尺度城市形态的重要体现，近年来也得到广泛的关注。街道绿化是以街道为视角的绿化，虽然不受空间管制的约束，却是在城市设计层次评估城市形态的重要指标之一，对街道的可步行性至关重要。然而，同样受限于数据获取的困难，街道研究多为定性描述，缺乏定量分析（郝新华和龙瀛等，2016），街道绿化也是如此。

传统基于现场调研的方法难以在大范围、精细化的尺度上进行评估，以大数据和开发数据为代表的新数据环境和新技术及方法为精细尺度下的街道定量研究提供了可能，龙瀛和沈尧（2016b）率先在国内提出街道城市主义（Street Urbanism），并在大范围、精细化尺度上进行街道的活力（郝新华和龙瀛，等，2016；龙瀛和周垠，2016c）、品质（唐婧娴和龙瀛，等，2016a，2016b）、可步行性（龙瀛和周垠，2016d）等量化研究及实践。

新兴的街景图片等以人视为基准视角的海量数据为街道绿化研究提供了一个重要的数据源，数据获取便捷，且不受天气、时间、地点的限制，已被证实是测量建成环境（如社区、街道）的有效手段（Rundle，A. G.，等，2011；Odgers，C. L.，等，2012；Kelly，C. M.，等，2013），并用于街道空间品质评价（唐婧娴和龙瀛，等，2016a，2016b）等多个方面，但多是人工判读的方法。

街景数据的格式为图片，在计算机领域，已能从图片中识别地面的行人、汽车、建筑和天空等要素等（Liu，M. Y.，等，2015），可见计算机领域的前沿技术方法并未在城市研究领域得到推广。目前，城市研究领域，运用计算机技术自动从图片中提取城市研究要素的研究有：Liu，L.（2014）等构建了基于社交媒体的带地理坐标的照片的自动识别城市认知的方法框架，这是城市研究领域首个基于计算机技术自动提取城市研究要素的研究。在街道绿化研究领域，Li，X.（2015a）等提出了一个基于 google 街景图片的自动评估城市街道尺度绿化的框架，并将其应用于曼哈顿市纽约区东村的实践中，同年，他又基于 google 街景图片评估了街道绿化与居民社会经济特征的相关性（Li，X.，等，2015b）；2016 年，他又探索了城市绿地环境的不平等问题（Li，X.，等，2016）。

本书借鉴 Yang，J.（2009）等和 Li，X.（2015a，2015b）等的研究成果，并进行必要的修改，以街道为研究对象，企图通过使用新兴的街景视图来实现大规模、精细化尺度上、自动的街道可见绿的量化评价。本章接下来的章节组织如下：8.2 及 8.3 对腾讯街景图片的获取、评价指标、街道绿化自动化评估方法进行介绍，8.4 展示以成都为案例地进行评估的实践结果，分别从以行政区为单元的描述性统计分析、街道绿化空间分布和解释模型三个方面展开，最后对研究的理论、实践意义进行了总结并提出改进计划。

8.2 数据及方法

8.2.1 研究范围

本书的研究范围为成都市一、二圈层区县。成都市域共分为三个圈层，共19个区市县，一圈层包含5个，二圈层包含6个，三圈层8个。第三圈层的区县街景图片未能覆盖，一、二圈层区县的总面积约 $3678km^2$，如图3-8-1所示。

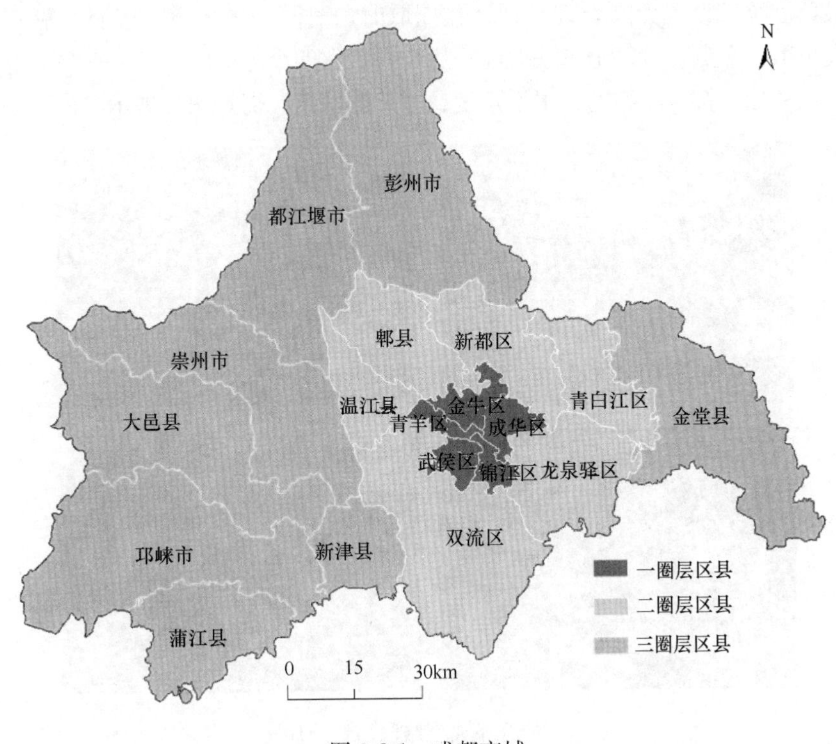

图3-8-1 成都市域

8.2.2 数据

研究数据主要包括路网数据、腾讯街景图片数据、用地类型数据。

(1) 路网数据

为了更便捷地抓取街道上不同位置的街景图片（每隔50m），本书的道路数据为来自导航公司的道路导航数据，对路网数据进行了预处理，包含合并道路、瘦化道路和拓扑处理三个步骤，最终所有道路均为单线，且均在交叉口处打断，成都一、二圈层参与计算的道路有 33732 条。

（2）街景图片数据

考虑到腾讯街景覆盖的范围相对百度、高德等地图的街景覆盖范围较广，本研究的街景图片来源于腾讯街景地图。采用网络爬虫的方法获取街景图片，在腾讯地图开放平台上可以获取街景信息查询的 API（http：//lbs. qq. com/panostatic _ v1/guide-getImage. html）及详细说明，需要输入的参数包括图片大小、位置或者 ID、方向、相机拍摄角度以及开发者秘钥。根据输入参数的不同可分为两种方法获取方法，分别是按照通过位置查询和通过 ID 查询（ID 可通过腾讯地图开放平台上的街景拾取器获得）。

按照位置查询的方式获取了成都的街景图片，图片大小为 960×640 像素，相机拍摄角度统一设置为 0°，即平视；在抓取时，对同一条街道，按照每隔 50m 的间隔大小取一个点，对每个点获取前、后、左、右四个方向的图片每张图片包含了位置点唯一标示符、经纬度、水平角度、方位等信息。街景图片展示参考图 3-8-2。

图 3-8-2 几条典型路段街景图片展示

（3）用地类型

参考《城市用地分类与规划建设用地标准》GB 50137—2011，将原始地块数据分为 9 类：R（居住用地）、A（公共管理与公共服务用地）、B（商业服务业设施用地）、M（工业用地）、W（物流仓储用地）、S（道路与交通设施用地）、U（公用设施用地）、G（绿地与广场用地）、TESHU（其他用地）。本书计算街道周边地块性质的方法参照龙瀛等（2016c）的文章，最后多出 unknown 和 mixed 类，分别对应未知类及混合型，街道周边地块性质共分为 10 类。

8.3 评 估 方 法

8.3.1 评估指标

绿视率指人们眼睛所看到的物体中绿色植物所占的比例，即可见绿所占的比例，它强调立体的视觉效果，代表城市绿化的更高水准，与“绿化率”、“绿地率”相比，“绿视率”更能反映公共绿化环境的质量，更贴近人们的生活。因此，本书选择绿视率作为评估指标。

8.3.2 基于街景图片的街道绿化自动化评估方法

街道绿化自动化评估即实现街道绿视率的自动、批量化计算。包含两个步骤，分别是解析街景图片的颜色构成和把基于点的绿视率聚合到街道。

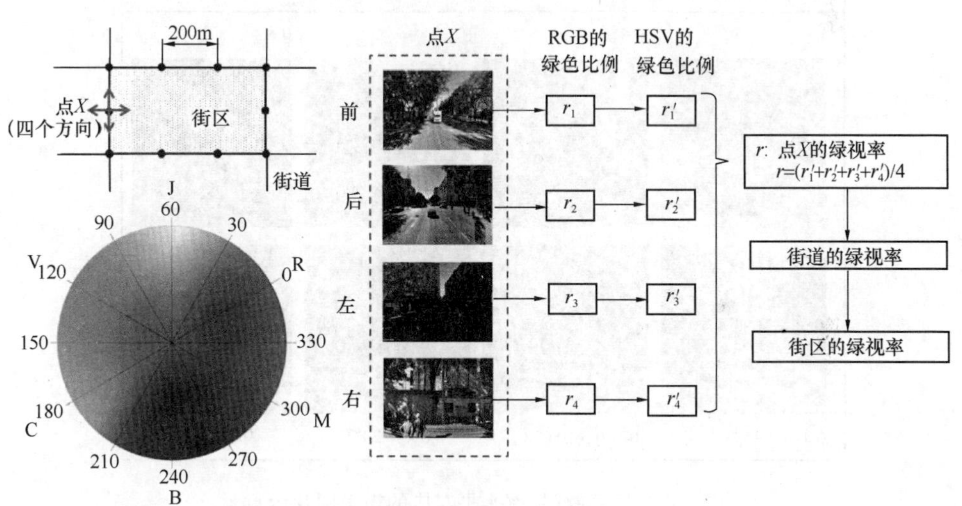

图 3-8-3 绿视率计算框架

本书街景图片颜色构成的解析在 Matlab 中完成，步骤如下所示：对每一张照片，将照片的色彩模式从 RGB 导为 HSV，并从数字图像中提取各色相通道的值；对每一个像素，计算像素的颜色在颜色光谱中的度数（共 360°，图 3-8-3）；根据对颜色光谱的观察，定义 60°～180°为绿色，因此，对每一张街景图片，绿色的比例为度数落在 60°～180°之间的像素个数与总像素个数的比值。考虑到每一个位置点有前、后、左、右四个方向的街景图片，对每一个位置点，取四个方向的街景图片绿色比例的平均值为该位置点的平均绿色比例，即为该位置点的绿视率。

为便于理解不同绿视率的真实街景情况，图 3-8-4 展示了不同街景对应的绿视率大小，并将绿视率分成了四种程度，分别是不绿、一般绿、绿及非常绿，四类对应的绿视率大小分别是≤0.2，(0.2-0.4]，(0.4-0.5] 以及>0.5。

图 3-8-4 不同绿视率水平对应的街景图片示意

每一条街道上有多个位置点用来获取街景图片，即有多个绿视率的值，对每一条街道，取多个位置点的绿视率的平均值，即为该街道的绿视率，同时还可计算各条街道的绿视率的标准差，用来表示绿视率在街道上分布的不均匀性，标准差越大，各个位置点的绿视率差异越大，分布越不均匀。

8.4 研究结果

为避免某些街道上街景图片位置点过少造成误差，本书选取位置点数大于 3 的街道进行分析，以下分析均基于位置点大于 3 的街道，成都一、二圈层范围内的街道数为33372；有研究表明，绿色在人的视野中达到25%时，人感觉最为舒适，因此当绿视率大于0.25时，判定为绿色舒适型街道。

各区县参与统计的街道条数中，双流区参与计算街道数较多，青白江区参与计算的街道条数最少，但最低也有1112条，仍有较大的量，具有统计意义。

8.4.1 街道绿化描述性统计

成都一、二圈层内整体街道绿视率为0.202，低于0.25（让人感觉舒适的街道绿视率），可见总体上，成都的街道舒适度（从绿化的角度）较低。

从平均绿视率来看，成都的金牛区的平均绿视率最低，其次是青羊、成华、武侯区等，锦江区的绿视率也同样低于一、二圈层内平均水平，这几个区均位于一圈层内，为成都的中心老城区，人口密度大、商贸繁荣、经济活跃；二圈层的新都区、双流区、龙泉驿区、郫县、青白江区的街道绿视率接近，高于一、二圈层平均水平，这几个区县的绿视率均低于0.25，从可见绿的角度来看，这几个区县的舒适度仍有待提升；温江区的街道绿视率为成都一、二圈层内区县最高，且平均街道绿视率高于0.25，从绿化的角度看，整体街道让人感觉舒适，符合其国际花园城市的定位（图3-8-5）。

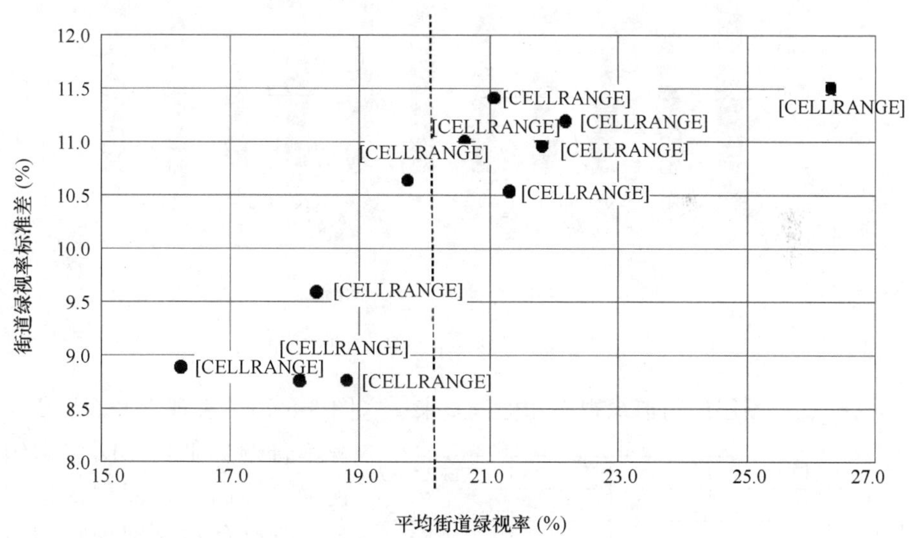

图3-8-5 各区县平均绿视率和标准差分布

结合街道绿视率和街道绿视率标准差，总体上，平均绿视率越高，区内各街道的绿视率的差异越大；一圈层的金牛、青羊、成华、武侯区平均绿视率和标准差均较低，说明这几个区的街道绿视率普遍偏低；一圈层的锦江区街道绿视率低于二圈层内平均水平，但标准差与二圈层内平均水平接近，说明锦江个区的街道整体绿视率低，但少部分街道的绿视率相对较高；二圈层的新都区、双流区、郫县、青白江区的街道绿视率和标准差分别是中等和较高的水平，说明这几个区县的街道绿视率总体差异大，街道绿视率高、低分化；平均绿视率最大的温江区标准差也最大，说明温江区的街道整体绿视率较好，个别街道较差。

统计各区县不同等级绿化的街道占比，总体上，各个区中不绿和一般绿的街道占比最高，绿和非常绿的街道占比较小；从非常绿的街道占比来看，温江区的非常绿街道占比最高，其次双流县、锦江区等，而从不绿的街道占比来看，温江区的不绿街道占比最低，一般绿街道占比高于不绿街道占比的区县主要有温江区和青白江区（图 3-8-6）。

从各区县不同等级的街道绿化结构来看，青羊、成华、武侯区具有相似的结构，各等级绿化街道的占比依次总体是 64∶33∶2∶0；郫县、青白江区、新都区的结构具有较高的相似性，各等级绿化街道的占比总体以此是 48∶45∶5∶1，绿和非常绿的街道占比处于中等水平，这三个区县的共同特点是位于二圈层的北部（图 3-8-6）。

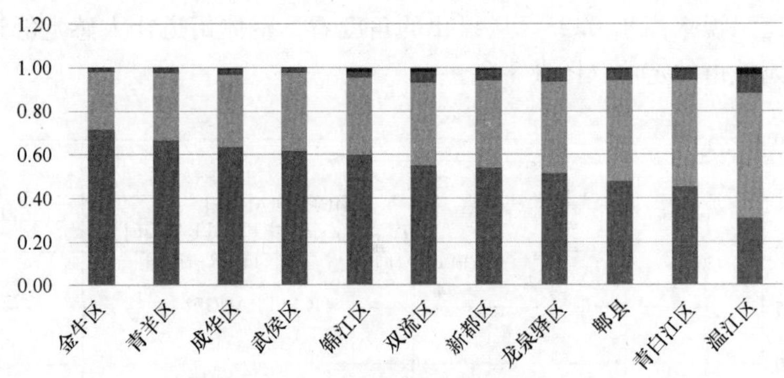

图 3-8-6　不同等级绿化的街道的区县占比

从一、二圈层的街道绿视率和标准差来看（图 3-8-7），表现为一圈层街道绿视率普遍偏低，二圈层街道绿视率整体高于一圈层街道绿视率，但也存在个别绿视率较差的街道。

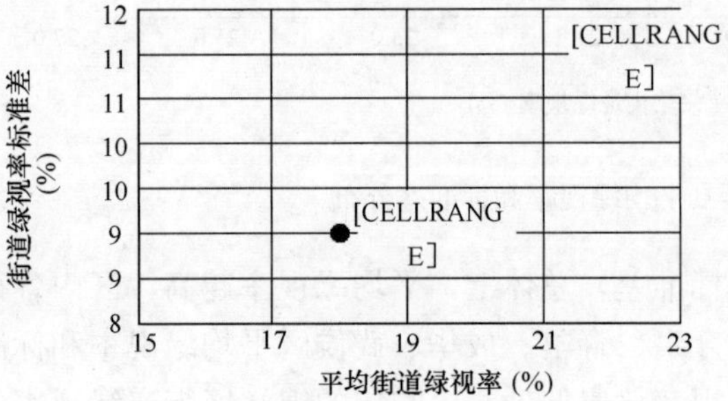

图 3-8-7　一、二圈层平均绿视率和标准差分布

8.4.2　街道绿化空间分布

可视化表达需求，本书选取成都市三环内的街道进行展示。

总体上，南部、西部的街道绿视率高于北部、东部的街道绿视率，北部、东部高绿视率街道集中在个别街道，西部、南部整体绿视率较高，且越往外围，绿视率越高（图 3-8-8）。

图 3-8-8 街道平均绿视率空间分布

除上述整体的高绿视率分布区域之外，绿视率高的街道分布的区域如下。

东部和北部片区主要以沙河沿岸的街道及靠近沙河的电子科技大学沙河校区、星汉北路等为主。

西部的街道整体较绿，绿化较为明显区域以公园景点及居住小区为主，公园景点有：青羊区的浣花溪公园、黄忠公园一带、清水河沿线、海斯凯体育公园；居住小区有：青羊区的中大·金沙君瑞苑、华语印象金沙西园、金牛区的茗园尚筑、四川师范大学实验外国语学院、清水河周边小区等，推测西部的居住小区整体较为高档、居住环境整体较好。

南部的街道主要指武侯区内的街道，较绿的区域以学校和居住区为主，学校有：四川大学等；居住区有：桐梓林附近的锦绣花园、倪家桥附近的盘古花园、玉林小学附近的居住区、玉林中街东侧的天府花园、成都大世界中心商厦附近的紫竹苑等。

主要商业中心春熙路、市中心天府广场等街道绿化较差，而主要办公区如人民南路商务区、金融城则总体绿化较好。

8.4.3 街道绿视率解释模型

统计二圈层内的不同等级街道的平均绿视率，可以看出，不同等级的道路，绿视率有所差异（图 3-8-9），整体来看：高速、城市快速路等较宽的道路绿视率水平相对较低；县道及以下等级道路绿视率接近，相对较高；其次国道和省道。

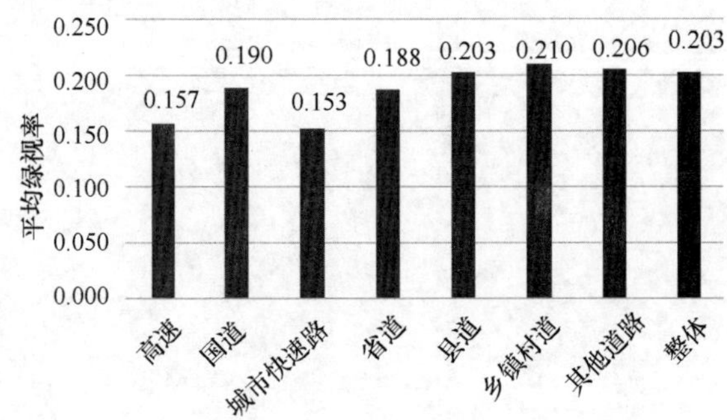

图 3-8-9 不同等级街道平均绿化率

统计不同类型的街道的平均绿视率（图 3-8-10），可以看出，工业、居住、混合、公共管理与公共服务、绿地类的街道绿视率整体较高，物流仓储用地、商业、道路交通广场等类型的街道绿视率整体较低。

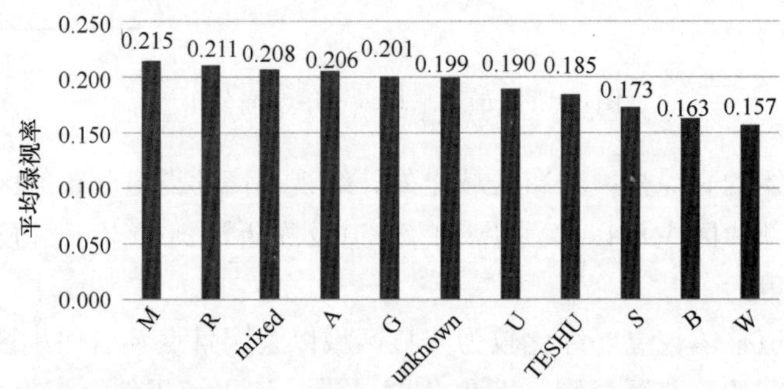

图 3-8-10 不同性质的街道平均绿视率

（A：公共管理与公共服务用地、B：商业服务业设施用地、M：工业用地、R：居住用地、W：物流仓储用地、S：道路与交通设施用地、U：公用设施用地、G：绿地与广场用地、mixed：混合型、TESHU：其他用地、unknown：未知）

根据前文统计分析结果，街道绿视率可能与道路等级、区位、道路的周边地块性质等因素相关，本部分选用成都二圈层内的路网，选择居住（R）、商业（B）、公共管理与服务（A）三类街道，采用回归分析的方法从定量的角度探讨绿视率与道路等级和区位的相关关系。选用的因变量为各个位置点的平均绿视率，自变量为各个位置点所在道路的道路等级和区位，道路等级由高速公路、国道、城市快速路、省道、县道、乡镇道路和其他道路，依次赋值为 1，2……7，区位分别用到区县行政中心距离、到成都原市政中心距离、到新市政中心距离表示，整体、各类街道计算所得 R^2 如表 3-8-1 所示，R^2 均较低，但各项显著性检验结果均为 0，说明街道绿视率与区位、道路等级均相关。标准系数如图 3-8-11 所示，可见，无论整体还是分类型的街道，街道绿视率总体与道路等级成正相关，即道路级别越低，街道两旁绿化越好，而离原行政市中心越远，街道绿化越好，离区县行政中心和新市行政中心越近，街道绿化越好；例外的情况是，居住类街道离区县行政中心越远，街道绿化越好，但这类相关性较弱，商业类街道道路级别越高，街道两旁绿化越好；原市行政中心对居住类的负影响，及新市行政中心对商业类的街道绿视率正影响较为突出。

回归结果-R^2　　　　**表 3-8-1**

	A（公共管理与服务）	B（商业服务）	R（居住）	整体
R^2	0.064	0.077	0.09	0.074

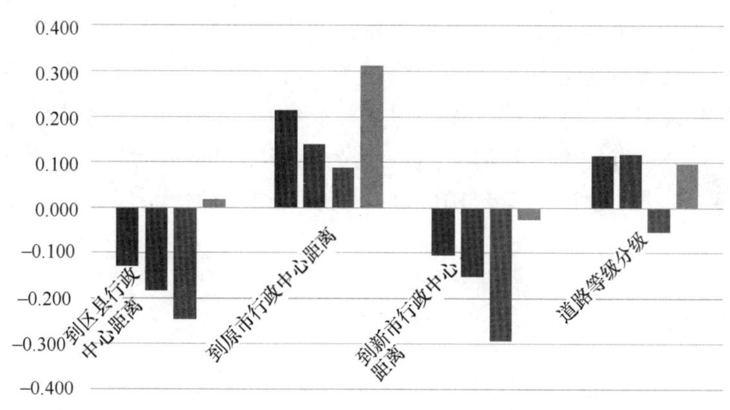

图 3-8-11　回归结果-标准系数

（A：公共管理与公共服务用地、B：商业服务业设施用地、R：居住用地）

8.5　结果与讨论

本书采用腾讯街景图片数据，从街景图片中提取绿色像素所占比重作为图片的绿视率，并将基于位置点的绿视率聚合到街道，以此对成都一、二圈层的街道绿化进行实证研究。理论方法上，寻找一种新的数据源用于解读城市空间及绿化，并且实现从人工判断到自动化评估的改进；突破以往街道量化研究采用人工调研、少量街道等的限制，实现大范围、精细化尺度上的街道量化研究，是街道量化领域的一大进步。

研究发现：(1) 金牛区的街道绿化普遍偏差，温江区的街道绿化总体最好；二圈层的街道绿化好于人口密度大、商贸繁荣、经济活跃的一圈层街道；(2) 总体上，东部、北部个别街道绿化较好，南部、西部整体绿化较好；绿化较好的街道主要与大学、公园景点、居住区有关，商业中心春熙路街道绿化差、CBD 街道绿化好；(3) 街道绿化与道路等级、区位相关，原市行政中心与居住类街道绿化的负相关及新市行政中心与商业类街道绿化的正相关较为明显。

本研究具有一定的实践意义，首先，基于各个点的街道绿视率计算结果，对街道层次的绿化进行评价，较高的街道可以作为步行系统规划的参考，而对于较低的街道，在进行街道改善提升的工作时提供决策支持；其次，街道层次的绿化对于个人进行户外活动、路线选择时具有一定的参考意义，在进行最优路径规划时，多一层考虑的因素。

当然，本研究及方法仍具有一定的局限性。由于街景图片缺乏时间，无法准确获知街景图片的季节，当图片季节为晚秋或冬季时，会对街道绿化的结果造成误差，同时难以满足对城市建设更新快速地区快速掌握街道运营情况的需求；由于采用绿色像素所占比重作为图片的绿视率，对于道路两旁由于施工等因素盖上绿色的网或者篷布时，这种情况无法识别，造成一定的误差。街景图片应用于城市空间的研究仍具有较大的拓展空间，后续可采用机器学习的方法对街景图片进行深度挖掘，对街道空间的元素构成进行更加精细、细致的刻画。

9 结　　语

9 Conclusion

联合国人居署指出，城市温室气体排放大概占人类总排放的75%～80%。根据世界城镇化发展的普遍规律，我国仍处于城镇化率30%～70%的快速发展区间，但城市能耗已至少占社会总排放量的80%以上。因此，低碳生态城市作为适应人类现代生态文明发展要求的一种新型城市发展模式，加快低碳生态城市建设步伐是必然趋势。

本篇内容是对低碳生态城市评估技术和方法的全面考虑。从城市共享的角度切入，实现人与自然的和谐、共生发展；并集成智慧城市的技术，通过采取各类互联网技术方法最大限度减少城市发展对自然生态环境的负面影响，体现低能耗、低排放、高循环、高效能为特征的新型城市发展模式；海绵城市中的生态廊道和景观设计技术，结合具体地域特点的生态设计策略及实践，体现当下对人居环境与自然环境的相融与共生性等情况的日益关注；城市二氧化碳排放的评估方法、资源环境承载力的评价技术等内容，更全面地从低碳、生态和环境的角度提供城市建设的评估方法。而绿色标准的认证、绿色消费的提出是从消费端考虑的补充。以上都是对生态低碳城市的建设发展的最新研究热点。

低碳生态理念已经深入人心，并且在城市的规划和建设中生态理念也进行了有效的应用。建立集成的、全面的低碳生态城市技术体系，这不仅是我国城市实现可持续发展的重要举措，也是城市发展和建设的主要目标和方向。

参考文献

[1] Amelia Thorpe. 'This Land is Yours': Ownership and Agency in the Sharing City[J]. Journal of Law and Society, Volume 45, Number1, March 2018, pp. 99±115.

[2] Claire Borsenberger. The Sharing Economy and the "Uberization" Phenomenon: What Impacts on the Economy in General and for the Delivery Operators in Particular? [M]// M. Crew et al. (eds.), The Changing Postal and Delivery Sector, Topics in Regulatory Economics and Policy, DOI 10.1007/978-3-319-46046-8_12, Springer International Publishing Switzerland, 2017.

[3] Frederik Plewnia, Edeltraud Guenther. Advancing a Sustainable Sharing Economy with Interdisciplinary Research[J]. Published Online: 27 April 2017, © Springer-Verlag Berlin Heidelberg, 2017.

[4] iBR深圳市建筑科学研究院有限公司. 共享·一座建筑和她的故事. 第一部. 共享设计

[M]. 北京：中国建筑工业出版社，2010.

[5] Jessica Schmidt and Pia A. Albinsson, Navigating the Regulatory Environment in the Swedish Sharing Economy (Extended Abstract)[M]// M. Stieler (ed.), Creating Marketing Magic and Innovative Future Marketing Trends, Developments in Marketing Science: Proceedings of the Academy of Marketing Science, DOI 10.1007/978-3-319-45596-9_172, © Academy of Marketing Science, 2017.

[6] Maria Rubins. Russian Montparnasse: Transnational Writing in Interwar Paris[M], Palgrave Macmillan, 2015.

[7] Milena Komarova and Liam O'Dowd. Belfast, 'The Shared City'? Spatial Narratives of Conflict Transformation[M]// A. Björkdahl et al. (eds.). Spatializing Peace and Conflict. Palgrave Macmillan, London, 2016.

[8] Neumann Mahlkau P. Anthropogenic Material Flow——A Geologic Factor[A]. 第30届国际地质大会论文集(第2卷)：地学与人类生存、环境、自然灾害[C]. 北京：地质出版社，1999.

[9] Silvia Mazzucotelli Salice and Ivana Pais, Sharing Economy as an Urban Phenomenon: Examining Policies for Sharing Cities[M]// P. Meil, V. Kirov (eds.), Policy Implications of Virtual Work, Dynamics of Virtual Wor, DOI 10.1007/978-3-319-52057-5_8, The Author(s), 2017.

[10] 陈浩彬，王凤炎. 智慧：结构、类型、测量及与相关变量的关系 [J]. 心理科学进展，2013 (1).

[11] 邓玲，王芳. 共享发展理念下城市人居环境发展质量评价研究——以南京市为例 [J]. 生态经济，2017 (10).

[12] 丁夏，黄茵. 方晓风：开放和共享，是城市的基本属性 [J]. 住区，2016 (4).

[13] 方红，王琦. 基于共享机制武汉城市圈产业结构发展路径分析 [J]. 农村经济与科技，2015 (18).

[14] 高璐璐. 供应链信息共享价值评价研究综述 [J]. 物流科技，2007 (10).

[15] 何勇. 城市黑客 [J]. 时代建筑，2014 (1).

[16] 侯丽. 联合国提出世界城市发展方向和目标 建设共享繁荣的"未来城市" [N]. 中国社会科学报，2016-10-24.

[17] 金晶，卞思佳. 基于利益相关者视角的城市共享单车协同治理路径选择——以江苏省南京市为例 [J]. 城市发展研究，2018 (2).

[18] 李静. 悖谬世界的怪诞对话——从过士行剧作探讨严肃文学"共享性"的扩展 [J]. 当代作家评论，2006 (1).

[19] 李振宇，朱怡晨. 迈向共享建筑学 [J]. 建筑学报，2017 (12).

[20] 刘汉进. 共享服务：理论、方法与应用 [M]. 南京：江苏教育出版社，2008.

[21] 刘军. 基于生态经济效率的适应性城市产业生态转型研究——以兰州市为例 [D]. 兰州大学，2006.

[22] 刘伟，鞠美庭，于敬磊，李智. 天津市经济-环境系统的物质流分析 [J]. 城市环境

与城市生态，2006（6）.

［23］ 刘占勇. “正确的平等”三个维度——理解社会价值观“共享性”的实质［J］. 山东行政学院学报，2015（3）.

［24］ 罗攀. 人为物质流及其对城市地质环境的影响［J］. 中山大学学报（自然科学版），2003（6）.

［25］ 毛建儒，安先武. 论信息的共享性及其实现的障碍［J］. 理论视野，2002（8）.

［26］ 任君. 基于城市再生视角下的景观设计共享性探讨［J］. 现代装饰（理论），2015（9）.

［27］ 沈清基，象伟宁，程相占，等. 生态智慧与生态实践之同济宣言［J］. 城市规划学刊，2016（5）.

［28］ 徐晓惠，李晶，朱莉琪. 婴幼儿对合作行为共享性特征的理解［J］. 心理科学进展，2014（9）.

［29］ 王蕾，李红玉，魏后凯. 城乡共享发展评价体系的构建与评价［J］. 经济纵横，2012（7）.

［30］ 王美达，杨庆峰，赵秋雯. 关于城市滨水景观共享性设计的思考［J］. 工业建筑，2009（2）.

［31］ 王学文. 规束与共享：一个水族村寨的生活文化考察［M］. 北京：民族出版社，2010.

［32］ 武文霞，吴超，李孜军. 城市群应急资源共享的基础性问题研究［J］. 灾害学，2017（4）.

［33］ 曾贤刚，虞慧怡，谢芳. 生态产品的概念、分类及其市场化供给机制［J］. 中国人口·资源与环境，2014（7）.

［34］ 张倪. 共享模式与城市交通的未来［J］. 中国发展观察，2017（12）.

［35］ 张彦丽，刘小春，王培. 智慧城市的信息共享模式研究［J］. 测绘与空间地理信息，2017（12）.

［36］ 张玉鑫，奚东帆. 聚焦公共空间艺术，提升城市软实力——关于上海城市公共空间规划与建设的思考［J］. 上海城市规划，2013（6）.

［37］ 赵任植. 首尔共享城市：依托共享解决社会与城市问题［J］. 景观设计学，2017（3）.

［38］ 习近平. 在网络安全和信息化工作座谈会上的讲话［N］. 人民日报，2016-4-19.

［39］ 《党的十九大报告辅导读本》［M］. 北京：人民出版社，2017.

［40］ 国家发展改革委. 关于加快美丽特色小（城）镇建设的指导意见：发改规划［2016］2125 号［EB/OL］. http：//www. ndrc. gov. cn/zcfb/zcfbtz/201610/t20161031 _ 824855. html.

［41］ 新型智慧城市建设部际协调工作组. 新型智慧城市发展报告 2017［M］. 北京：中国计划出版社，2017.

［42］ 《特色小镇的智慧建设指南》［EB/OL］. 中国城市科学研究会，2016.

［43］ 《特色小镇智慧化顶层设计白皮书——以新技术赋能特色小镇新发展（2017～2018）》［EB/OL］. 浙江：浙江省特色小镇信息技术产业技术联盟，中国联通产业互联网研究

院，2017.

[44] IPCC. Climate Change 2014：Mitigation of Climate Change. Contribution of Working Group III to the Fifth Assessment Report of the Intergovernmental Panel on Climate Change [M]. Cambridge，United Kingdom and New York，USA：Cambridge University Press，2014.

[45] AMASWAMI A，TONG K，FANG A，et al. Urban cross-sector actions for carbon mitigation with local health co-benefits in China [J]. Nature climate change，2017，7（10）：736.

[46] ESTRADA F，BOTZEN WJ W，TOL R SJ. A global economic assessment of city policies to reduce climate change impacts [J]. Nature climate change，2017，7（6）：403-406.

[47] JORDAN A J，HUITEMA D，HILDEN M，et al. Emergence of polycentric climate governance and its future prospects [J]. Nature climate change，2015，5（11）：977-982.

[48] 蔡博峰. 城市温室气体清单核心问题研究 [M]. 北京：化学工业出版社，2014.

[49] 蔡博峰，杨朝飞，曹丽斌. 中国城市 CO_2 排放评估研究 [M]. 北京：中国环境出版社，2017.

[50] CHEN Q，CAI B F，DHAKAL S，et al. CO_2 emission data for Chinese cities [J]. Resources，conservation and recycling，2017，126：198-208.

[51] MARCOTULLIO P J，SARZYNSKI A，ALBRECHT J，et al. The geography of global urban greenhouse gas emissions：an exploratory analysis [J]. Climatic change，2013，121（4）：621-634.

[52] KEPPEL-ALEKS G，WENNBERG P O，O'DELL CW，et al. Towards constraints on fossil fuel emissions from total column carbon dioxide [J]. Atmospheric chemistry and physics，2013，13（8）：4349-4357.

[53] CAI B F，LIANG S，ZHOU J，et al. China high resolution emission database（CHRED）with point emission sources，gridded emission data，and supplementary socioeconomic data [J]. Resources，conservation and recycling，2018，129：232-239.

[54] UNEP，UN-HABITAT，Bank The World. International standard for determining greenhouse gas emissions for cities [R]. 2010.

[55] （WRI）World Resources Institute，C40 Cities Climate Leadership Group，（ICLEI）Local Governments for Sustainability. Global protocol for community-scale greenhouse gas emission inventories-an accounting and reporting standard for cities [R]. 2014.

[56] 国家发展和改革委员会应对气候变化司. 2005 中国温室气体清单研究 [M]. 北京：中国环境出版社，2014.

[57] 蔡博峰，王金南，杨姝影，等. 中国城市 CO_2 排放数据集研究——基于中国高空间分辨率网格数据 [J]. 中国人口·资源与环境，2017，27（2）：1-4.

[58] 蔡博峰，刘晓曼，陆军，等. 2005 年中国城市 CO_2 排放数据集 [J]. 中国人口·资源

与环境，2018，28：1-4.

[59] 中国城市温室气体工作组. 中国城市二氧化碳排放（2005）[M]. 北京：中国环境出版社，2018.

[60] 国家发改委宏观经济研究院课题组. 迈向全面建成小康社会的城镇化道路研究 [J]. 经济研究参考，2013（25）：3-34.

[61] 樊杰等. 全国资源环境承载能力预警（2016 版）的基点和技术方法进展 [J]. 地理科学进展，2017，36（3）：266-276.

[62] 成都市统计年鉴，2016.

[63] MALTHUS T R. An easay on the principle of population [M]. London：Pickering，1798.

[64] PARK R E，BURGESS E W. Introduction to the science of sociology [M]. Chicago：The University of Chicago Press，1921.

[65] SCHNEIDER W A. Integral formulation for migration in two and three dimensions [J]. Geophysics，1978，43（1）：49-76.

[66] 刘文政等. 资源环境承载力研究进展：基于地理学综合研究的视角 [J]. 中国人口资源与环境，2017，27（6）：75-86.

[67] 国土资源部资源环境承载力评价重点实验室：资源环境承载力评价监测与预警思路设计 [J]. 中国国土资源经济，2014，317（4）：20-24.

[68] 文魁等. 京津冀发展报告：承载力测度与对策 [D]. 社会科学文献出版社，2013.

[69] 物联网白皮书，工业和信息化部电信研究院，2016.

[70] Aoki，Y. 1987. Relationship between perceived greenery and width of visual fields. [J]. Journal of the Japanese Institute of Landscape Architects，51（1）：1-10.

[71] 韩昊英，龙瀛. 2010. 绿色还是绿地？——北京市第一道绿化隔离带实施成效研究. 北京规划建设，(3)：59-63.

[72] 郝新华，龙瀛，石淼，等. 2016. 北京街道活力：测度、影响因素与规划设计启示 [J]. 上海城市规划，(03)：37-45.

[73] Kelly，C. M.，Wilson J. S.，Baker E. A.，et al. 2013. Using Google Street View to Audit the Built Environment：Inter-rater Reliability Results [J]. Annals of Behavioral Medicine，45（1）：108-112.

[74] Li，X.，Zhang，C.，Li，W.，et al. 2015. Assessing street-level urban greenery using Google Street View and a modified green view index [J]. Urban Forestry & Urban Greening，14（3）：675-685.

[75] Li，X.，Zhang，C.，Li，W.，et al. 2015. Who lives in greener neighborhoods? The distribution of street greenery and its association with residents' socioeconomic conditions in Hartford，Connecticut，USA [J]. Urban Forestry & Urban Greening，14（4）：100-106.

[76] Li，X.，Zhang，C.，Li，W.，et al. 2016. Environmental inequities in terms of different types of urban greenery in Hartford，Connecticut [J]. Urban Forestry & Urban Green-

ing，18：163-172.

[77] Liu，M. Y.，Lin，S.，Ramalingam，S.，et al. 2015. Layered Interpretation of Street View Images [J]. Computer Science，10：393-396.

[78] Liu，L.，Zhou，B.，Zhao，J.，et al. 2014. C-IMAGE：city cognitive mapping through geo-tagged photos [J]. Geojournal，1-45.

[79] 龙瀛. 2016b. 街道城市主义-新数据环境下城市研究与规划设计的新思路 [J]. 时代建筑，(02)：128-132.

[80] 龙瀛，叶宇. 2016. 人本尺度城市形态：测度、效应评估及规划设计响应. 南方建筑，(5)，39-45.

[81] 龙瀛，周垠. 2016c. 街道活力的量化评价及影响因素分析—以成都为例 [J]. 新建筑，(01)：52-57.

[82] 龙瀛，周垠. 2016d. 成都街道可步行性评价 [EB/OL]. https：//geohey. com/apps/dataviz/fbacf0f113e9456988f8e27f373a61e2/share? ak = ZmYzNmY0ZWJhYjcwNGU2ZGExNDgxMWUxNmZiOWNhNGY.

[83] Odgers，C. L.，Caspi，A.，Bates，C. J.，et al. 2012. Systematic social observation of children's neighborhoods using Google Street View：a reliable and cost-effective method [J]. Journal of Child Psychology & Psychiatry，53 (53)：1009-1017.

[84] Ohno，R. 2000. A Hypothetical Model of Environmental Perception [M]. Springer US.

[85] Yang，J.，Zhao，L.，Mcbride，J.，et al. 2009. Can you see green? Assessing the visibility of urban forests in cities [J]. Landscape & Urban Planning，91 (2)：97-104.

[86] Rundle，A. G.，Bader，M. D. M.，Richards，C. A.，et al. 2011. Using Google Street View to Audit Neighborhood Environments [J]. American Journal of Preventive Medicine，40 (1)：94-100.

[87] 唐婧娴，龙瀛，翟炜，马尧天. 2016. 街道空间品质的测度、变化评价与影响因素识别——基于大规模多时相街景图片的分析. 新建筑，(5)，130-135.

[88] 唐婧娴，龙瀛. 2016. 特大城市中心区街道空间品质的测度：以北京二三环和上海内环为例. 规划师（已接受）.

第四篇 实践与探索

我国正式启动绿色生态城市建设近12年时间，生态城市政策从无到有，从片面到全面，各城市结合自身特点，形成各具特色的绿色生态城市发展方式，并为其他城市发展带来实践指导作用。本篇持续跟踪绿色生态示范城市项目，选取具有代表性案例，如天津中新生态城及深圳光明新区案例等，对2017～2018年度的重点建设实践内容进行介绍。此外，本篇总结了江苏省自实施城市更新以来工作进展情况，对江苏省制度建设、参与主体、城市更新措施及实施效果进行了系统总结。

本篇关注绿色生态城乡建设在全国范围的推进情况，介绍了2017年以来住房和城乡建设部陆续启动的中德和中法低碳生态城市试点合作项目。通过借鉴欧美国家在低碳生态规划建设、政策管理、资金筹措等方面的成功经验，持续推进国内生态城市建设水平，为构建全球范围内高水平的可持续发展格局出策出力。绿色生态城市在建设的同时结合海绵城市建设、城市双修等相关政策，根据各地特色创新发展。绿色生态建设技术方面，本篇聚焦雄安新区发展规划及建设实施，对我国绿色发展模式进行探索，寻求先进的绿色技术和标准及管理经验。

除了对国内低碳生态示范城市（区）的建设经验进行梳理和总结

外，宜居城市建设已逐渐成为低碳生态规划一大重要着力点，重点梳理3个宜居城市现状，对其开展实地调研，探索宜居城市规划模式。本篇重点对香港、上海以及厦门城市宜居性进行详细的分析。对于香港宜居性调研主要从街道及交通、公共屋邨以及城市环境展开；上海调研主要从街道及交通、公共空间以及城市环境展开；对厦门的街道及交通、公共空间、居民生活以及城市环境四个方面进行调查，寻求不同城市特征的宜居特点。根据不同城市宜居性及特色发展，总结宜居城市发展的特点及经验，为全国宜居城市建设提供实践性指导。

Chapter Ⅳ Practices and Exploration

China has officially launched green eco-city construction for nearly 12 years, during which the eco-city policy has grown out of nothing, and from one-sided to all-round, the number of buildings that have obtained green marks in the whole country shows a trend of blowout growth. Each city combines its own characteristic, forms the green ecological city development way with respective characteristic, and brings the practice guidance for development of other cities. It also selected the representative green ecological demonstration city projects, such as Tianjin Zhongxin Ecological City and Shenzhen Guangming New District case to introduce key construction practice contents during the year of 2017-2018. In addition, this chapter summarizes the progress of Jiangsu Province since the implementation of urban renewal, and systematically summarizes the system construction, participating subjects, urban renewal measures and implementation effects of Jiangsu Province.

This chapter still pays attention to the promotion of green eco-urban and rural construction in the whole country, and introduces the pilot projects of low-carbon eco-cities between China, Germany and France initiated by the Ministry of Housing and Urban and Rural Construction since 2017. By drawing on the successful experiences of European and American countries in low-carbon ecological planning, policy management, fund raising and so on, it continuously promotes the construction level of domestic ecological city, and formulates strategies to construct a high-level sustainable development pattern in the global scope. During the construction of green ecological city, it also combines the sponge city construction, ecological restoration and urban repair, and realizes innovative development according to the local characteristics. In the aspect of green ecological construction technology, this chapter focuses on the development planning and implementation construction of Xiong'an New District, explores the development mode of green building in China, and accumulates valuable experience in policy, technology, standard and management.

In addition to sorting and summarizing the construction experience of domestic low-carbon eco-city (district), the construction of livable city has gradually become an important focal point of low-carbon eco-planning, it focuses on the status quo of three livable cities, conducts investigation and analysis to explore livable city planning mode. This chapter focuses on the investigation of urban livability in Hong Kong, Shanghai and Xiamen. Research on the livability of Hong Kong is conducted mainly from streets and transportation, public housing estates and urban environment. The research on the livability of Shanghai is mainly carried out from street and traffic, public space and urban environment. The two-day research of Xiamen is mainly focused on streets and traffic, public space, residents' life and urban environment within the Xiamen Island. According to the livability and development characteristics of cities, this chapter summarizes the development characteristics and experiences of livable cities, and provides practical guidance for the construction of livable cities in China.

1 绿色生态示范城（区）实践案例[1]

1 Practice Cases of Green and Ecological Demonstration Cities (Districts)

1.1 绿色生态示范城（区）发展概述

十八届五中全会的召开，“增强生态文明建设”首度被写入国家五年规划。习近平总书记首次提出了“创新、协调、绿色、开放、共享”五大发展理念，首次将“绿色”作为事关我国发展全局的核心理念之一。为积极响应国家绿色生态发展要求，国家各部委相继出台了一系列政策措施积极推动城市规划与建设向低碳、绿色、生态发展，包括规划意见、试点示范、技术规范、组织保障等不同类型。其中，住房和城乡建设部出台低碳生态试点城市、绿色生态示范城区和绿色低碳重点小城镇试点示范等一系列的示范试点工作，对于在全国范围内规模化推进绿色建筑和加快创建绿色生态示范城区起到了指导作用，使得生态城市的规划建设指标要求和奖励资助政策有法可依、有据可循。

2007 年至 2011 年，通过国际合作、签订部省、部市合作协议的方式，先后推进了中新天津生态城、合肥滨湖新区、深圳光明新区等 12 个生态城试点工作。2012 年 9 月，为加强低碳生态试点城（镇）推进力度，住建部对低碳试点城（镇）和绿色生态城区工作进行了整合，并于 2012 年 10 月、11 月先后批准了长沙梅溪湖新城、昆明呈贡新区等五个新城区为绿色生态示范城区。同时，住建部联合财政部对规划先进、新增绿色建筑面积比较大的绿色生态示范城区进行财政补贴、税收优惠、贷款贴息等激励。中新天津生态城、唐山湾生态城、无锡太湖新城、长沙梅溪湖新城、深圳光明新区、重庆悦来绿色生态城区、贵阳中天未来方舟生态新区、昆明呈贡新区 8 个全国首批绿色生态示范城区分别获得了 5000 万至 8000 万的财政补贴资金。2013 年住建部继续先后两批批注了 13 个城区为绿色生态示范城区，2014 年共有两批 27 个城区申请。2015 年公布的绿色生态新区项目共计 139 个。2017 年至 2018 年新增 6 个中国生态城市研究院国际合作项目（见附录 1）。

---

[1] 贾航，北京市中城深科生态科技有限公司。

1.2 绿色生态示范城（区）工作重点变迁

获得“绿色生态城区”称号表明各地区经审查和研究有条件作为试点示范城区，但并不意味已经建设落实目标，很多新建城区仍处于规划探索、基础设施建设的起步阶段。有必要构建完善的政策体系，引导绿色生态城区从规划、建设到运营管理的各个环节实现发展目标的统一和相关配套措施的协同推进。目前，住建部、财政部等相关部委将工作重点放至绿色生态城区的建设实施上，通过建立和完善评估、考核机制，加强对绿色生态城区规划建设情况的年度动态跟踪、指导和监督，及时发现其中的问题，进行评估评价和总结推广。

2015 年 12 月，住建部发布了《城市生态建设环境绩效评估导则（试行）》，其探索绿色生态城区基于生态环境绩效评估的环境状况监测、目标考核和监督管理的组织机制，将生态环境绩效评估工作纳入规划实施的考评内容，有利于推进绩效考核机制的建立，促进绿色生态城区创建更加注重生态建设的实效。2017 年后绿色生态示范城发展逐渐放缓，发展方向转向综合海绵城市和城市双修建设，实现智慧城区建设转变，按照智慧的理念规划建设为国家其他城市建设起带头示范作用。

国务院办公厅 2015 年 10 月印发《关于推进海绵城市建设的指导意见》，部署推进海绵城市建设工作。《关于推进海绵城市建设的指导意见》明确，通过海绵城市建设，最大限度地减少城市开发建设对生态环境的影响，将 70%的降雨就地消纳和利用。到 2020 年，城市建成区 20%以上的面积达到目标要求；到 2030 年，城市建成区 80%以上的面积达到目标要求。2015 年 4 月，海绵城市建设试点正式公布 16 个城市名单。2016 年 4 月，中央财政支持海绵城市建设试点为 15 个城市[1]，具体城市名单见附录 1。

住房城乡建设部加强建设“双修城市”，于 2017 年在各城市全面启动城市建设和生态环境综合评价。力争完成重要区域、地段、街道的规划设计，开始制定生态修复城市修补实施计划，推进一批富有成效的示范项目。住房城乡建设部于 2017 年 3 月印发了《关于将北京等 20 个城市列为第一批城市设计试点城市的通知》，将北京市等 20 个城市列为第一批城市设计试点城市名单。2017 年 4 月，住房城乡建设部确认第二批城市名单为福建省福州市、福建省厦门市等 18 个城市。2017 年 7 月，住房城乡建设部确认第三批城市名单为河北省保定市等 38 个城市[2]（附录 1）。

---

[1] http：//jjs. mof. gov. cn/zhengwuxinxi/tongzhigonggao/201501/t20150115 _ 1180280. html

[2] http：//news. 163. com/17/0717/15/CPIAHO9O00018AOQ. html

1.3 绿色生态示范城（区）建设案例

本节选取天津中新生态示范城、深圳光明新区及江苏省更新改造案例为代表，对其建设实践内容进行简要介绍。

1.3.1 绿色发展、宜居生态——天津中新生态城

天津生态城是中国和新加坡两国政府合作的旗舰项目（图 4-1-1），秉承“绿色、低碳、生态、宜居”的建设理念。通过 9 年的建设，天津生态城已经开工建设 221 个项目，建筑面积 1241 万平方米，均符合绿色建筑要求。其中 84 个项目获得国家绿色建筑标识，45 个项目为国家标识三星级，31 个项目为国家标识二星级，高等级绿建比例为 90%，8 个项目获得国家绿色建筑创新奖。

图 4-1-1　中新天津生态城起步区鸟瞰

（图片来源：http：//www.ceh.com.cn/shpd/2017/01/1023137.shtml）

（1）开发建设取得新成效

中新天津生态城对标新发展理念要求，对标雄安新区、北京副中心先进经验，加快推动总体规划修编，对已执行 9 年的指标体系进行优化升级，高水平编

制产业规划、全域旅游规划，开展弹性规划试点，全面谋划生态城未来发展的新蓝图。2017 年期间，中新友好公园、32 地块学校、中加示范区等 179 个项目全面开工，十二年制学校、东堤公园、印象海堤公园等 124 个项目竣工投用。全年在建项目 875 万平方米，新开工 281 万平方米，竣工 70 万平方米。出台《住宅物业管理规定》和《房屋修缮管理办法》，建立规范化的物业服务体系和发展模式。全年销售住宅 6285 套，累计销售 4.2 万套，销售率达到 93%（图 4-1-2、图 4-1-3）。

图 4-1-2　中新天津生态城第二社区中心鸟瞰
（图片来源：http：//www.ceh.com.cn/shpd/2017/01/1023137.shtml）

图 4-1-3　中新天津生态城第一社区中心鸟瞰
（图片来源：http：//www.ceh.com.cn/shpd/2017/01/1023137.shtml）

(2) 产业发展实现新突破

2017年，中新天津生态城新增注册企业1281家，注册资金366亿元，初步形成产业聚集发展态势。紧紧抓住京津冀协同发展重大机遇，加快承接首都优质产业资源，新增企业三分之一来自北京，纳税百万元以上的企业中，北京企业占到70%。加快推动与朝阳国家文化产业创新实验区的战略合作，持续提升动漫园、影视园的产业承载能力。大力发展智能科技、生命健康、大数据等新产业。加快推动科技创新载体提质增效，引入各类孵化器在孵面积1.5万平方米，在孵企业达到219家。区域旅游文化市场持续繁荣，全年接待游客超过430万人次。中心渔港口岸开放，查验与储存一体化设施通过国家评审，海事、边检、检验检疫等监管机构入驻。分类研究制定大型综合体项目专项扶持政策，扎实开展“双万双服”活动，不断优化投资营商环境（图4-1-4、图4-1-5）。

图4-1-4 国家动漫园

（图片来源：http：//www.ceh.com.cn/shpd/2017/01/1023137.shtml）

(3) 环境质量得到新改善

中新天津生态城按照环保部和天津市统一部署，完成“大气十条”全部目标任务，2017年全年空气质量综合指数排名天津市市第一。中新天津生态城完成水处理中心提标改造，173万平方米绿化浇灌采用再生水，水资源综合利用能力进一步提升。加快推进东堤公园、遗鸥公园、甘露溪、蓟运河二期、中部片区生态谷等重点景观项目建设，新建绿化99万平方米，全区绿化面积超过755万平方米。建成4套气力垃圾输送系统并投入运行，21个居民小区完成智能物回系统覆盖。积极开展绿色创建工作，高水平举办“六五”环境日、中新环境讲坛，建设全国中小学生环境教育社会实践基地，2个社区获得市级环境友好型社区命名（图4-1-6）。

图 4-1-5 中新天津生态城鸟瞰科技园

（图片来源：http：//www.ceh.com.cn/shpd/2017/01/1023137.shtml）

图 4-1-6 中新天津生态城印象

（图片来源：http：//www.517191.com/shownewscenter.asp? id=9251）

（4）海绵城市建设

天津生态城在海绵城市规划建设中，根据地形情况，将整体城市划分为 6 个排水分区，通过场地竖向设计，将整体地势抬高，雨水可以通过自流与泵站强排相结合的方式排入故道河、静湖、惠风溪等景观水体。在暴雨来临前，通过预警机制适当降低河湖水系的水位，以提高雨水收纳能力。截至 2017 年年底，中新天津生态城已经有 4 个排水分区的海绵城市建设完工，占地面积约 14 平方公里，占试点区域面积的 60％。

由于天津生态城水资源严重不足，年蒸发量远远大于年降雨量，水域面积约 5.8 平方公里，年景观补水需求累计达 1850 万立方米。所有雨水收集后，经过绿地净化全部进入景观水体用于景观补水，年均近 300 万吨，约占景观补水的 16％。此外，在建筑与小区类项目中，充分考虑天津雨情特点，合理设置海绵设施。天津生态城年平均降雨量约 600 毫米，多集中在 7、8 月份。集中雨水收集利用设施主要设置于公建项目，设施容积根据降雨量和使用需求综合确定；在住宅项目则鼓励设置小型、简易的雨水罐等设施，为居民利用雨水提供便利（图 4-1-7）。

图 4-1-7 天津中新生态城海堤建设

（图片来源：http：//www. 517191. com/shownewscenter. asp? id=9251）

在项目建设过程中，以低影响开发理念指导，设置下沉式绿地、雨水花园、雨水调蓄池等海绵设施，对雨水进行调蓄与错峰排放，实现雨水的减排缓排，降低雨水管网的排水压力，保障城市安全。

1.3.2 综合技术、低碳创新——深圳光明新区

经过 10 年建设，深圳市光明新区绿色生态城区不仅在绿色建筑领域开展大量工作，同时在专项规划、综合管廊、低冲击开发、碳汇景观、科技研发等各方面展开了探索。

从 2012 年至 2017 年底，深圳市光明新区已开工 69 个项目共 490.04 万平方米绿色建筑，总投资约 219.696 亿元。其中，国家绿色建筑一星级项目 44 个约 271.03 万平方米；国家绿色建筑二星级项目 22 个约 209.31 万平方米；国家绿色建筑三星级项目 3 个约 9.70 万平方米，二星及以上建筑面积约 219.01 万平方米，占绿色建筑总面积比例为 44.69%（图 4-1-8、图 4-1-9）。

图 4-1-8 华力特大厦实景图

图 4-1-9 土地储备大厦效果图

(1) 建设综合管廊

光明新区是深圳市第一个实施城市综合管沟工程的区域。截至 2017 年 12 月，深圳市光明新区已建成综合管廊位于华夏路、光侨路、观光路三条路，总里程约 8.50km，建设内容包括给水、电力、通信、综合监控、消防、排水、通风、照明工程。正在建设光侨路北段约 2km 管廊。

光明区的综合管廊内管线布置紧凑、配置灵活，提高了地下空间的利用率，可节约 10%～15%城市用地。综合管廊在建设时，预留了管线发展空间，管线扩容和维修时，可避免对道路反复开挖，保持路面的完整性和使用寿命，降低了对正常交通和城市景观影响。管廊内集中敷设了电力、通信、给水、有线电视等市政管线。综合管廊内还设置了完善的智能监控系统，包括中央计算机显示控制系统、视频监控系统、卫生环境监测系统、电力电缆运行温度监测系统、火灾报警系统、防盗入侵探测系统、通风控制系统和电力监控系统等八大子系统，通过监控中心对沟内的相关设施进行远程监控（图 4-1-10）。

(2) 改造碳汇型景观

深圳市光明新区大力推进新城公园、明湖城市公园等建设，完善城市绿地系统，改善室外环境。通过对新城公园碳汇型景观改造，采用保留原生态植被、选用适生树种、筛选固碳能力强的树种补植、优化绿地系统结构等碳汇优化提升技术，新城公园碳汇量显著提升，年均碳汇总量为 757t，碳汇能力提升达 13%（图 4-1-11）。

(3) 突破装配式建筑

光明新区 2017 年全年共推进 10 个绿色建筑项目（2 星级及以上占比 70%），

图 4-1-10 光明新区综合管廊现状图

图 4-1-11 新城公园实景图

6 个项目采用装配式建造方式，在高星级绿色建筑比例和装配式建筑上均取得了突破。2017 年 3 月光明城建局牵头组织开展了“光明新区建设工程质量安全提升行动”，并着力推进 BIM、装配式建筑、绿色建筑等技术应用，加快提升建设领域科技水平。2017 年年内重点实施 9 大专项行动，包括先进建设模式推广行动、建筑工业化行动等。

除常规的预制装配式混凝土结构外，光明城建局还组织房地产企业、科研机构等积极探索钢结构、现代木结构以及其他符合装配式建筑技术要求的结构体系。深圳长圳公共住房项目是目前全国规模最大的装配式公共住房项目（图 4-1-12），项目总建设规模约 115 万 m^2，计容建筑面积 85.7 万 m^2，包括住宅建筑面积不超过 76 万 m^2，商业建筑面积约 6.5 万 m^2，公共配套设施 3.2 万 m^2，车库等不计容面积约 30 万 m^2。

（4）海绵城区建设（低冲击开发）

截至 2017 年 12 月，光明新区先后启动 26 个低冲击开发雨水综合利用示范

图 4-1-12 深圳长圳公共住房项目效果图

项目的建设工作，形成了 2 个实施方案，2 个专项规划，1 个规划设计导则，1 个实施办法和 26 个示范项目，其中公共建筑项目 2 个，市政道路项目 9 个，公园绿地项目 6 个，水系湿地项目 2 个，居住小区（保障性住房）项目 5 个，工业园区项目 2 个，涉及建筑面积 370.57 万平方米，道路总长度 16.32 公里（图 4-1-13）。

图 4-1-13 光明新区群众体育中心低冲击技术实景图（透水铺装地面与下凹式绿地）

1.3.3 探索发展、持续更新——江苏省[1]

江苏省用地拓展速度过快，近六年间用地增速是城镇人口增速的八倍，2015 年单位建设用地二三产增加值（7.33 亿元/平方公里）不到新加坡水平的 1/5；且用地效益不足，以苏州工业园区为例，作为江苏省乃至全国发展领先的工业园

[1] 根据陈小卉在 2017（第十二届）城市发展与规划大会发言整理。

区之一，其工业用地平均容积率仅为 0.62，低效土地面积达 6 平方公里。2013 年，江苏省委省政府提出用 3 年左右时间在全省县以上城市建成区开展城市综合环境整治，截至 2015 年底基本完成，并续延至 2017 年。

（1）全域覆盖的重点更新工作

江苏省政府召开年度会议与省辖市签订目标责任书；开发信息管理系统，执行“月报告、季检查、年考核”不督查暗访制度，督查指导各地编制三年整治规划；以奖代补，组织开展省优秀管理城市等创新活动，并设立整治工作与项资金，三年共安排 15 亿元奖补，全面实施城市综合环境整治（931）行动（图 4-1-14）。“九整治”：集中整治九类环境薄弱区域脏乱差和设施不配套等问题；“三规范”：规范管理三类影响城市形象和群众生活的容貌秩序问题；“一提升”：提升城市长效管理水平。

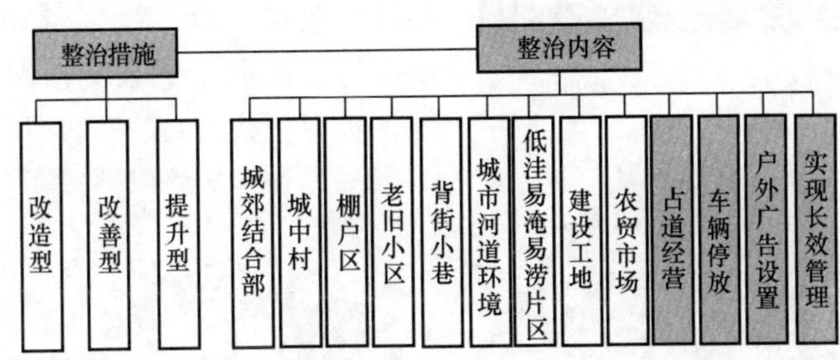

图 4-1-14 江苏省市综合环境整治（931）行动

（2）工业区更新方式探索

江苏省对于工业区更新采取留二优二、退二优二、退二进三等更新方式。留二优二、退二优二方式主要应用于开发区、工业集中区。如苏州浒墅关开发区大新科技园、明德物流园于 2014～2016 年开始退二优二政策。苏州浒墅关开发区大新科技园、明德物流园是原产业为电子材料生产和模具加工的小型内资企业、物流企业。改造后具有硅橡胶研发、设计生产，无线电通信、汽车零部件等新产业，并且大新科技园已腾退 4.16 公顷，明德物流园预计腾退 4.47 公顷。退二进三模式主要应用于老城区内的工业用地，或开发区处于靠近市区地段的片区。如姑苏 69 阁文创产业园位于苏州市姑苏区盘胥路，原为苏州二叶制药有限公司老厂房，该产业园区采用退二进三政策，于 2011 年由苏州二叶经济贸易有限公司投资成立（图 4-1-15）；2013～2015 年，全口径税收从 58 万元上升至 300 余万元再上升到近 4000 万元。

（3）居住空间更新方式探索

江苏省对于居住空间的更新方式分为三个部分：老旧小区以保留改造为主；棚户区以重建为主；城中村以整治和拆除并重。

图 4-1-15 姑苏 69 阁文创产业园

对于较大规模住区的整治，尤其关注城市道路穿越、空间开敞、安防设施建设问题；更新投资规模较大，需要关注资金平衡。如常州市北环新村于 2010 年改造完成，政府投资 5906 万元，整治小区环境及毗邻河道、穿越道路等。对于历史地段住区的改造以关注历史建筑保护、周边风貌协调问题。对于拆迁安置小区，社区邻里的集体意识较强，需要加强社区管理及帮助农民生活习惯及意识转变。如靖江市江阳社区，于 2015 年开始改造，以“社区带物业”组织公众参与，根据意愿采集情况制定整治计划，实现“共治共建”（图 4-1-16）。

图 4-1-16 常州北环新村：大型住区改造

（4）历史文化空间更新方式探索

江苏省对于历史文化空间更新方式主要分为三种类型：治理环境、塑造特色空间；激活创新力，培育新经济发展；社区微更新，实现自我修复。如南京老门东建设采取的是以政府推动为主体，采取 PPP 模式，拆旧建新，整合文创商旅资源（图 4-1-17）。老门东总投资近 50 亿元，建立融资平台，由政府成立注册资金 10 亿的统一运作公司，结合民间参股合资开发，参照江南七十二坊结构原有街巷格局，修建仿古建筑，邀请传统艺人和非遗进驻街区商店，重视引入文创产业，新建文博建筑。

图 4-1-17 南京老门东

1.4 小 结

目前，已开展绿色生态示范城区推动实际的地区，在绿色建筑规模化推动方面已经累积了一定经验，同时绿色建筑发展也呈现出新的趋势，需要结合不同绿色生态示范城区的建设特点调整推动方案，结合绿色建筑发展的新趋势，创新绿色生态示范城市建设模式，推动我国绿色生态示范城区发展提档升级，从建筑产品供给方面，满足人民群众日益增长的对美好生活的需要。

在绿色生态城区建设之后，国家各大部委出台了关于国家新型城镇化综合试点的相关政策，大力开展智慧城市试点工作，几百个试点城市均进行城市的诊断与顶层设计修改工作，解决问题和生态、智慧的理念规划建设城市。同时加强海绵城市建设，推动“三规合一”试点城市建设，即为推动经济社会发展规划、城乡规划、土地利用规划、生态环境保护规划“多规划合一”。绿色生态示范城区建设关注城市的地下空间开发建设，实现城市地下管道综合走廊的统一规划；在水、新能源、公共交通、空气污染、土壤污染等治理方面扩大投资范围；将部分力量投入海绵城市建设，实现城市治理，实现生态城市规划和总体规划的衔接及规划技术落地。在总体发展的基础上，生态城市根据各省的特色，着重创新发展，在不断的探索和实践中建立了一套完整的建设体系，为绿色生态城市建设提供了有力的指导。

2 低碳生态城市专项实践案例

2 Practice Cases of Low-Carbon Eco-Cities

本章选取国际合作生态示范城市、雄安新区、深圳南头古城和三个宜居城市典例，从不同的角度介绍低碳生态城市建设经验。

2.1 自带绿色基因的新城市-雄安

雄安新区规划建设以特定区域为起步区进行先行开发，起步区面积约100平方公里，中期发展区面积约200平方公里，远期控制区面积约2000平方公里。其建设对于集中疏解北京非首都功能，探索人口经济密集地区优化开发新模式，调整优化京津冀城市布局和空间结构，培育创新驱动发展新引擎，具有重大现实意义和深远历史意义。规划建设雄安新区有七个方面的重点任务：

①建设绿色智慧新城，建成国际一流、绿色、现代、智慧城市；②打造优美生态环境，构建蓝绿交织、清新明亮、水城共融的生态城市；③发展高端高新产业，积极吸纳和集聚创新要素资源，培育新动能；④提供优质公共服务，建设优质公共设施，创建城市管理新样板；⑤构建快捷高效交通网，打造绿色交通体系；⑥推进体制机制改革，发挥市场在资源配置中的决定性作用和更好发挥政府作用，激发市场活力；⑦扩大全方位对外开放，打造扩大开放新高地和对外合作新平台。具体的建设内容包括：

(1) 先植绿、后建城[1]

2017年4月21日，河北雄安新区规划纲要发布，雄安要建成新时代的生态文明典范城市。根据纲要，雄安新区的定位中，第一个就是绿色生态宜居新城区。规划中指出，坚持生态优先、绿色发展，蓝绿空间占比稳定在70%。构建大型郊野生态公园、大型综合公园及社区公园组成的宜人便民公园体系，实现森林环城、湿地入城，3公里进森林，1公里进林带，300米进公园，街道100%林荫化，绿化覆盖率达到50%。

在大规模城市建设开始前，2017年11月13日，位于起步区和雄县县城之间的9号地块率先植树。9号地块一区规划面积3.5万亩，2018年4月底，9号地

[1] http://society.people.com.cn/n1/2018/0518/c1008-29997709.html

块完成全部造林任务。2018 年 3 月 3 日，新区 10 万亩苗景兼用林开始栽植。截至 2018 年 5 月 16 日，完成 2018 年一期计划任务的 96%。

（2）新建设，旧改造[1]

根据规划，起步区新建住房执行 75%以上节能标准，新建公共建筑执行 65%以上节能标准。2018 年 4 月，雄安新区市民服务中心竣工，8 栋单体全部采用装配式建筑：钢柱、楼面板等“零部件”由工厂预制、现场安装，从而达到建筑垃圾比传统建筑减少八成的成效。并且遵照海绵城市理念，该中心建有多处“雨水花园”，利用下凹式绿地收集雨水，通过植物、沙土的综合作用使雨水得到净化达到涵养地下水源的目的。

对于旧城，雄安新区采取措施为保留部分，其余部分利用最新爆破技术实现绿色爆破。如雄安新区对容城一座建筑物实施绿色环保拆除，舍弃爆破等传统手段，采用移动破碎等新技术，基本做到无噪声、无灰尘。建筑废料现场加工，产出再生混凝土等绿色建材，建筑垃圾百分之百循环利用（图 4-2-1）。

图 4-2-1 雄安新区市民服务中心施工图

（图片来源：http://app.peopleapp.com/Api/600/DetailApi/shareArticle? type=0&article_id=1673738）

（3）重塑淀泊风光[2]

根据雄安新区规划，加强白洋淀生态修复，充分发挥其生态景观优势——实施退耕还淀，淀区逐步恢复至 360 平方公里左右，重现“碧波万顷，荷塘苇海”景观。2017 年 4 月初，河北省环保厅实施“碧水行动”。做好白洋淀流域综合整治工作，制定流域环保排放标准，研究确定流域环境改善目标，确保一泓清池安全秀美。2017 年 9 月，河北省出台《雄安新区及白洋淀流域水环境集中整治攻

[1] http://society.people.com.cn/n1/2018/0518/c1008-29997709.html

[2] http://he.people.com.cn/GB/n2/2017/1117/c192235-30933972.html

坚行动方案》，实施生态补水、河道治理、淀区清淤等综合治理，狠抓坑塘、河道、垃圾、“散乱污”企业整治等十个专项治理，对淀区及新区范围内8条入淀河流进行认真摸排，将垃圾位置、面积、类型等内容登记造册。2017年11月16日，“引黄入冀补淀”工程开始试通水，为雄安生态水源提供强力保障。输水线路自河南省濮阳市渠村新、老引黄闸取水，途经河南、河北两省6市26个县，最终入白洋淀，年均将向白洋淀生态补水1.1亿立方米（图4-2-2）。

图4-2-2 白洋淀流域水环境治理现状

（图片来源：http://app.peopleapp.com/Api/600/DetailApi/shareArticle? type=0&article_id=1673738）

（4）关停整治污染企业，清除生态环境污点❶

新区成立不久，雄安新区即发出通知，要求三县在整治污染点、切断污染源上，强化监管和治理，坚持标本兼治，治本为上，治标为先，以治标促进治本，逐步建立长效机制。2017年5月9日，雄安新区生态环保规划建设对接座谈会举行。随后，雄安新区三县启动环保工作网格化监管，以村为单位，县、乡、村三级联动，切实解决环境治理中的问题。2017年8月，河北省环保厅出台《雄安新区“散乱污”工业企业集中整治专项行动工作方案》，全面排查“散乱污”企业分布情况，建立“散乱污”企业数据库，专项行动将对“散乱污”企业，特别是有色冶炼、制鞋、塑料加工、纺织印染、非法养殖、污染物堆放点等规模以下污染企业和环境问题进行严肃查处，对不符合国家产业政策、治污无望、群众反映强烈的企业，各县将采取断水、断电等措施予以彻底关停。

（5）绿舍与伊街坊的绿色基因改造❷

绿舍是新区的一个角落，可以折射出新区绿色建筑以及绿色低碳市政建设和运营模式。雄安新区正开展3年提升计划，让居民在新区建设的过程中，也能享有更便利的服务，有关部门借鉴现有的“伊街坊模式”创造更多绿舍。

在“绿舍”和“依街坊”建设过程中，针对停车位少，垃圾乱放成堆等问题，采用积极引导垃圾归类摆放、划分停车位杜绝乱停乱放现象；将院内自带废弃浴

❶ http://he.people.com.cn/GB/n2/2017/1117/c192235-30933972.html

❷ http://society.people.com.cn/n1/2018/0518/c1008-29997709.html

缸、门板的老旧家具改造成绿植温室房，使得绿色基因在建筑中显现；安装微型气象站，监测气温、空气质量等，数据共享传到新区管委会一楼的显示屏实现数据共享；对建筑物废弃部分实施绿色环保拆除，采用移动破碎等新技术，建筑废料现场利用铺设过道，不仅实现建筑垃圾百分之百循环利用，也是简易海绵街道建设基础；停用小院的旧旱厕，改造成室内水冲厕所，使“绿舍”生活更加舒适和现代化。

针对街区的特点修路，采用直接铺渣土砖、不用水泥勾缝的建筑材料，并实施改造排污渠、路边砌花坛等便于快速渗水措施；利用废弃管道改制成的提示牌，提示牌的显示屏上滚动发布气象信息，实现建筑材料百分之百利用。安装感应路灯等低碳设备，实现街区“绿色基因”的改造（图 4-2-3）。

图 4-2-3 国土巷改造前后

2.2 共生中发展的城市——深圳❶

根据深圳市“深双年展”中的经典案例和内容，介绍如何在共生中发展。

（1）共生理念

1）要共生的是城中村和主流社会

城中村和主流深圳是相互依存的关系，城中村是人们进入主流社会的过渡空间，它的存在，给予人们更多的落脚机会。而正因为有主流的深圳，人们会对环境提出更高的要求。这就是一个共生，也是一个机会去重新思考一个城市的原本需求，思考适宜的城市迭代，而不是局部替代。

2）要共生的是本地历史和新移民历史

❶ 根据 URBANUS 都市实践 策展南头：一个城/村合体共生与重生的样本整理。

南头古城提醒大家，深圳不是从一个小渔村开始，也不仅仅是国际化，而是拥有着千年的历史和渊源的客家文化。本地的千年古典历史以南头古城为代表，国际化的历史则以浪口虔贞女校为代表。

3）要共生的是当代艺术和普通百姓

在观众与艺术作品同处一个空间进行交流的过程中，观众就所处环境的“共生”极其重要，“共生”产生碰撞，碰撞带来创新。创新深圳需要的不仅仅是艺术家，更重要的是培养人们的艺术感知力，引导人们去理解并接纳“共生”产生的碰撞，进而去追求新的可能性。

4）要共生的是现在和未来

未来是个未知数，现在合理化的处理方式在未来是否会引起其他的矛盾，不得而知。现在和未来的共生才能带动城市协调发展，人们共创未来。

（2）实践成效

深双秉承对南头古城保护与重生的城市设计思路，梳理出一条空间改造和展览植入高度吻合的叙事主线，展览场馆由南门公园、书院广场、十字街广场、报德广场、创意工厂和集市广场、大家乐舞台、城中绿洲七个环环相扣的主题计划结合而成，以点状分布的建筑空间和室外场地串联为展线，呈现空间叙事的“起承转合聚敞隐”，类似文学和戏剧结构的起承转合和高潮起伏（图 4-2-4）。

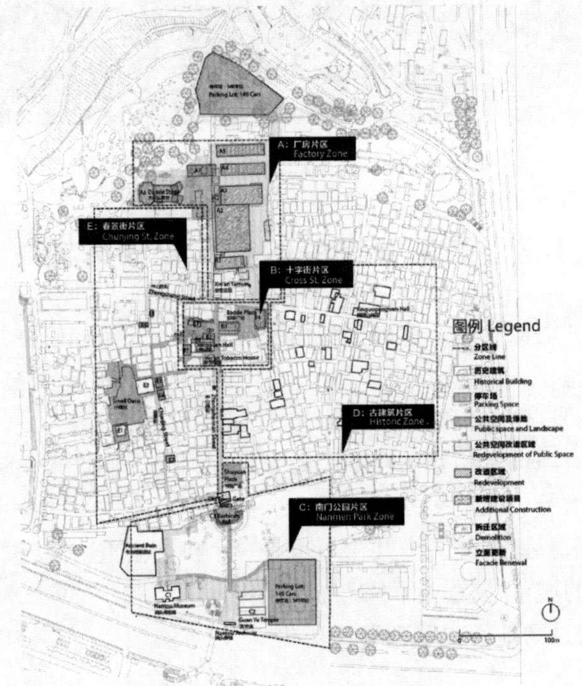

图 4-2-4　南头古城改造地图

（图片来源：URBANUS 都市实践）

1）南门公园

南头古城牌坊，东边是关帝庙西边不远处是南头博物馆，原为建于 1950 年的宝安县政府所在地，北侧围墙内是东晋城壕遗址的发掘场地（图 4-2-5）。

图 4-2-5 改造前的南门公园
（图片来源：UABB）

深双年展把古城重生当作一个综合解决当代城市问题的命题，找到历史时间与现实空间、物质遗产与人文生活的平衡点．西边新建一处由“非常建筑”设计的信息和小卖亭，似旧时村道边的路亭，它翼然出挑的砖砌屋檐下可提供路人休憩小饮（图 4-2-6）。

图 4-2-6 信息亭
（图片来源：URBANUS 都市实践）

往北是临时搭建的“瓮城广场”装置，在展览期间用轻质材料“重现”了历史记载中南城门的半圆形瓮城，这是历史考证和文学虚构的并置共生，它的出现将改变人们对古城门的日常印象（图 4-2-7）。

图 4-2-7 改造后的瓮城广场
（图片来源：UABB）

2）书院广场

进入南城门内正对店铺林立的中山南街，东侧街角是高出街道的一片小台地即“书院广场”。据史料记载书院广场东侧最早为海防厅旧址，19 世纪初在此基础上兴建凤岗书院。书院广场也曾经是南头中学遗址，之后几经变化，现状东、北两面围墙背后便是密集的城中村楼群。书院广场的改造尽量保留原有树木和空间的整体氛围，只在广场南面除去了原有的绿篱，加建了台阶与坡道使朝向城门一侧更加开敞；西侧临中山南街的一道半通透的青砖花格墙分隔了台地与下面的街道。广场中间辟出一小片空地，沿北墙设置一方小舞台，可以承载各种小型表演和社区活动。小庭院中动静相宜，绿树成荫，倚在东南角的小廊亭供游客与居民在庭中小坐欣赏市景（图 4-2-8）。

3）“十字街广场”

深双年展锁定十字街这一小片由传统建筑与当代民居围合而成的闲置空地，在城市设计策略中作为连通主展场片区与西侧展线春景街片区的枢纽节点。对于大量存在的违章建筑及构筑物并不采取全拆的方式，而是具体分类决定整治方式并依据周边居民的反馈不断调整策略。

改造重点是因势利导、顺势而为，结合古城内缺乏公共开放空间的现状，在各主要节点营造小尺度广场、廊亭、绿地等放大的公共活动节点，依据场地现状特点回应古城生活方式演变、传统空间类型的转化、岭南建筑尺度等话题（图 4-2-9、图 4-2-10）。

4）“报德广场”

“报德广场”原是位于古城中心的一块小空场，20 世纪 70 年代曾经作为南头公社的打谷场，广场附近有县衙遗址、报德祠等历史建筑。位于广场左右两侧

图 4-2-8 书院广场改造前后对比
（图片来源：URBANUS 都市实践）

图 4-2-9 改造前的中山南街

图 4-2-10 改造后的中山南街
（图片来源：URBANUS 都市实践）

是在前些年被拆除的建筑基地上嵌入的两栋临时铁皮屋，作为临时的服装杂货市场和水果超市出租。经过与村民协调腾空拆除了这两个铁皮屋，作为置换在原址重新植入了两座临时建筑。除了补偿给村里同样面积的使用空间之外，两个建筑的顶部朝向广场逐级跌落，形成可以从广场步行上屋面的连续界面，建筑的屋面转化为可以观看篮球比赛以及广场文化活动的观众席（图 4-2-11、图 4-2-12）。

图 4-2-11 改造前的报德广场
（图片来源：URBANUS 都市实践）

图 4-2-12 B3 室内
（图片来源：UABB）

5）创意工厂与集市广场

20 世纪 80 年代起深圳农村开始大量兴建工厂，几乎每村都建厂出租，这是村庄快速脱贫致富的捷径，在提高村民收入的同时也为村中的年轻一代提供了就业机会。南头的万力工业区位于古城北部，建筑面积 14000 余平方米，20 世纪 80 年代末建成。厂房和宿舍楼的外墙基本维持原样，只有大幅壁画在原有旧厂房墙面上叠加了一层新的时间痕迹。厂房东侧广场上拆除了一个临时铁皮棚架，紧贴围墙建起一个轻盈舒展的透光天棚。

中间大厂房首层外墙也被打通，中间开辟出一条南北走向的内街贯通了其他两栋厂房，另一条十字相交的通道连通了厂房东侧广场与西侧的街巷、大家乐小剧场和中山公园。与户外广场相连一处，它既像一片开放的街市，也像是一座充满欢愉的缩微主题公园，暗示着这里展后或将成为开放的创意聚集区和古城内年轻人的新生活区（图 4-2-13、图 4-2-14）。

图 4-2-13　改造前的厂房区

（图片来源：URBANUS 都市实践）

图 4-2-14　改造后的厂房

（图片来源：UABB）

6）“大家乐舞台”/开放式小剧场

在南头古城与北侧中山公园交界处仍然完整保留有一座“大家乐舞台”，它南侧紧贴拥挤的城中村，北侧则向中山公园绿地完全开放。至今仍是一个面向普通群众、用于业余表演和当地社区活动的半露天剧场。在现有钢屋架下方置入了三座坡起的观众席，在提供更好的演出氛围及观演视线的同时又构建了非正式的戏剧性空间。围绕屋架四周设计了一个可升降的织物幕帘系统，通过控制使观众区在封闭和开敞两种空间模式中方便转换，其新的多种使用方式也将延续至展览结束之后居民的日常生活之中（图 4-2-15、图 4-2-16）。

图 4-2-15　改造前的大家乐舞台

（图片来源：URBANUS 都市实践）

图 4-2-16　改造后的大家乐舞台

（图片来源：URBANUS 都市实践）

7）“城中绿洲”

改造计划希望利用双年展的契机先行植入以植物为主题的空间装置和小规模的游园、种植活动，逐渐激活这片城市空地。未来计划将封闭的“城中绿洲”围墙拆除，请植物学家、艺术家、周边居民、学生、市民一起策划，自发参与改造环境并以此共建新的社区邻里空间（图 4-2-17）。

图 4-2-17 改造前的城中绿洲
（图片来源：URBANUS 都市实践）

2.3 低碳生态示范城市（区）国际合作实践案例

本节选取明湖片区中德生态示范城市、蓟州区中德生态示范城及纪南中法生态示范城市，借鉴其他国家在低碳生态规划建设、政策管理、资金筹措等方面的经验，综合城市区域自身特点，创新发展中国特色建设经验。

2.3.1 一轴一心五组团建设——明湖片区中德示范城市

滁州市明湖中德生态示范城位于滁州市城南新区，并于 2017 年初步确定 10 个重点生态示范项目，涵盖空间发展、清洁能源利用、绿色建筑、绿色交通、水资源和水系统等领域（图 4-2-18、表 4-2-1）。

中德生态示范城近期重点项目 **表 4-2-1**

项目编号	项目名称	建设内容及工程量估算	费用（万元）	建设方式
1	低碳生态示范居住区	规划占地约 1000 亩，总建筑面积 435.5 亩，总建筑面积 35 万～40 万平方米	21000～25000	社会资本
2	奥体中心	规划占地约 800 亩，总建筑面积 12 万平方米	24000～36000	政府主导的 PPP 模式
3	明湖中学	占地约 414 亩，建筑面积计划 14 万平方米，采用德国被动房技术	57800	政府主导的 PPP 模式

续表

项目编号	项目名称	建设内容及工程量估算	费用（万元）	建设方式
4	胜天河左支截污干管工程	大约长 3500 米，*DN*1000	700	政府投资
5	雨水口末端处理工程	15 个雨水口处理设施，19 个雨水槽	680	政府投资
6	胜天河河道形态的建设工程	长约 3500 米，包括河床、岸线和弯曲性等	7500	政府投资
7	胜天河湖口旁侧湿地工程	右支 50 公顷，左支 62 公顷	23600	政府投资
8	明湖湿地生态公园工程	湿地保护与恢复、生态水岸恢复、水质保护与恢复以及 45 万平方米园林绿化工程等	1500000～2000000	政府主导的 PPP＋EPC 模式
9	沿河自行车道	10 公里自行车环湖自行车绿道，5 米宽	12000～25000	政府投资
10	多能融合综合能源利用项目	规划建设用地 50 亩，综合能源利用，匹配天然气三联供、分布式光伏、储能、热泵、水处理等清洁能源技术	8000～10000	政府主导的 PPP 模式

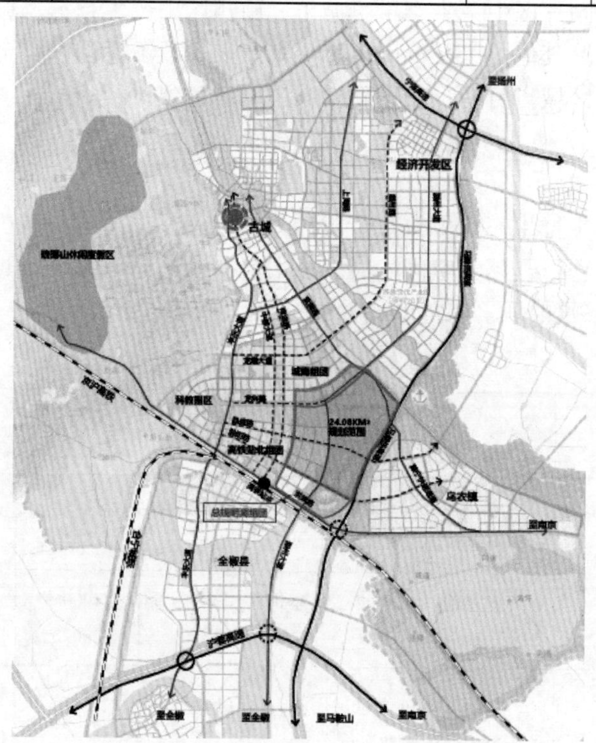

图 4-2-18　滁州市明湖中德生态示范城选址

（1）生态格局规划

明湖中德生态示范城以集约高效的土地利用开发模式和多元融合的空间布局结构，为场地注入多样功能，激发新城用地开发利用灵活性。规划形成“一轴一心五组团”的空间结构，“一心”为文体核心，“一轴”为文创产业发展轴，“五组团”包含生态居住组团、生态休闲保护组团、文化商务及“互联网”科教组团，这些组团分别代表了“生活、生态与生产”功能。通过整合新城的功能结构，协调“生产、生活与生态”三者之间的关系，营造产城协调的生态新城（图 4-2-19）。

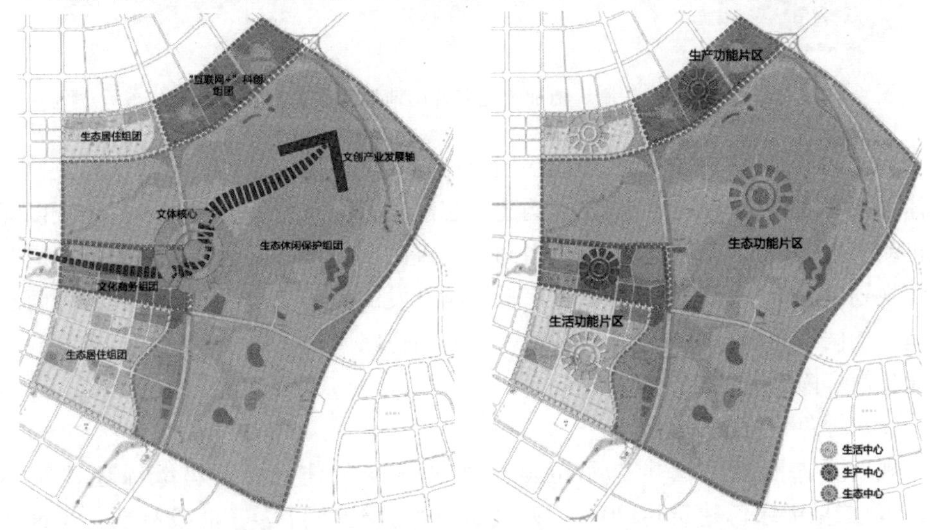

图 4-2-19　明湖中德生态城空间布局结构示意图

规划提出主要措施为：①强化湿地公园及沿河绿地等非建设用地的开发控制，确保生物群落必要的空间；②采用土地混合开发利用的模式，有效提高地块的综合开发强度；③调整社区级服务设施密度，提高规划片区的宜居性。④引入低碳技术，建立“低碳生态居住区”的试点示范项目；⑤打造具有国际风情与本土文化特色并存的城市景观，构建舒适的慢行活动空间环境；⑥选取胜天河和明湖适宜地段，构建生态保护区、生态鸟岛、鸟类生境浅滩以及昆虫培育园，营造多元化的生境空间（图 4-2-20）。

（2）绿色交通规划

明湖中德生态示范城规划目标为“高效便捷、绿色低碳、健康乐活”，坚持多种交通方式协同发展。围绕打造南京江北半小时通勤圈，建设大通道、改善微循环，着力推进一批同城化交通工程。打造以步行、自行车和公共交通为主要出行方式的绿色出行城市。建设以慢行交通体系为支撑的、公交为主导的生态城综合交通系统；建设全覆盖高可达性的慢行系统网络和建立高可达性的公交网络；完善布局交通设施或空间，减少交通对城市的污染，兼具景观和园林效果。

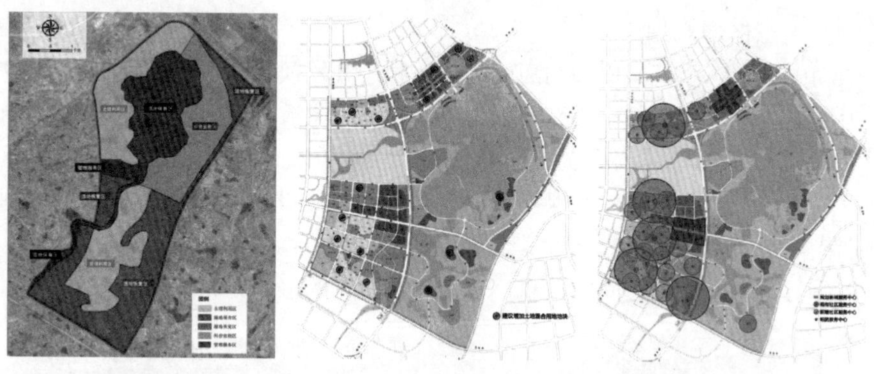

图 4-2-20 湿地公园开发控制、增加土地混合用地地块、公共服务设施分布示意图

首先，形成以高铁站为核心的多层级体验式交通换乘系统，打造远程快速交通体系，实现交通连续性；其次，构建生态舒适、智慧完备的健身步道系统以降低机动车出行需求，打造慢行邻里空间，实现区域内步行可达性；同时，在道路系统规划中融合海绵城市理念，推广低影响开发的道路断面设计，增设各种雨水设施，如雨水花园、植被浅沟、树池等；交通道路两侧，结合现状，建设复合型绿化噪声屏障，有效减少噪声污染。

（3）绿色建筑规划

规划要求明湖中德生态示范城全面推行绿色建筑，一星级绿色建筑达100%，二星级绿色建筑达30%，大型示范性公建项目达三星级标准。经过评价，选定奥体中心、明湖中学及部分商务区作为三星级绿色建筑进行开发建设，滁州大道和昌盛路的城市主干道重点节点、医院及市民广场周围片区为二星级绿色建筑潜力区域，其他区域为一星级绿色建筑潜力区域（图 4-2-21）。

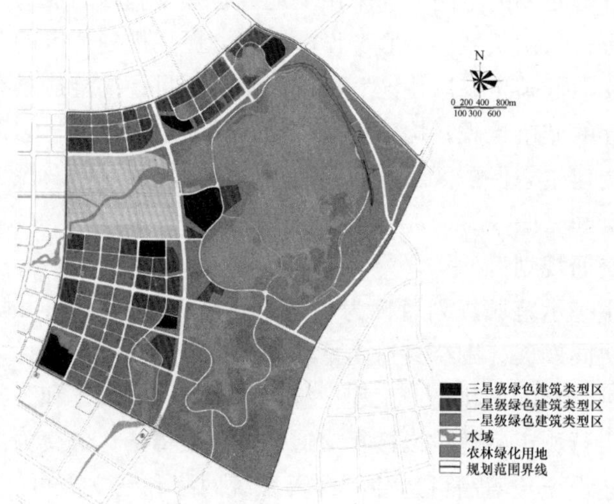

图 4-2-21 明湖片区规划区中德生态城绿色建筑星级分布图

通过对明湖片区自然属性、规划建设特点、绿色建筑发展现状以及配套政策的分析研究，为核心区的绿色建筑发展确定总体建设目标：

1）制定从规划、设计到施工、运营全过程的绿色建筑开发策略，使得核心区的开发建设能够充分利用自然资源，减少对生态环境的影响和破坏；

2）为核心区居民提供健康、舒适和优美的工作、生活空间；

3）为安徽省其他地区提供示范样本，带动整个地区绿色建筑快速发展。

（4）清洁能源规划

明湖中德生态示范城将因地制宜发展分布式、小型分散的、多样化的能源系统。以节能为前提，大力发展低品位热能、太阳能、风能、生物质能等可再生能源，构建一个安全、高效、低碳、可持续发展的弹性的区域能源系统，具体措施包括：1）在用能相对集中的区域建设三个区域供冷供热能源站，满足 294 万平方米的建筑冷热负荷需求，区域供冷供热覆盖率达到 24%以上。2）本着“每一座建筑都是能源生产者，每一废弃资源都可能源化利用”原则，通过综合利用太阳能光热、太阳能光电、地表水源热泵以及沼气等各种可再生能源技术，低碳校园可再生能源利用率将高达 30%以上。3）低碳奥运场馆：一条光伏道路通往奥运场馆并结合场馆太阳能建筑一体化，光伏发电基本能满足场馆应急用电、照明用电需求。4）低碳社区：打造“低能耗社区”示范区，可再生能源利用率达 25%以上。

（5）生态环境规划

滁州明湖片区建立贯穿片区的生态水廊、绿廊，构建“湖水—河流—湿地—绿地—植被”复合生态系统。通过科研与监测，摸清规划区的资源状况、保护对象所处的环境条件、保护对象的特点和固有的规律，探索保护对象受威胁的状况与原因，寻求有效的保护措施，以实现规划内保护对象的种群数量、质量的恢复与发展，为资源合理利用与适度开发提供科学依据，实现中德生态示范城的可持续发展。计划至 2030 年，污染全面控制，城市生态良性循环。

1）加强水源、入库及出库流量协调

根据蒸发量与水量平衡计算，明湖平水年换水周期约为 240 天，丰水年换水周期约为 210 天，枯水年换水周期约为 400 天。因此，规划建议来水通过河流先流入湿地处理系统后再进入明湖水体。同时，规划完善胜天河上游水区生态公益林建设，实施严格的管护机制，并对上游宜林地进行植被恢复，提高上游植被截留雨水能力，提高林地水源涵养功能，保障明湖来水水质和生态流量。

2）加强水系和水质保护协调措施

对上游水库、胜天河左右支河道，按照河道管理及水域保护要求，划定一定范围的生态功能控制区，保护上游河流湿地河道、河漫滩、洪泛平原、生态岸线及生态林带等自然要素，发挥湿地多维生态功能。对上游胜天河左右支河道周边开展污染防控协调，应调整农业产业结构，加强灌溉用水管理，大力推广节水灌溉工程建设。

3）加强生态环境与生物群落监测

在规划区布设水质监测点3个、空气环境监测点3个，设土壤监测点3个，由林业部门牵头，设立湿地鸟类监测点3个、蛙类监测点3个，湿地植物监测点3个。监测的重点目标是湿地水环境质量和土壤环境质量，以及湿地珍稀物种的种群数量等。

4）构建生物系统网络

打造河湖湿地基质：明湖片区的基质为河湖、湿地。梳理城市生态基底（如河流、湖水、湿地滩涂、池塘等），构建三级生态廊道：明湖片区规划完善的生态廊道系统，强化生态廊道的建设和控制，促进城市通风、组织生物通道、增强生物多样性，并将外部的绿色景观和清新气流导入新城内部。规划将片区廊道分为一级廊道、二级廊道、三级廊道。廊道主要沿道路、带状绿化、水体等设置。

（6）水环境保护与水资源利用规划

规划采用“低影响开发、污水收集处理全覆盖、近自然河流建设”的策略。首先，从“蓝线管控、污水收集管网规划、雨水工程规划、河湖形态工程规划”等方面，进行雨水源头处理；其次，在胜天河左支入河口构建河漫滩天然湿地，以保障入湖水质；同时，针对明湖流域内的34个雨水排放口入河，分两类处理措施：一类采用“雨水口湿地处理技术”，另一类采用“雨水口末端处理措施”。对于河湖形态工程规划，先对河流形态、岸线进行优化，同时用大块石材替代水泥，自然滩状代替渠化堤岸。同时还要考虑构建湖体健康水生态系统与实施生物栖息地修复工程。

2.3.2 绿色低碳智慧城市建设——蓟州区中德示范城

2016年6月国务院批准蓟县撤县建区。蓟州区位于京津唐承之腹地，区域总面积1590.22平方公里，是天津市唯一的半山区行政区，其中山地面积840.3平方公里，平原面积504.72平方公里，洼地面积245.2平方公里。全区现有户籍人口85.6万人，常住人口91.3万人。中德生态城示范区位于蓟州中心城区南部，面积约为20平方公里。中德生态城核心区位于蓟州区中心城区东南部，规划总面积约3.37平方公里（图4-2-22）。

（1）生态空间规划

1）区域生态系统规划

基于“低碳·生态·宜居”的城市发展理念，天津市蓟州区中德生态城规划着眼于宏观区域尺度，构建维系于桥水库等片区的宏观生态格局，并从宏观-中观、中观-宏观两种角度维护组团片区的生态环境稳定。

①贯通区域生态系统网络，规划运用“基质-廊道-斑块”的生态学概念和原

图 4-2-22　中德生态城示范区和核心区选址

理，加强城市绿地生态系统的网络结构建设，最大限度增加城市生态空间面积。

②构建多层级生态廊道，规划将在区域内具体构建三个层级的生态廊道：设置一横一纵两条一级生态廊道，六条二级生态廊道耦合于主干路和重要次干路，若干三级生态廊道呈网状交织于建设地块内，成为非机动车慢行绿道（图 4-2-23）。

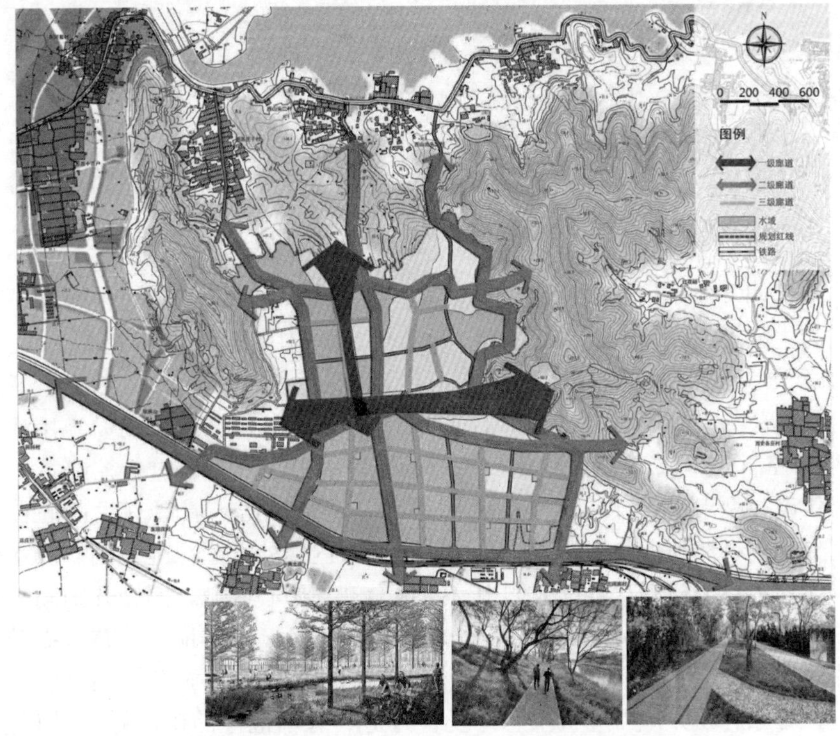

图 4-2-23　蓟州区中德生态城多层级生态廊道分布示意图

2）绿地系统规划

①整合绿地系统布局，提高区域绿地可达性。如北部片区山体绿地公园是区域内重要的核心绿带和生态斑块。除重要的公园绿地斑块外，南部片区以带状的城市道路防护绿地和城市慢行绿道作为绿地系统的结构性网络，以点状的广场绿地作为绿地系统的关键性节点（图 4-2-24）。

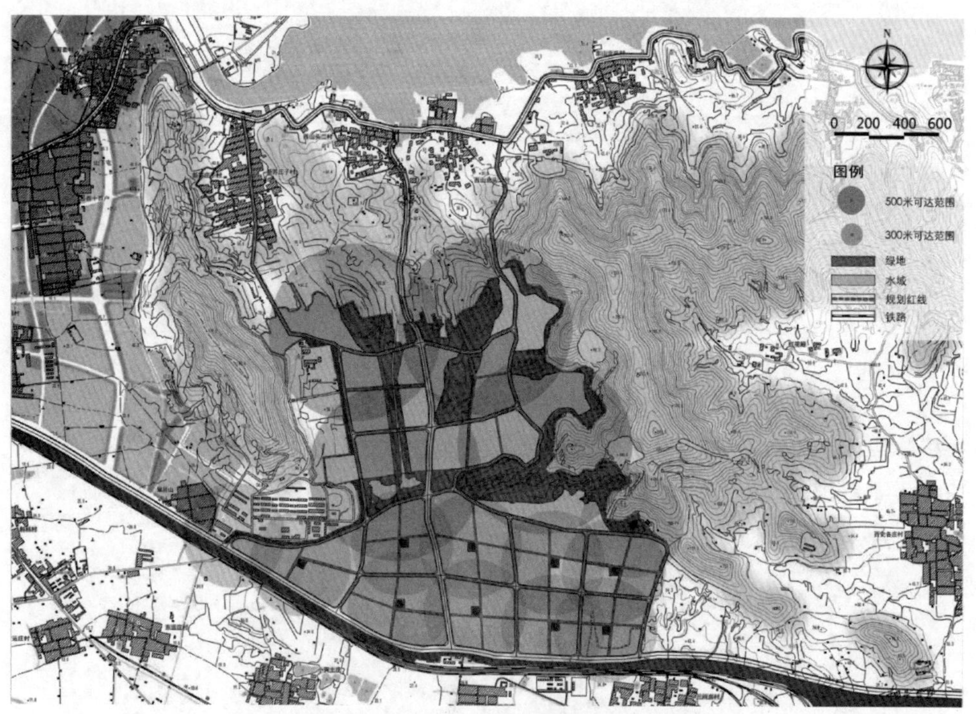

图 4-2-24 生态城绿地系统规划图

②合理调节建设用地中的绿地率。具体设置如下：A. 新建居住小区、以多层住宅为主的小区，其绿地率不低于 35%，低层居住小区不低于 45%。B. 新建机关、学校、医院、宾馆、体育场馆，绿地率达到 35%，疗养院绿地率达到 40%，其他公共设施用地的绿地率不低于 30%。C. 城市市政公用设施用地绿地率按 30%控制。D. 城市道路绿化，一般按绿地率 10%～15%进行控制。

③建设类型丰富、开放连续的公园绿地。规划根据区域原有优良的自然基底，充分利用自然地形和生态斑块布局建设区域内四处大型绿地公园。滨水带状公园以规划水系为核心，延续北侧山体绿地至规划中心区域，围合开阔湖面形成完整的滨水公园；城北山地公园和洞子峪山地公园延续山体地形，整体提升规划北部片区文化设施用地和外事用地的生态环境质量；东山郊野公园在延续地形的基础上，对原有废弃矿山进行生态修复，打造具有示范性的矿山修复景观公园。规划建设的四处绿地公园基本覆盖规划用地面积，为居民提供便捷连续的游憩绿

地空间（图 4-2-25）。

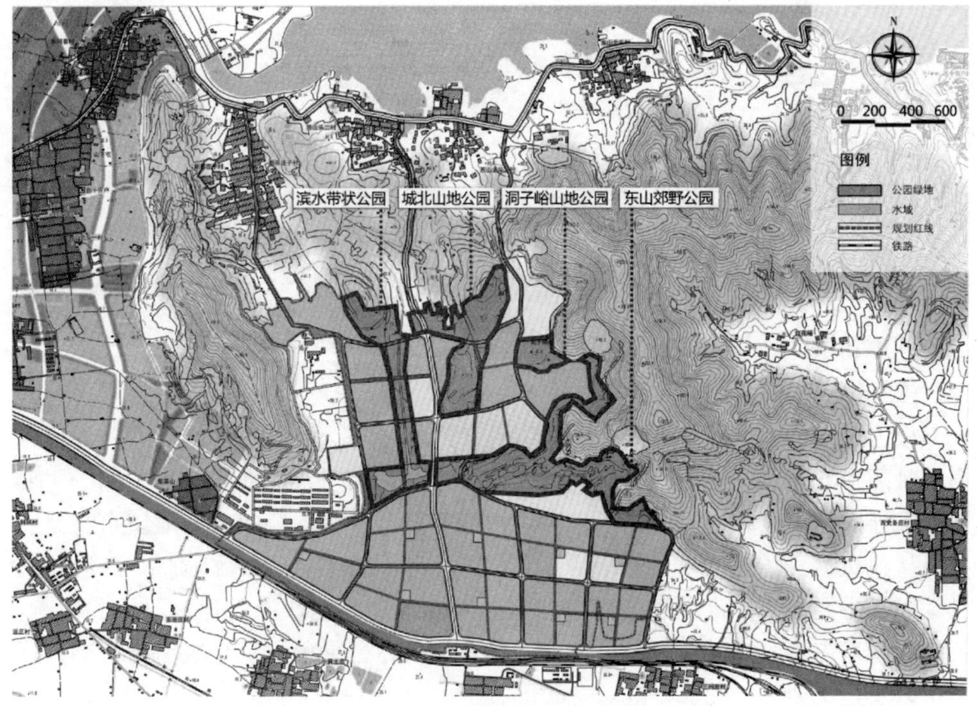

图 4-2-25 生态城公园绿地布局分析图

④提高绿地整体生态效益，增加区域碳汇量。规划根据区域气候特点适当增加乔木种类和数量，采用乔、灌、草相结合的复层绿地结构，通过优化绿地组合方式和植物品种，起到降噪滞尘的效果，有效提高绿地生态效益。

3）水生态系统规划

①河道生态修复，打造生态型护岸。规划明确区域内主要水系的护岸形式，推进生态型护岸，在居民活动非密集区域采用自然缓坡式护岸；在公共活动区域采用台阶式复合护岸形式，局部通过设置梯田式种植台、亲水台阶、临水栈道、水际植物群落等方式增强亲水性。并分阶段分层面开展生态保护和修复工作，城区内重点河段作为示范工程，开展河流生态保护和修复；运用河道生态系统修复治理技术，保持河岸的生态服务功能，削减或切断地表径流中污染物质的进入；建立生态用水保障和补偿机制，强化生态保护管理工作力度（图 4-2-26）。

②生态城雨水利用规划实现非汛期雨水不进行外排，全部在区内消纳利用，汛期雨水量超过区内消纳能力时通过排涝设施进行有效外排。生态城雨水利用遵循以下原则：A. 在保障雨水排除安全的基础上，优先进行雨水资源化利用。B. 雨水宜分散收集并就近利用，多余径流可为区内水体补水。C. 生态城应优先考虑路面、绿地雨水的下渗以及屋面雨水的收集利用，其次考虑绿地及道路径流雨

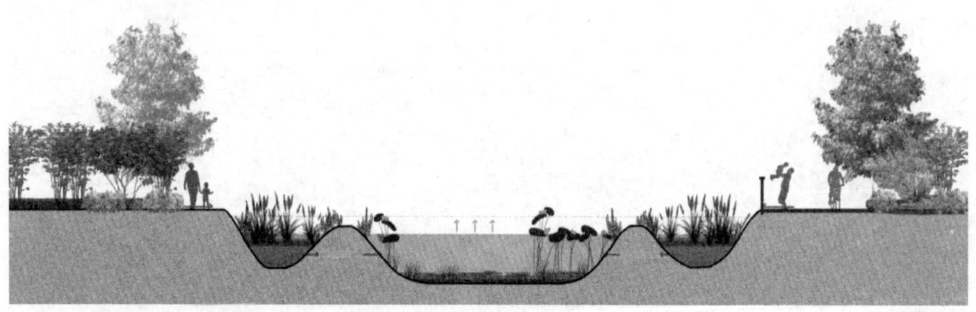

图 4-2-26 生态城河道生态护岸示意图

水的收集利用。

（2）绿色建筑规划

根据《绿色建筑评价标准》中对绿色建筑的要求，主要从外部环境和地块自身禀赋两个方面遴选出绿色建筑星级影响的五大类因子。外部环境相关因子主要以结果导向反推其相应影响因子，主要包括生态基底、示范效应。地块自身禀赋主要从建筑本身条件推导其相应影响因子，如区位条件、用地性质和开发强度。其他因子主要从不确定因素方面考虑一些未知条件对地块绿色建筑星级的影响，如投资开发主体、规划及行政条件变更等，从而完善绿色建筑星级潜力影响因子分析以及逻辑架构（图 4-2-27）。

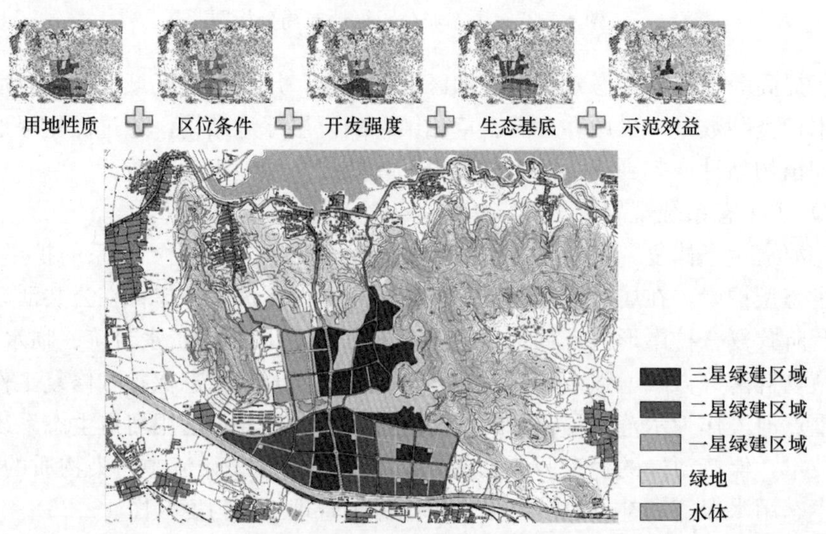

图 4-2-27 绿色建筑星级潜力分布图

（3）绿色交通规划

1）遵循生态优先，层次分明、窄路密网。在道路建设中，引入低冲击开发、功能性排水路面、步行道透水铺装、路灯信号灯采用太阳能供电等绿色设计元素，构建海绵城市与海绵道路。推广应用低噪声、自融雪、尾气分解和透水性道路等新型环保路面降低噪声和尾气排放。人行道、车流量较少的车行道、易积水地区铺设透水性道路。

2）注重公共交通，慢行交通及静态交通三个方面的规划。首先在公共交通规划方面，旨在建立舒适、快捷、便利的公共交通系统，鼓励公交出行。合理规划公交线路和发车频率，提高公共交通工具的舒适度，进一步加强纯电动公交等清洁能源公交使用。合理规划公交站点，实现快速公交与一般公交“零距离”换乘，保证与外围交通联系便捷（图 4-2-28）。

图 4-2-28　生态城公共交通系统路网及站点可达性分析图

3）生态示范城区规划建设安全、舒适、连续的步行和自行车交通网络。布局连续的步行道网络，步行道路至少 4 米宽。修建自行车专用道路网，在有条件的地方平行路网的距离不超过 200 米。在滨水地区结合绿地和滨水景观的建设，铺设安全而有活力的滨水慢行道路。提供不少于控规要求的非机动车停车位数量（图 4-2-29）。

4）合理布局机动车停车空间，建设生态停车场。合理设置非机动车停车场，规范非机动车停车。合理考虑非机动车，尤其是自行车的发展，不仅在道路设计上为非机动车合理分配路权，在停车场站设施上，也需为自行车停放预留充分停车空间，规范非机动车停车。

5）智能交通综合管理系统是一个融合城市交通管理业务、公安交警信息管理业务、交通信息服务、高速网络传输、海量数据存储、多系统集成的复杂系统。根据城市交通管理各业务部门、各警种的职能要求并结合信息共享、业务协同、高效率管理、优质服务的原则进行设计。

（4）低碳示范社区能源系统

1）生态城核心区能耗分析与节能方案

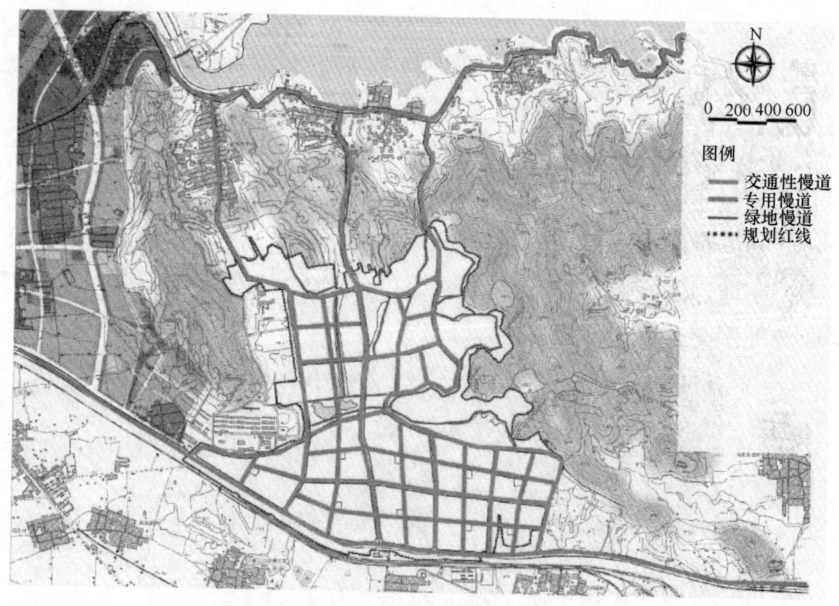

图 4-2-29　生态城慢行交通示意图

通过优化设计建筑围护结构和综合运用建筑技术为城市新建区域制定节能方案，降低区域 20%的终端能源需求量。

为计算城市区域的能源需求，需要首先计算区域内的建筑容量。城市街区层面，介于城市整体和建筑单体之间，适宜进行能源计算分析和实施，其计算结果可以提供更多能源转型和降低碳排量的可行性的信息。此外，城市街区层面的能源分析，还可以作为预估措施实施效果和评价不同操作方案的工具（图 4-2-30）。

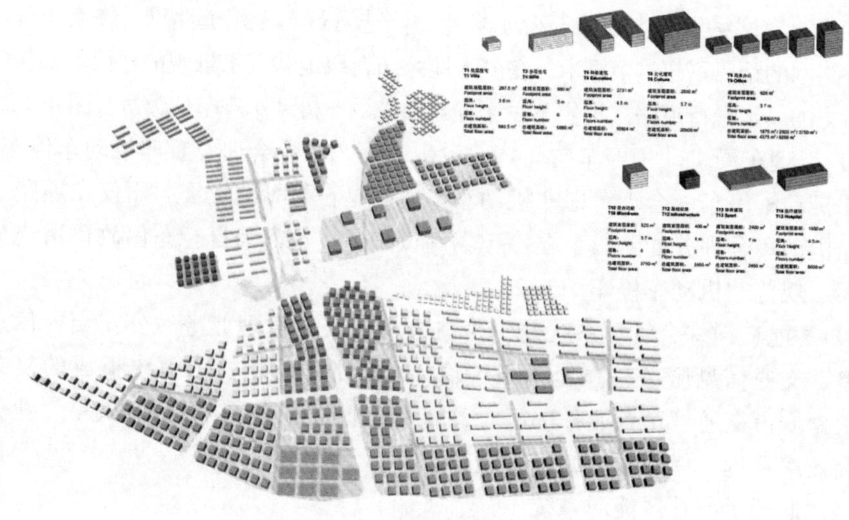

图 4-2-30　生态城核心区建筑容量

2）生态城核心区“20％策略”

生态城核心区在建筑围护结构设计和建筑技术运用上采用相应的方法。良好的建筑围护结构可以使建筑保持较低的能源使用需求。不同建筑技术的运用可以影响建筑的终端能源消耗。“20％策略”需纳入项目管理过程中，如建立能源管理和环境保护管理系统。在项目进行过程中，节能方案作为规划手段之一，应尽可能地包含项目参与的各方。

围护结构的性能好坏决定有用能源需求的高低，是所有建筑节能技术的基础。在蓟州生态城制定的能源方案中，提供了两类改善围护结构的基本原则：节能房Ⅰ类和节能房Ⅱ类。

节能房Ⅰa：在当地新建建筑围护结构最低标准的基础上，在室内加装带热回收装置的新风机组；

节能房Ⅰb：在当地新建建筑围护结构最低标准的基础上，采用质量和保温性能更好的节能窗，同时在一定程度上提高建筑整体的气密性；

节能房Ⅰc：在当地新建建筑围护结构最低标准的基础上，增加10％的保温层。

节能房Ⅱ类则是更多关注节能性能的被动式建筑。

在被动式建筑的暖通设计理念中，首先需要从有用能源的角度对建筑进行分析，检查是否还能从保温、遮阳、窗户等围护结构方面着手，运用“被动式”技术提高节能潜力，并对这些节能潜力进行技术及经济分析，探讨其可行性。其次再考虑采用高效的暖通设备进行补充。对于目前能源方案设计，考虑到节能、经济性、可行性等多方面因素，规划构建4种配置方案。为了确保降低20％的终端能源需求量，生态城核心区的终端能源需求量不应超过每年130千瓦时/平方米（图4-2-31、图4-2-32）。

不同的建筑围护结构和能源配置方案

方案	围护结构	建筑类型	供暖空调/能源方案配置
方案A	节能房Ⅰa	居住建筑	常规市政集中供暖，加装新风热回收
方案B	节能房Ⅰb	居住/公共建筑	常规市政集中供暖，加装节能窗
方案C	节能房Ⅰc	居住/公共建筑	常规市政集中供暖，加厚保温层
方案D	节能房Ⅱa	居住建筑	分户式采暖制冷新风一体机，带回全热回收效率高于75%的热回收装置，真空管太阳能集热器辅助加热生活热水
方案E	节能房Ⅱb	公共建筑	集中式空气源/地源热泵搭配合适末端，新风机组，带回全热回收效率高于75%的热回收装置。卫生间独立排风，加独立感应控制。

图4-2-31　生态城核心区建筑配置方案

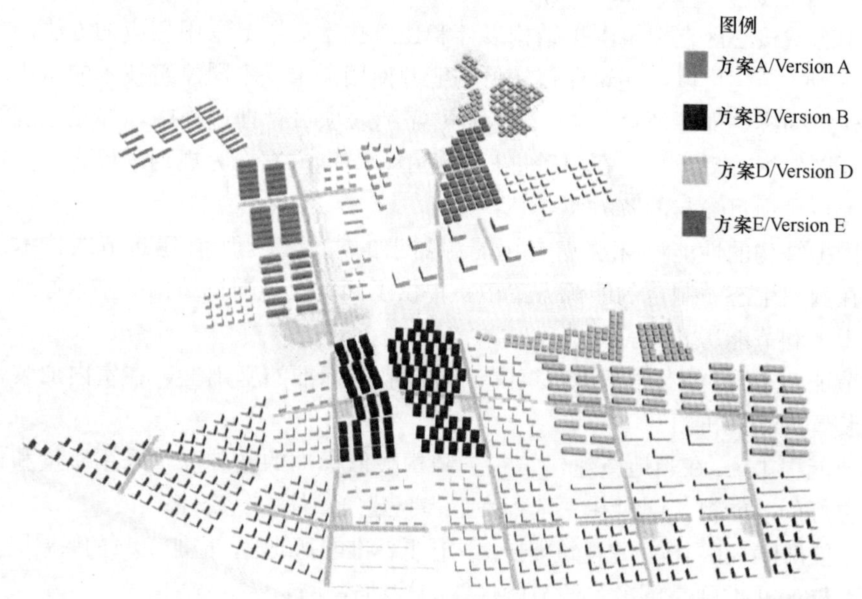

图 4-2-32 生态城核心区建筑配置方案分布图

2.3.3 打造城市翡翠项链——纪南中法生态示范城市

2018 年 4 月 2 日，第十四届国际绿色建筑与建筑节能大会暨新技术与产品博览会上，湖北省荆州市被中国城市科学研究会和法国建筑科学技术中心正式授予“中法生态示范城市”称号。

荆州中法生态城位于荆州纪南生态文化旅游区内，规划面积为 8.1 平方公里，西北侧与荆州中德生态城隔太湖港相邻。地势由西向东、自北向南降低，北侧凤凰山森林公园为地块最高点，高程 45.6 米。地块三面环水，内部坑塘遍布、水面密集，田地众多，自然环境优良。植被资源丰富，绿化覆盖率较高，但现状未形成集聚的自然生态斑块（图 4-2-33）。

（1）生态格局规划

规划通过融入土地集约利用、功能复合、小尺度街区、开敞空间的规划理念形成荆州中法生态城集约高效、便捷可达、生态宜居的空间布局。联通太湖港和长湖的景观绿道，形成中法生态城地块的“翡翠项链”。通过翡翠项链的分隔打造生态宜居的低碳半岛。规划形成“一心，两环，三带，六片”的空间结构（图 4-2-34）。

通过对总体规划阶段稿的用地和路网进行了优化，在主干路（天谷大道和凤凰大道）的基础上，优化内部路网。沿长湖保留 200～500m 的景观带，保留长

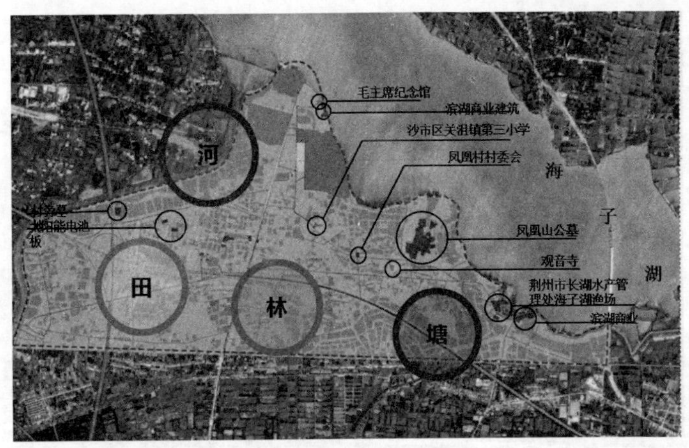

图 4-2-33　用地现状分析图

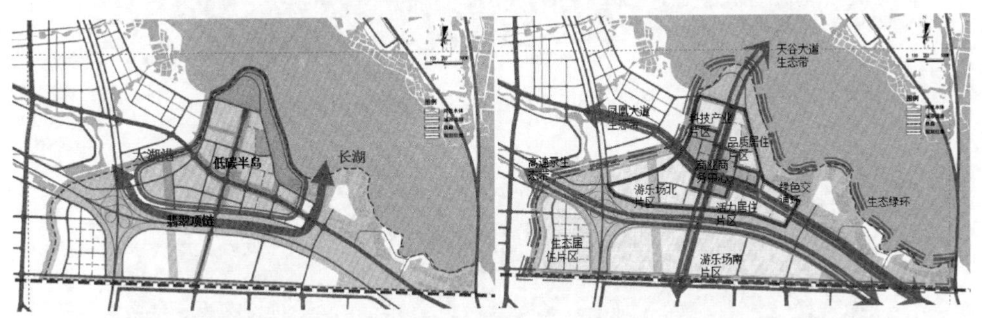

图 4-2-34　低碳半岛示意图及中法生态城规划结构图

湖景观带和太湖港景观带上部分水塘，融入城市整体景观设计（图 4-2-35）。

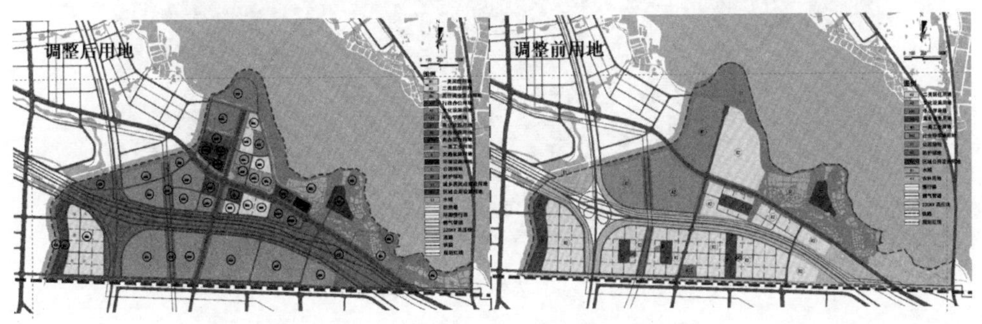

图 4-2-35　土地利用规划调整前后对比图

对中法生态城进行总体设计，重点围绕商业商务中心区和长湖、太湖港景观带进行特色设计（图 4-2-36、图 4-2-37）。

(2) 绿色交通规划

打造以“公共交通＋共享单车＋步行”为主要出行方式的荆州中法绿色低碳

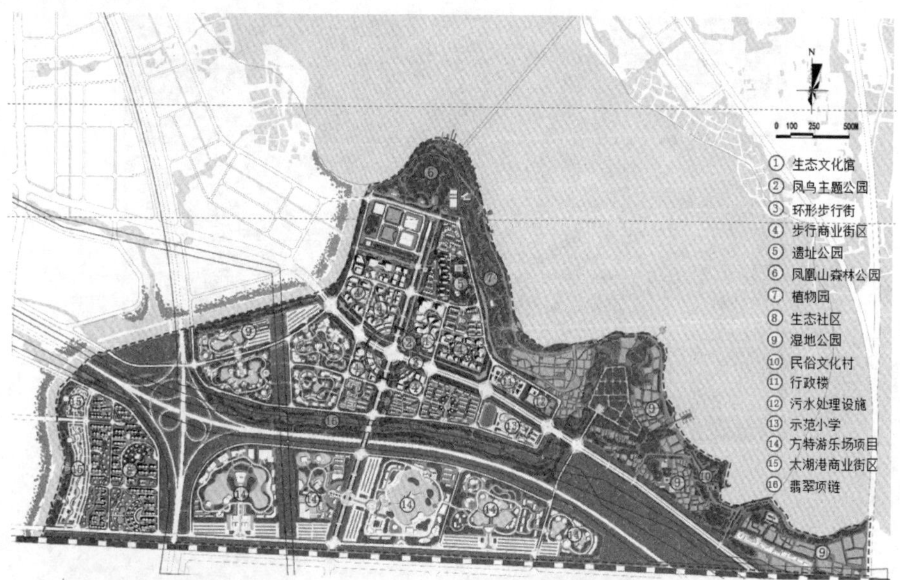

图 4-2-36　中法生态城总平面图

图 4-2-37　中法生态城鸟瞰效果图

出行城市。建设以公交为主导、慢行交通体系为支撑的生态城综合交通系统；建设全覆盖高可达性的慢行系统网络和建立高可达性的公交网络；完善布局交通设施或空间，减少交通对城市的污染，兼具景观和园林效果。

以“尊重自然、窄路密网”为原则，建设层次分明、具有本地特色的生态道路系统（图 4-2-38）。

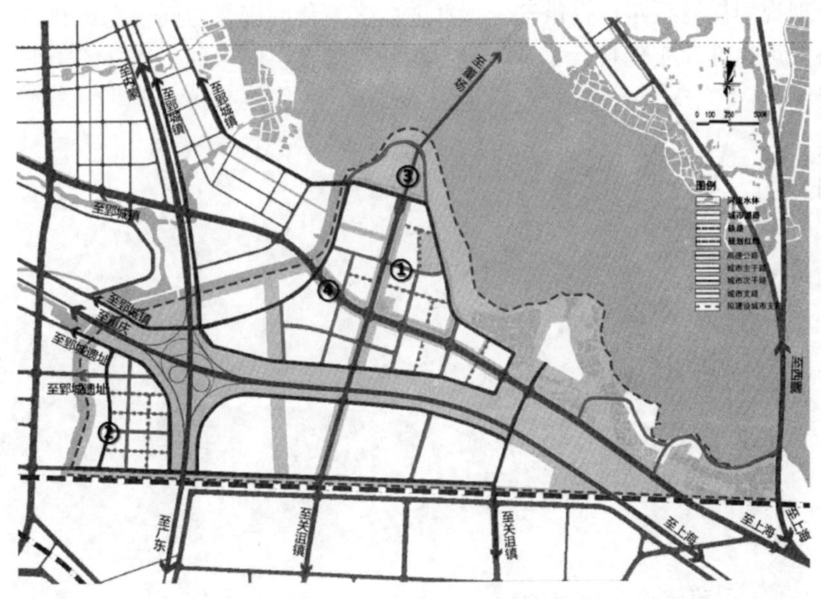

图 4-2-38　道路系统规划图

建立公交专用车道，规划水上航线，实现公共交通与其他交通方式“零距离”换乘，形成系统完整、高效衔接、多元换乘、便捷可达的公共交通系统（图 4-2-39）。

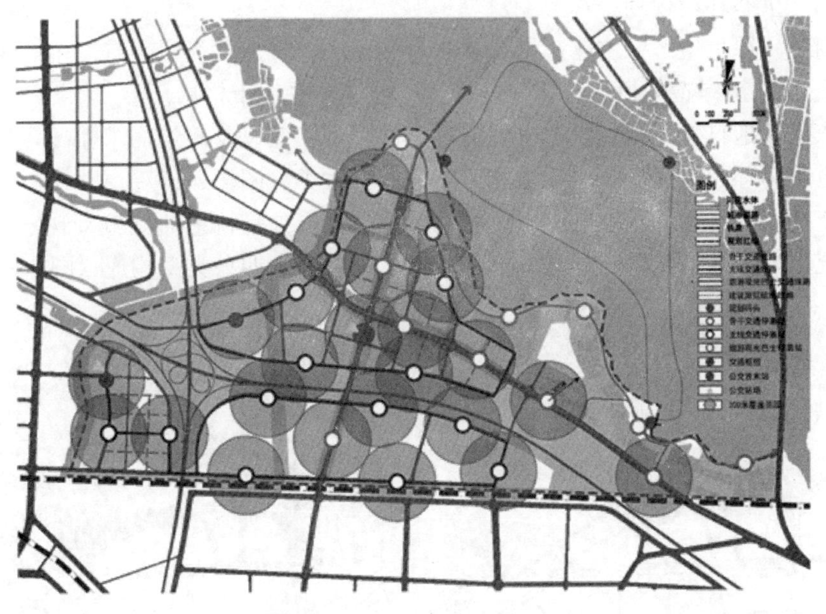

图 4-2-39　公共交通分析图

合理规划慢行线路，提供安全、舒适、多元化的慢行空间。保证自行车专用道网络的可达性，实现自行车专用道与机动车道在空间上的分离（图 4-2-40）。

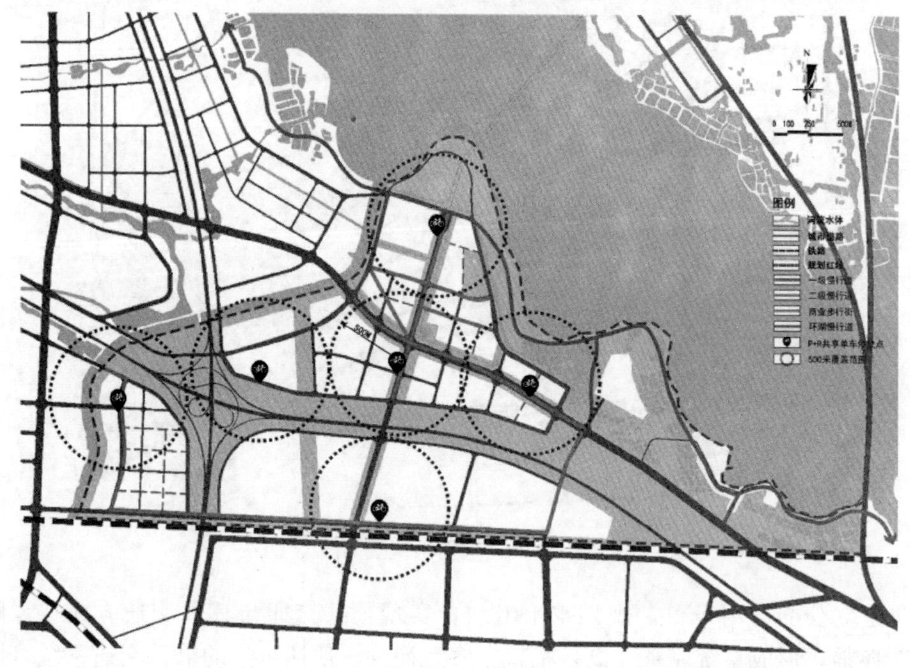

图 4-2-40 慢行交通分析图

（3）生态环境规划

围绕“绿色生态”主题，结合现状自然基底，打造“翡翠项链”生态景观廊道，引入城市-绿道的概念，构建网络化的公园体系城市格局。

依据场地自然环境特点、景观资源条件、现状建设及政策需求情况，规划城市绿道分为环湖绿道、滨水绿道和道路绿道三大类（图 4-2-41）。

依托场地水系、湿地、农田、城市风貌，创造独具特色的城市景观，规划绿化系统由防护绿地、生态绿地、滨水绿地、公共绿地四种类型构成（图 4-2-42）。

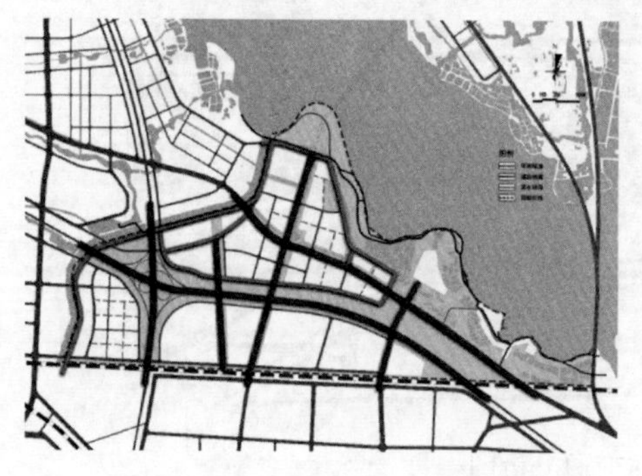

图 4-2-41 绿道网络规划图

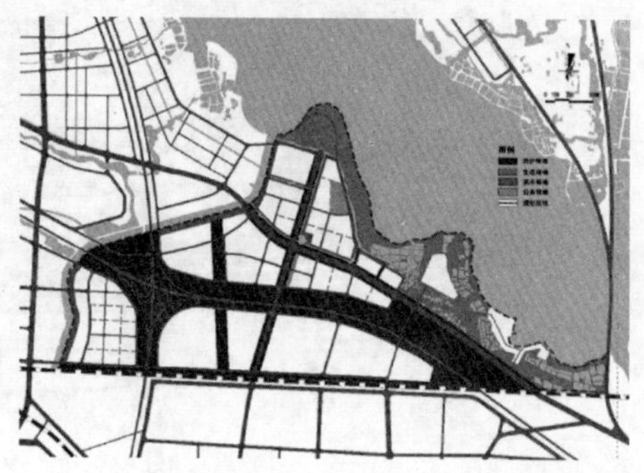

图 4-2-42 绿地系统规划图

以“斑块—廊道—基底”为基本模式，将水面、湿地、植被等斑块通过不同规模和结构的廊道相互串联、贯通，形成一个可以循环流动的网络系统（图 4-2-43）。

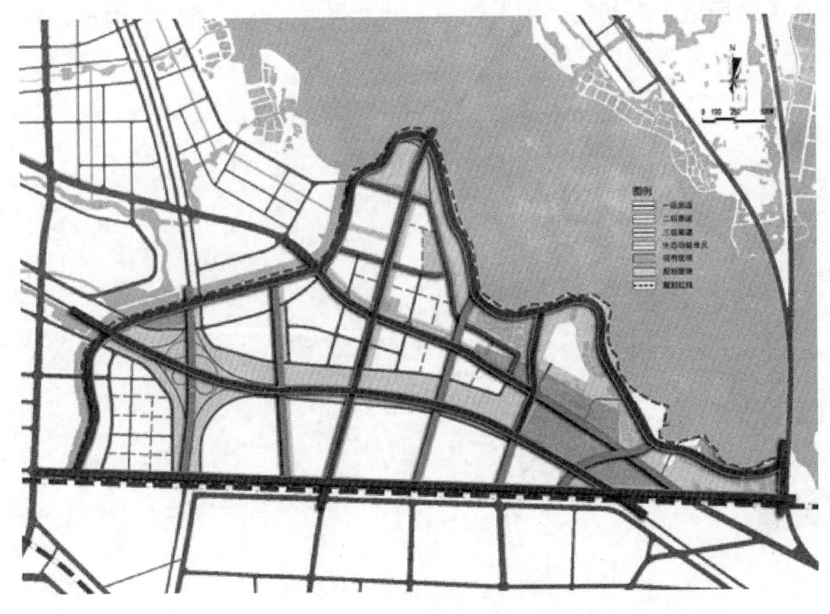

图 4-2-43 生态网络结构规划图

规划将太湖港作为永久水源地，建立雨水管理系统，内部调蓄雨水，并达到生态滞留、下渗及循环利用的功能（图 4-2-44）。

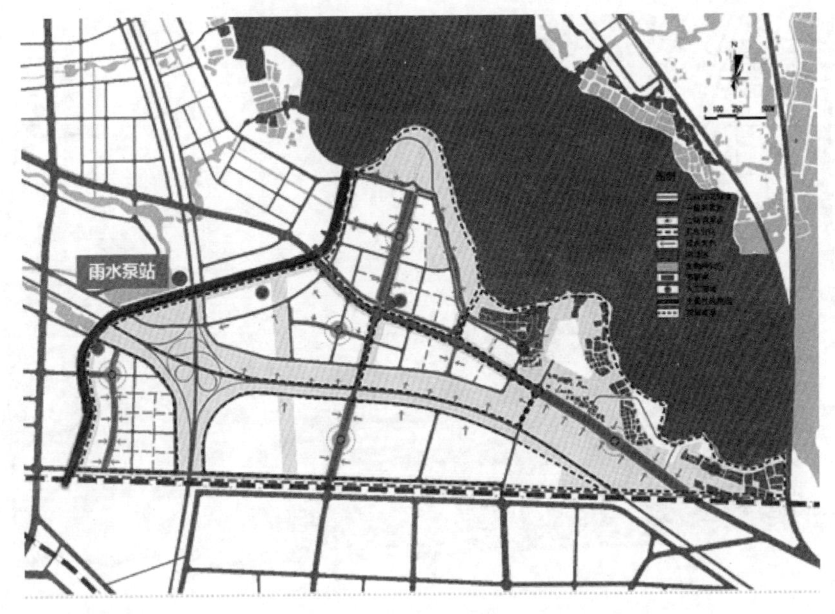

图 4-2-44 海绵城市建设示意图

（4）绿色建筑规划

充分借鉴法国发展绿色建筑的先进理念和经验技术，构建绿色建筑循环体系。综合考虑场地生态基底、用地性质、开发强度、区位条件等因素，确定绿色建筑三、二、一星级绿色建筑基本布局（图 4-2-45）。

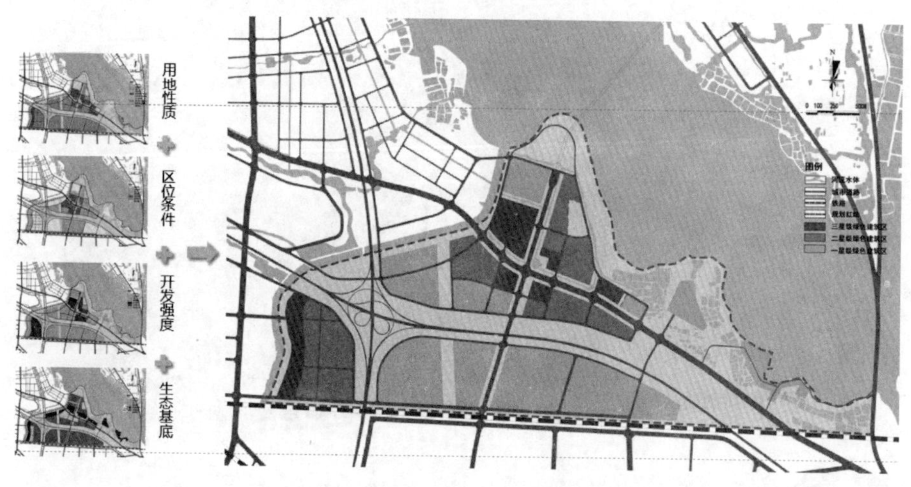

图 4-2-45 绿色建筑星级分布规划图

新建建筑最大限度地节约资源，降低环境破坏，减少建筑能耗，实现能源循环。对北部地区的工业用地、居住小区及东部沿湖民居开展既有建筑节能改造，提升建筑品质（图 4-2-46）。

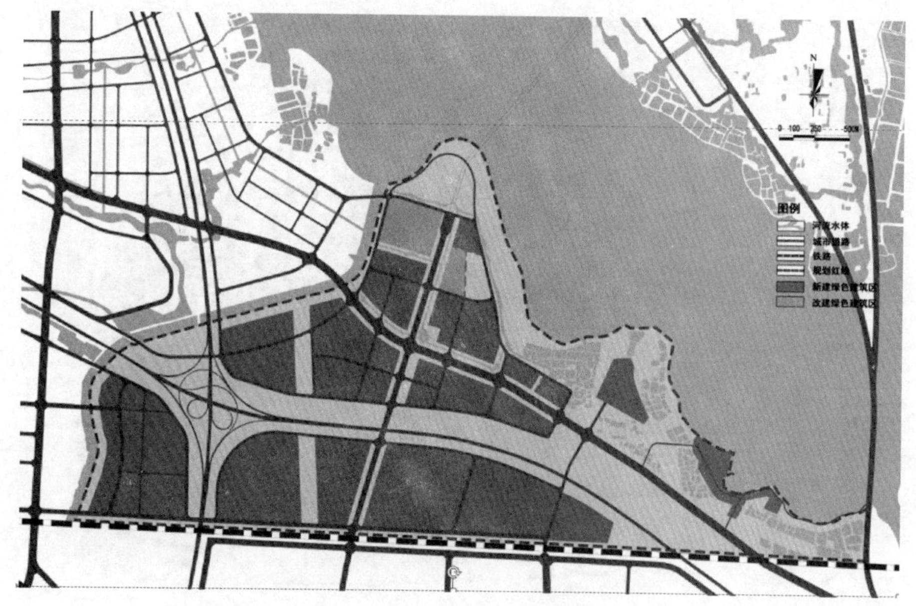

图 4-2-46 既有建筑节能改造规划图

在公共设施用地推广太阳能采暖设施，提升公共建筑能效。在居住区发展太阳能热水系统，为居民提供生活热水。在综合商务设施用地构建太阳能集热能源系统，同时满足采暖与热水需求（图 4-2-47）。

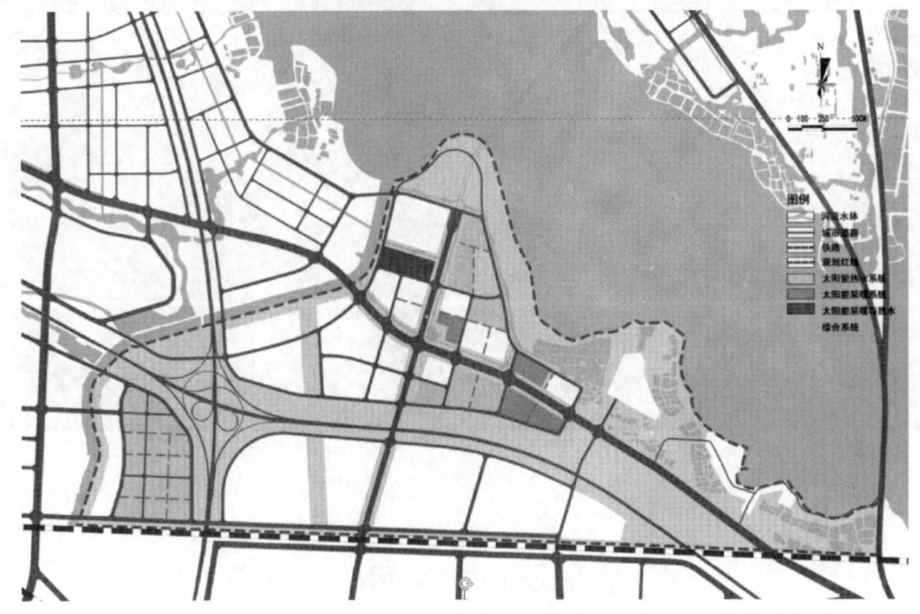

图 4-2-47　建筑绿色能源规划图

（5）低碳半岛设计方案

中国荆楚文化是华夏民族文化的重要组成部分，低碳半岛的设计正是源于荆楚文化中的凤文化。规划以凤凰大道和天谷大道的凤鸟广场为中心，沿天谷大道南北向为核心发展轴，突出体现文化传承、水城交融、低碳示范的设计理念（图 4-2-48、图 4-2-49）。

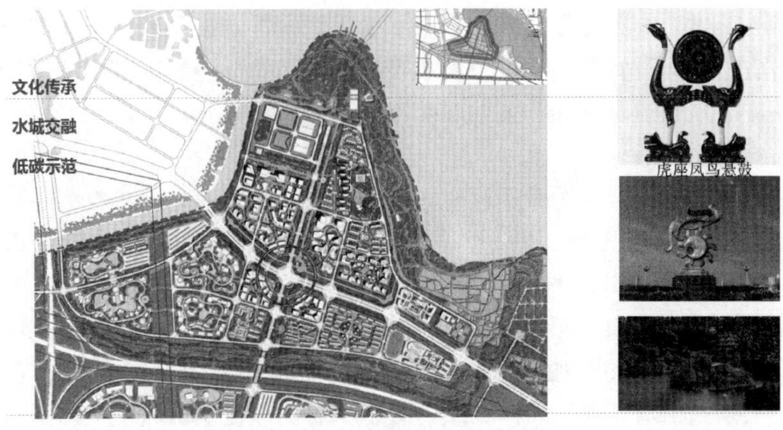

图 4-2-48　低碳半岛总平面图

图 4-2-49 低碳半岛鸟瞰效果图

2.4 宜居城市的空间建设典范

本节选取三个典型宜居城市的空间建设为例：香港、上海及厦门。针对每个城市不同特点，总结典型宜居城市的建设特色，为其他城市建设提供实践性指导。

2.4.1 开放、立体、无障碍的步行天堂——香港

宜居度与多项影响市民生活质量和福祉的城市元素有关。香港采用集约而高密度的发展模式，为人们带来一个非常便捷、高效率的城市，同时拥有丰富蓝绿自然资源。不过，有关发展模式亦带来不少问题。香港正是致力于在高密度的环境下提升宜居，建设宜居、具竞争力及可持续发展的亚洲国际都会。对于香港宜居性调研主要从街道及交通、公共屋邨以及城市环境展开。

(1) 街道及交通

香港是以地铁、轻轨为骨干，有轨电车、双层巴士、公共小巴为主体，水上客运、出租车、居民巴士、支线巴士、缆车为补充的一体化公共交通系统（图 4-2-50）。

由香港的 TOD 城市开发理念，居住基本分布在轨道站点一公里范围内，步行+轨道是比较适宜的交通出行方式。在香港，市民 85%工作的地方都可乘港铁到达，换乘指引清楚明晰，港铁站内有不少商铺，在上班途中可以随时购买所需物品。同时，地铁出入口精心设置，数量多（6～15 个），通达性高，车站周

图 4-2-50　香港的公共交通

围用地商业价值高。香港严格管理小区的建设，在小区建设之前就必须申请到公共交通的配套线路，保证小区建成后住户出行方便（图 4-2-51）。

图 4-2-51　香港地铁

NRDC的中国城市步行友好性评价报告中，香港是唯一的“步行天堂”城市，汽车拥有率低、事故率低。由于只有27%的地区适合自行车骑行（即坡度小于5%），早在20世纪70年代香港就开始在港岛中环规划和建设空中步行连廊，现已形成全球最具代表性的天桥步行系统之一，整个系统连接商业裙房、各中转大厅（堂），并与城市主要交通站点相接，将公共领域和私人领地的界限弱化并融为一体。香港的立体步行系统将行人天桥、人行道、地下通道，与便捷的公共交通系统紧密结合，使市民日常出行通过步行基本能实现（图4-2-52）。

图4-2-52 香港立体步行系统

香港的立体步行系统的空中连廊既关注宜人的内部空间塑造，同时又注重空中连廊空间在外部与其他空间的衔接。在无障碍设计上可以说香港无障碍的完善程度和可用程度超越了内地任何一个城市（图4-2-53）。

图4-2-53 香港的无障碍设计

（2）公共屋邨

基于香港楼市居高不下的现状，由香港房屋委员会或香港房屋协会兴建公共屋邨，现在香港约有三分之一居民、即200多万人居于房委会的67万个及房协的15万个出租公屋单位。屋邨的教育，设施以及交通都较为完善。新翠邨作为香港重点屋邨之一，邨内有两所中学、三所小学、两所幼稚园以及长者邻舍中心。屋邨内配套设施完备，内设有儿童游乐场等等娱乐设施，风雨连廊连接各座楼宇，无障碍措施也较为成熟，为居民提供便利（图 4-2-54）。

图 4-2-54　新翠邨周边幼稚园（左）和长者邻舍中心（右）

（3）城市环境

得益于香港的蓝（海）绿（山）资源，香港居民拥有极为优良的自然环境，85％的人口居住在距离郊野公园的 3 公里范围内；90％的人口居住在距离公园 400 米的范围内（图 4-2-55）。

图 4-2-55　香港城市环境

在维护城市环境的干净清洁上，香港政府出台了诸多政策，结合社会环保组织的力量对民众、学生进行宣传教育，让垃圾处理的正确方式渗透进人们的日常生活。香港环境保护署就曾在 2013 年公布的十年废物管理蓝图——“香港资源循环 2013～2022”，就以“惜物减废”为重点，制定了一个清晰的十年目标，建立“减废、收废、收集、处置及弃置”的综合管理系统。

香港推行了多种便民的垃圾回收设施，包括收集桶、挂墙架、多袋式收集袋（塑料袋、尼龙袋、帆布袋等）、盒子（金属盒、塑料盒、纸盒等）及其他垃圾分类回收桶。金属和塑料的回收主要采用三色分类回收桶和彩色胶带地面分区收集，废纸的回收可采用三色分类回收桶或者挂墙架。香港还采取了罚款措施，对垃圾没有进行分类处理就丢弃的人，一旦发现就给予适当罚款告诫（图 4-2-56）。

图 4-2-56 香港垃圾分类回收举措

2.4.2 富有活力的人文之城——上海

上海是中国内地最适宜居住的城市之一。在巨大的人口、经济和生态环境重压之下，上海的功能运转却极佳。尽管污染和交通拥堵是历史问题，然而凭借发达的公共交通系统，加之以单车共享甚至电动汽车共享措施，上海成了可持续发展的榜样，在宜居城市指标的某些项上取得很好的评分。

（1）街道及交通

上海市规土局、市交通委、市城市规划设计研究院编制发布的《上海市街道设计导则》，这是中国第一个系统地从“完整街道”视角探索城市街道设计的导则，标志着上海市正在引领从“道路”向“街道”的转变。上海高架密集，高架桥周边的行人空间建设虽然完善，但是人性化不足，并未给行人出行带来较大便利（图 4-2-57、图 4-2-58）。

图 4-2-57 上海高架桥

图 4-2-58 上海高架桥周边行人空间

上海公交 71 路是一条由上海巴士第三公共交通公司（巴士三公司）运营的中运量线路，24 小时专用路权和信号优先策略，为 71 路运行提供了必要的运行保障条件。71 路高峰时段车速接近 18 公里/小时，较其他常规公交线路 13 公里/小时的平均运营车速提高 30%以上（图 4-2-59）。

图 4-2-59 上海公交 71 路

最舒适的街道并没有固定的标准，但人们对街道的偏好遵循着一定的标准，适宜步行的街道断面尺度是其中重要的一点，然而上海明显存在步行道路宽度不一的情况（图 4-2-60）。

图 4-2-60　上海街道步行环境

（2）公共空间

上海的广场公园与街心公园建设完善，配套设施齐全，绿化面积可观。木质围栏等细节之处皆可见上海公共空间建设的人性化。上海的公园密度大，公共活动密集，与其他城市的城市中心公园相比。有其值得借鉴之处（图 4-2-61、图 4-2-62）。

图 4-2-61　上海广场公园

图 4-2-62　上海街心公园

（3）城市环境

中西合璧的独特景观体现了上海的城市文化包容性，外滩旅游服务中心紧贴道路红线建造，尺度、立面设计与历史建筑相协调，保持界面的连续与完整。另外，上海发展逐步摆脱了“大拆大建”规模扩张的模式，更加关注于空间环境品质的提升与城市内涵式发展。在城市老旧社区的更新中，激发了城市空间的活力（图 4-2-63）。

图 4-2-63 上海的城市文化包容与更新

2.4.3 气候宜人，干净舒适的花园慢城——厦门

据中国社会科学院发布的《中国城市竞争力报告 No. 15：房价体系：中国转型升级的杠杆与陷阱》显示，厦门上榜“2016 年宜居竞争力指数十强”城市，在全国 289 个城市中排名第五。在 2017 年成功主办了“金砖国家峰会”后，带动了其会展经济发展，同时其优美的港口城市环境和经济特区地位都助力于厦门的城市发展。长期在经济快速发展的同时注重保护环境、注重社会文化建设，使厦门一直保存着独有的特色（图 4-2-64）。

图 4-2-64 厦门：气候宜人，干净舒适的花园慢城

(1) 街道及交通

厦门快速公交系统是目前国内快速公交系统建设中级别最高的公共交通项目，创下了多个全国首创纪录：全国首创多形式组合；全国首创采用高架桥模式；全国首创一次成网。自 2008 年 09 月 01 日起，厦门 BRT 快速公交正式投入使用，系统包括专用车站、高架专用道路和专用车道，是中国首个采取高架桥模式的 BRT 系统（图 4-2-65）。

图 4-2-65 厦门 BRT 系统

自行车高速路概念源于欧美，住房城乡建设部颁布的《城市步行和自行车交通系统规划设计导则》中首次将其列为自行车专用路的一种形式。厦门的自行车高速路采用全高架模式，同时禁止行人、电动车、三轮车等进入，并与其他交通方式隔离，拥有完全独立的自行车路权，尚属国内首例。该高速路因地制宜利用厦门 BRT（快速公交）高架桥底空间建造离地面净空 5 米、单侧净宽 2.5 米的全线双向自行车高架，全长约 7.6 公里，连接多个大型居住社区、重要公共建筑、公园和中学等。项目建设单位的数据显示，截至 2017 年 7 月，骑行量共计达 41 万人次，日均约 4000 人次，日最高骑行量达 12000 人次（图 4-2-66）。

图 4-2-66 厦门自行车快速道

街道环境方面。厦门的绿化以及配套设施较为完善，步行道路宽度适宜，营造了安全、友好、人性尺度街区（图 4-2-67）。

图 4-2-67　厦门街道环境

厦门的人行横道存在着未设置安全岛或渠化岛，路沿石弧度过大，增加行人过街时间的问题。同时，在城市某些路段是机动车单行线，给道路交通顺畅带来压力（图 4-2-68）。

图 4-2-68　厦门人行横道

中国从 20 世纪 80 年代末期开始时兴高架桥的建设，随着城市交通问题的凸现，高架桥在城市中将扮演更重要的角色。厦门利用道路高架桥下闲置空间进行绿化带和道路停车场建设。绿化带一方面作为隔离带，一方面淡化缓冲因高架造成城市环境及景观的破坏，而道路停车场在一定程度上缓解了市民停车难问题（图 4-2-69）。

（2）公共空间

厦门公园众多，尤其是社区公园数量最多。厦门不大，城市土地寸土寸金，

图 4-2-69 厦门高架桥下空间

但在公园建设上可谓是“大手笔”。2017 年，厦门全市新增公园绿地 189 公顷，改造提升 194 公顷，新建 5 个公园。根据《厦门市绿地系统及绿线规划》，到 2020 年全市社区公园还将实现 500 米以内全覆盖（图 4-2-70）。

图 4-2-70 社区公园与城市公园

（3）居民生活

快速的城市开发和建设不可避免地造成了厦门老社区的衰落。老社区巷道空间狭窄，缺少集中的活动场所，大量公共空间被侵占。厦门通过将老社区原有的狭窄巷道的放大，开创新的接口，激活老社区既有资源与城市资源的交流与互换，打破老社区与城市割裂的状态，实现社区更新（图 4-2-71）。

厦门与生俱来的悠闲气质使得居民们习惯于缓慢而自在的生活，厦门的城市节奏是区别于其他城市最鲜明的特点（图 4-2-72）。

（4）城市环境

作为全国十大宜居城市，即使是偏僻街道也都能保持全天持续的清洁。这得益于厦门垃圾分类工作的健康发展和居民垃圾分类的参与率和准确率的提高。在

图 4-2-71 社区更新

图 4-2-72 厦门的慢节奏生活

厦门的校区和校园门口可以很容易看见分类垃圾桶的设置和宣传栏，在一定程度上促进了厦门垃圾分类工作（图 4-2-73）。

图 4-2-73 厦门垃圾分类举措

3　低碳生态城市实践经验与反思

3　Practical Experience and Reflections on Low-Carbon Eco-Cities

绿色生态城市建设已经成为当前全球各国解决交通拥堵、生态破坏、环境污染等问题的一个科学框架。但绿色生态城市并非一场精确定义的理论运动。世界各国、各城市都是结合自身特点，形成各具特色的绿色生态城市发展方式。我国正式启动绿色生态城市建设近12年时间，生态城市政策从无到有，从片面到全面，全国范围内获得绿色标识的建筑数量呈现井喷式增长态势。尽管近年我国绿色建筑发展速度明显加快，绿色建筑政策逐渐完善，具有指导意义的绿色生态城市建设日益增加，但总体来说我国绿色建筑发展仍然存在着短板，当前我国绿色生态城市建设主要存在以下三方面的问题。

（1）绿色理念已广为接受，但缺乏具体实施平台

绿色、生态、低碳等理念经过多年宣传，已经被社会广泛接受。但是绿色理念如何践行，仍然缺乏共识。即便在发达国家，也存在绿色生态城市发展的差异化模式。就当前中国绿色生态城市践行的问题看，绿色生态城市更多是作为一种理念、甚至是一种技术范式存在，缺乏如城市总体规划、土地利用规划这样的实施平台。各城市出台的绿色生态城市规划、生态城市建设等由于地方政府支持不够或依托部门相对薄弱，在具体执行和建设方面仍然存在差距。

（2）条块分割问题突出，亟待强化部门间协调运作

绿色生态城市建设包含环境保护、能源利用、交通出行、城市建筑等多个领域的建设内容。这些城市发展内容分别是由环保部门、能源部门、交通部门以及住建部门管理和具体实施。这样的现状导致绿色生态城市建设进程中的条块分割问题十分突出。各部门分别推进各自领域的规划发展，缺乏协调和统筹，这也造成在一些指标、策略、实施等方面的冲突。基层实务部门也主要依据各自主管部门运转，亟待强化各部门之间的协调运作，综合推进绿色生态城市建设。

（3）基础设施效率不足，城市服务水平有待提升

我国城市在交通、医疗、行政等方面的服务效率存在典型“旱涝不均”问题。这也导致城市基础设施和公共服务设施有效利用不足，影响绿色生态城市建设质量。未来亟待通过信息有效沟通，让公众及时了解全市基础设施和公共设施利用的状况，通过时空调控，提升城市公共服务水平和满足公共需求。

3.1 经验总结[1]

随着气候变化、环境污染、交通拥堵、雾霾等问题日益突出，绿色城市建设已成为我国目前最重要的工作之一。但由于存在问题突出，需要强化创新性思维和突破性工作予以克服，才能大力推进我国绿色城市的建设工作。各地绿色生态示范城市建设项目的经验对于我国绿色生态城市建设具有重要的启发意义。

（1）自上而下推动，建立完善管理制度

绿色生态城市内涵丰富建设过程，涉及不同建设阶段多个管理部门，大部分绿色生态城区主要普遍采取了自上而下的推动方式。通过由区域主管部门，如各大部委融合重组打破部门间的壁垒，减少各部委缺少有效沟通协调机制出现建设理念不统一现象，建立绿色建筑工作联席会议制度等方式，提升了各部门对绿色建筑推动工作的重视，并实施推行了《国家绿色生态城区评价标准》，保障了绿色生态示范城市推动工作高效顺利展开。同时大部分地区都制定了绿色生态城市发展规划明确了当地绿色建筑的发展目标，发展路径引领了具体工作的开展。在此基础上，部分地区还通过出台绿色建筑管理办法等方式，制定了正式的系统的绿色建筑全过程制度管理，实现了绿色建筑全过程闭合管理，推动管理工作实现了规范化和常态化，有效保障了绿色建筑项目建设质量。

（2）积极引导支持，有效调动建设主体积极性

鉴于绿色建筑具有较强的外部性，各生态城区在发展过程中普遍采取了财政奖励资金支持等方式，调动市场主体开展绿色建筑建设实践的积极性。江苏工业园区每年安排5000万节能环保专项引导资金，用于支持节能减排绿色建筑方面工作，有效调动了区房地开发、企业等市场主体建设绿色建筑项目的积极性。此外，北京长辛店生态城采用了市场化推动模式，引导开发企业按照绿色生态理念，开展一级开发形成区域发展特色增加土地收益，据此调动开发企业开展绿色建筑推动的积极性，实现了绿色建筑发展由政府主导向市场推动的转变，推动方式更具有持续性，相关经验值得借鉴。

（3）推进规划工作实践融合，实现理念、技术和平台统一

在绿色生态城市规划过程中需推进绿色生态城市建设与智慧城市、城市总体规划工作融合，实现理念、技术和平台统一绿色生态城市与智慧城市结合应该体现在两个领域的发展。首先是推行新技术改造项目，提升城市既有基础设施的利用效率和排放标准；其次，在新城区域开发新的绿色智慧示范项目，注重新技术

[1] 根据宫玮，张川，李宏军，宋凌，刘凌，马林聪《我国绿色生态城区中的绿色建筑推动实践》整理。

应用（包括生产和排放）、污染监测、节能改造、废物管理等，最终提升能源利用效率和降低碳排放水平。各地城市在具体推进绿色城市建设进程中，还要充分考虑与城市总体规划的对接融合，克服绿色生态城市建设的领域和能力局限，在规划、环境保护、建筑物改造、经济生产、交通设施等各领域都形成相应的智慧改造和绿色标准制定，最终形成一条长期的“绿色”生态城市发展道路。并且为了加快绿色建筑规模化推广有效指导具体实践工作展开，各绿色生态城区需根据国家以及所在省市绿色建筑设计、文件制定情况和实际工作展开，需要编制更加符合当地实际情况的绿色建筑设计规范、施工图审查要点、绿色施工导则、竣工验收规范运营管理技术导则等技术文件。

（4）加强能力建设和技术推广，营造绿色生态城区发展气氛

在能力建设方面，主要是通过开展绿色生态城市标准宣贯，举办技术交流和培训讲座，组织项目现场观摩等方式，对绿色生态城市理念和设计进行培训，不断提升绿色建筑从业人员的专业技术水平。在宣传推广方面，主要通过绿色生态城市技术展示，结合典型项目建立各类绿色建筑展示牌，发放宣传册等方式，向社会大众宣传绿色生态城市理念和作用，形成绿色建筑市场需求。通过上述努力逐渐形成了推动绿色生态城市发展的社会共识，营造了良好的绿色生态城市发展氛围。并且注重项目示范和新技术推广应用，也有助于绿色建筑的宣传推广。同时部分地方结合自身实践，重点开展新技术的推广应用，如装配式技术、垃圾分类处理技术、海绵城市技术等，着力提升绿色建筑发展和技术应用水平并逐步形成地方发展特色。

（5）提升经济产业升级和改善节能减排，顺应新一轮工业革命发展趋势

政府应该鼓励企业以智慧技术推进生产转型与制造升级，包括对生产性服务业企业的支持，政府有选择地采购利用智慧技术提升能源利用效率、环境友好型企业的产品等措施，促进实现智慧、绿色技术与产业升级的结合。当前，智慧城市和绿色生态城市建设并不是单纯某个领域的发展，而是社会经济领域的全面转型和升级。因此，必须从顺应新一轮工业革命发展趋势和内在需求的角度出发，带动城市经济在新能源、新材料、自动化控制技术、节能减排技术等领域的全面崛起和综合发展。同时，积极探讨相关产业市场开发等问题，以智慧、绿色技术推进经济产业升级和提升节能减排水平，以经济产业升级带动绿色城市、智慧城市的建设。

（6）以智慧技术提升城市运行效率，深化绿色城市建设内涵

绿色生态城市的内涵，不仅包括采取集中紧凑城市形态及减少能源消耗，还包括城市管理高效，以人为本，环境、经济和社会可持续发展等内容。因此要求智慧城市技术必须同时瞄准绿色生态城市建设所亟待克服的几个重点领域，包括城市能源系统的整体管理，高效的能源生产和供应技术，智能网络建设和城市热

能供应，城市低能源需求的“绿色建筑”，环保、节能、低碳的城市交通系统等。此外，针对城市能源需求、公共交通、医疗服务、行政办公等公共服务需求的动态变化性较强特点，更需要通过智慧技术实时监测和信息发布，调节社会需求，实现与社会公众有效沟通。从而更好地提升社会管理和公共服务效率，深化绿色生态城市建设的内涵。

3.2 实践反思[1]

（1）生态城市政策从无到有，从片面到全面。回顾我国生态城市相关政策演变，可以看出我国生态城市相关政策，经历了从片面到全面的发展过程。1990年以来，中国对生态环境问题越来越重视，城市生态环境治理以及后来的生态城市建设，逐步成为中国可持续发展与生态文明建设的核心内容之一。各部委相继出台政策并推动试点工作，政策一开始着重增加绿化、治理污染、改善城市生态环境，建设策略是从城市绿化美化的角度来制定和执行的。2000年以后，政策内涵更加丰富，不仅仅停留在增加绿化、加强排污层面，将基础设施建设水平，资源循环利用，生物多样性等纳入政策体系。2007年后，政策进一步提出土地混合使用，绿色交通，绿色建筑等策略，重点强调节能低碳理念。

（2）生态城市初步建立了国家政策试点引导，地方积极探索实践模式。国家层面战略对生态绿色发展越来越重视，要求也越来越明确。各部委也积极推进生态城市相关试点示范工作。在此基础上，一些城市已经取得了一些生态城市建设经验，初步探索建立了生态城市规划的编制方法，创建了适合我国国情的生态城市规划建设指标体系，探索了低碳生态城市规划的管理办法和运行机制，试点推广了生态低碳技术、海绵城市、“三规合一”等政策，并按照低碳生态理念修订了一批城乡规划标准规范，出台了相关促进绿色生态城市建设规划的政策法规。虽然随着《国家绿色生态城区评价标准》出台，各大部委开始融合重组，但是各部委工作仍然缺乏有效沟通协调机制，对生态建设的理念还有待统一，导致国家层面的生态建设规划技术标准规范编制方法和体系还有待明确。

（3）各地生态城市建设全面开花，但发展程度参差不齐。全国各地已经启动了生态城市建设，并通过发布相关政策推动生态城市建设。各地省级以绿色生态示范区评选为抓手，对绿色生态城市建设进行了尝试和探索并积累了宝贵的经验。在国家绿色生态示范区评选的带动下，2013年开始，北京市、山东省、江苏省、安徽省和湖北省等地以省级绿色生态示范评选为抓手，积极探索生态城市建设。省级生态绿色示范区评选有利于以点带面，规模化，快速推进全国生态城

[1] 根据方丹，石悦《国家和省市层面绿色生态城市建设政策》整理。

市建设，以北京市为代表，在不断探索实践中，建立一套完整行之有效的评价体系和评选流程，有力指导生态城市建设，助推城市发展模式的转变。部分地区的生态城市建设已显规模，并总结了一系列实践经验为其他绿色生态城市建设提供指导。然而少部分地区有关城市政策推动只有政策行动不见行动，个别申报评选甚至无疾而终。

低碳生态城市建设已进入经济新常态下的新的发展阶段。在进一步开展低碳城市建设，需要人们逐步实现意识提高，观念更新，理论深化，创新发展、突破常规，更深度推进我国低碳生态城市的建设实践活动。经过几年城市建设的探索，部分城市地区已经为其他城市建设提供实践性建议。对优秀的绿色生态城市建设经验进行总结，以期对生态城市发展起到良好的促进作用。

第五篇　中国城市生态宜居发展指数（优地指数）报告（2018）

中国城市生态宜居发展指数（以下简称“优地指数”）旨在促进规划、建设过程的生态化，反映政府作为，推动低碳生态城市事业的发展；评估低碳生态城市建设的经济、社会、环境效益，推动低碳生态城市建设市场的发展；鼓励公众参与、公众监督，推动社会关注和人文引导。

“城市生态宜居发展指数”是生态城市发展进程的动态考核。该发展指数特点在于它并不是对城市生态建设建成之后的结果进行评估，而是考察生态城市子系统的功能、发展效率与动态。由于城市始终处于动态的建设过程之中，因此，指标体系需要是动态、可比的，既体现了城市与城市之间的横向比较，也能够反映城市自身的纵向比较。对典型地区的绿色低碳满意度评价可以从主观上反映出指数评估不能反映的内容，二者相辅相成，相互补充。指数评估体系的进一步完善需结合居民生态宜居的主观感受，进行综合评价，以便为政府制定科学决策和确定下一阶段的建设目标提供依据。

自 2011 年发布优地指数至今已连续评估 8 年，本篇在 2017 版的基础上更新了 287 个地级市城市生态宜居发展指数评估结果。评估结果对城市进行了总体分布与分类，对不同规模城市的优地指数特征进行分析以及建设成效、建设力度等结果的年际对比分析，得到城市生态宜居发展的历史趋势。同时，通过经济、社会、环境等优地要素的二维评估考量城市生态、宜居建设状况。其中，以城市群为单位，对京津冀、长三角、珠三角城市群的 11 个重点城市的人口特征进行分析，对各城市群的人口发展趋势进行评估。

总体评估结果表明：我国各城市间生态环境建设成效差异较大，总体建设力度较 2017 年均有所提升，城市生态宜居环境的改善力度与意识不断加强，城市总体向好发展。经济较为发达的大、中城市，由于政府及公众的生态意识高，生态文明程度也较高，城市还需要持续地在生态环境建设中投入，向资源节约、环境友好型的发展模式转变。优地指数将通过数据的持续累积与更新，建立具有公信力的第三方评价体系，促进低碳生态城市建设发展。

Chapter V China Urban Ecological & Livable Development Index (UELDI Index) Report (2018)

China's Urban Ecological & Livable Development Index (UELDI Index) aims at promoting the ecological protection during planning and construction; reflect the governments' role in promoting the development of low-carbon eco-cities; evaluate the economic, social and environmental benefits of low-carbon eco-city construction, promote the development of a low-carbon eco-city construction market; encourage public participation, public supervision, and boost social attention and humanistic guidance.

"The Urban Ecological & Livable Development Index" is a dynamic evaluation on the development process of ecological cities. It is characterized by not evaluating the results after the completion of urban ecological construction, but inspecting the functions, development efficiency and dynamics of the eco-city subsystem. As the city is always in the process of dynamic construction, the index system needs to be dynamic and comparable, which not only reflects the horizontal comparison between cities and cities, but also embodies the vertical comparison of the cities themselves? The evaluation on green low-carbon satisfaction in typical regions reflects subjectively what the index evaluation cannot provide. The two complement each other. The further improvement of the index evaluation system needs to combine the subjective feelings of the residents' ecological livability and carry out comprehensive evaluations so as to provide the basis for the government to make scientific decisions and determine the construction goals for the next stage.

Since the release of the UELDI Index in 2011, it has been continuously evaluated for eight years. Based on the 2017 edition, the evaluation results of 287 prefecture-level cities' ecological livability development indices have been updated. The evaluation results carry out overall distribution and classification of these cities, analysis on the characteristics of the advantages and disadvantages of cities at different scales, as well as the inter-annual comparative analysis on construction achievements, construction strength and other results, so as to get the historical trend of urban ecological livable development. At the same time, urban ecological and livable construction conditions are considered through two-dimensional evaluation on economic, social, environmental, and resource and energy sources. With the urban agglomerations as a unit, we have analyzed the population characteristics of 11 key cities scattered on the Beijing-Tianjin-Hebei, Yangtze River Delta, and Pearl River Delta to assess the population development trends of the various urban agglomerations.

The overall evaluation results show that the effectiveness of the ecological environment construction in different cities in China is quite different, and overall construction efforts have been improved compared to 2017. The improvement and awareness of urban ecological livable environment has been continuously strengthened, and the overall development of the city is improving. In large and medium-sized cities where the economy is more developed, the ecological consciousness of the government and the public is high, and the degree of ecological civilization is high too. The cities also need to continuously invest in the construction of the ecological environment, and change to a resource-saving and environment-friendly development model. UELDI Index will continue to accumulate and update data, establish a third-party evaluation system with credibility, and promote the development of low-carbon eco-city development.

1　研究进展与要点回顾

1　Research Progress and Key Point Review

研究组[❶]于 2011 年提出“中国城市生态宜居发展指数”（以下简称“优地指数”），以期对中国城市的生态、宜居发展特征进行深入的评价和研究，至今已连续评估八年。中国城市生态宜居发展指数（优地指数）报告（2018）在 2017 版的基础上，更新了全国近 300 个地级及以上城市的优地指数评估结果，还收集历史数据对 2010～2018 年间的优地指数进行追踪评估[❷]，梳理 2010 年来城市变化动态。此外，还探寻城市经济、社会、环境以及资源能源的发展特征轨迹，实现与经济、社会、环境等各类评价指标的对接。最后，针对典型地区（珠三角城市群）开展居民对生态建设成效的感受力与认可度的问卷调查，有助于在优地指数客观评估的基础上，深入剖析相关城市自身优点和不足，清晰地看出城市生态发展的短板，构建和谐宜居城市。

1.1　方　法　概　要

1.1.1　二维体系

优地指数从低碳建设过程和成效两个维度对中国近 300 个地级及以上城市进行评估与比较，综合评估城市建设过程中生态、宜居和可持续性发展的表现。其中，结果指数主要反映建设成效，从可持续发展、城市高效运营、提高生活水平、提升能源效率、改善环境质量等五个方面来进行综合衡量；过程指数着重体现“发展”，主要从管理高效、生活宜居以及环境生态三个方面来进行评价。两个维度的评估指标体系共包含 5＋14 个评估指标，根据城市建设过程指数和生态建设结果指数的得分，以及城市在二维平面直角坐标系的不同象限的位置，将城市划分为提升型（第一象限）、发展型（第二象限）、起步型（第三象限）和本底型（第四象限），以确定城市生态位（图 5-1-1）。

❶　中国城市科学研究会生态城市专业委员会重点研究课题——由深圳建筑科学研究院股份有限公司组织科研小组研发成果。

❷　考虑评估指标数据可得性和科学性的变化，研究小组在 2016 年优地指数评估方法体系进行了优化，2010 ～2018 年的评估结果基于 2016 年优化的评估方法体系。

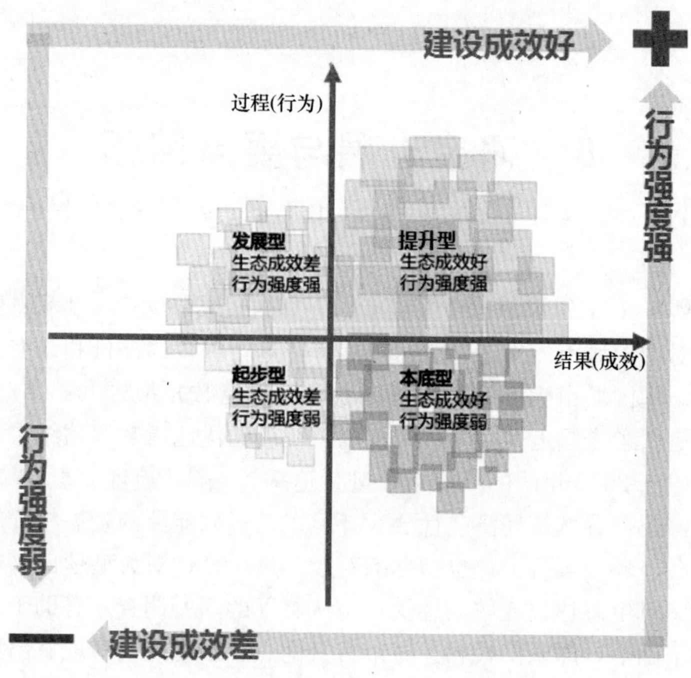

图 5-1-1 优地指数的二维评估体系

1.1.2 数据处理

由于各评价指标的性质不同，通常具有不同的量纲和数量级，在优地指数评估中需要将各项指标都进行标准化处理，基于评估年份所有被评城市的基础水平和规划目标最优值设定各项指标起步值、理想值两个参数，将各项指标数值标准化处理至 0～100 范围内，以便进行加权计算及横、纵向比较。将各项指标均进行标准化处理之后，按照分配权重加权求和，分别求得过程指数和结果指数，综合评价生态城市总体水平。

1.2 应 用 框 架

优地指数自 2011 年初步构建以来，已经持续评估了八年，基于累积的评估数据也在宏观、中观和微观层面上开展了具体的评估应用，形成了相对成熟的应用框架。

1.2.1 宏观：总体布局与发展路径

通过每年对近 300 个地级及以上城市的持续评估，基于这些城市的结果指数、过程指数评估结果，给出全国被评城市的生态宜居建设成效、投入力度的总体排名，以及各类型的城市清单；分析四类型城市的空间分布情况，并基于城市类型的分析结果，对位于不同空间位置的城市类型特征进行分析。

宏观层面评估侧重于对全国生态宜居发展特征的总体研究。对全国生态宜居城市建设的总体进程和历史发展路径进行分析，并进一步量化评估社会经济发展水平（如运用人均GDP、城镇化率等指标）对城市生态宜居建设成效的影响，整体把握城市生态宜居发展路径规律与特征。除以上主要分析内容之外，还可以进一步分析评估结果的年际动态。

1.2.2 中观：区域特征与比较分析

对特定区域与其他区域整体[1]（城市群或省份）的优地结果指数、过程指数进行横向比较，绘制四象限定位图评估该区域的生态宜居发展定位特征。可通过绘制柱状图、风玫瑰图等形成可视化图表，分析各评估区域在生态宜居建设成效与力度方面的长短板，进而提出下一步提升的着力点。

通过分析被评区域内城市在四象限的分布情况，初步判断城市群的生态宜居发展定位以及协同情况。收集被评区域内城市的经济发展、空气质量、能源消耗等优地指数发展特征指标的指标数值、指标变化率数据，从水平-变化率两个维度对各区域社会经济特征进行总体分析与横向比较。最后，对被评区域内城市的行为力度、建设成效的协同性进行比较，分析城市群、省份内部的发展协同水平。

中观层面评估分析特定城市群、省份等区域的生态宜居发展特征，并与其他区域进行横向比较。进一步的，评估现阶段该被评区域的发展侧重点及优劣，以及区域范围内不同城市的发展定位、优劣与趋势，寻找区域内城市间相互协调、协同发展的路径。

1.2.3 微观：城市定位与专项评估

基于历年优地过程指数与结果指数的评估结果，找出被评城市在近300个地级及以上城市中的排名、在四象限中所在象限以及历年发展变化的情况，对城市进行总体定位。对城市总体定位进行评估后，进一步分析城市与全国平均水平、最优水平或者是特定城市的差异，或者各项评估内容所处的水平，选择特定城市（可以是全国总体排名靠前的城市，也可以是地理位置或发展背景相对靠近的城市）的总体结果或各项指标进行对标分析。

---

[1] 城市群/省份评估与城市评估方法大致相同，在选定指标体系后，根据人口、规模、土地面积等指标属性的不同，进行加权赋值，再通过统计处理得出分析结果。

在前述已开展对城市定位、历史轨迹以及城市对标、优劣势进行分析的基础上，可进一步深化对城市具体评估对象指标的分析。例如对经济发展、运营管理、道路交通、能源节约、大气环境、城市绿化等具体指标的专项评估，包括建设水平分析、城市单指标对标、差距分析以及历史趋势情况等，对城市各项发展工作进行具体把脉，以提出下一步着力重点，尽早布局相关工作。

微观层面评估首先要对城市进行生态诊断。在这一过程中，优地指数是从总体上了解城市定位、评估城市生态宜居发展优势与不足的评估工具。通过全国历年近 300 个地级及以上城市的优地指数评估指标与结果的数据累积，可以快速在 300 多个城市中找到被评城市的生态位、历史发展轨迹以及城市发展的优势、不足与潜力。

2　城市评估与要素评价

2　City Evaluation and Element Evaluation

2.1　总体分布与城市分类

2.1.1　中国城市总体分布

（1）四象限分布

根据2018年的评估结果（图5-2-1、表5-2-1），有78个城市属于提升型城市（第一象限），占总城市数量的27%；发展型城市（第二象限）共有142个，占比为49%，比例已接近50%，生态宜居城市建设成效进一步提升的发展空间较大；起步型城市（第三象限）共有66个，占被评城市的23%，这些城市的发展模式仍相对粗放，生态宜居建设成效较差，仍需改善城市生态宜居状况；有2个城市

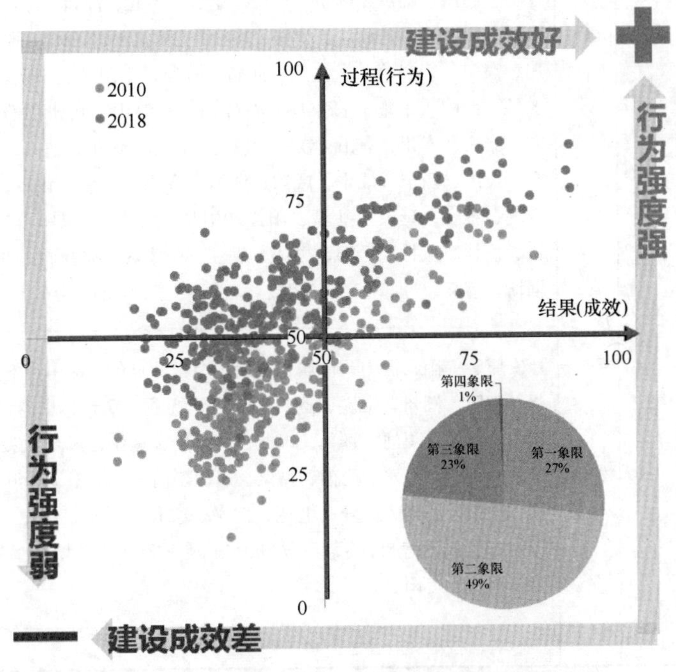

图5-2-1　2018年优地指数评估结果象限分布图

属于本底型城市（第四象限），占比为1%。总体而言，我国的低碳生态建设力度较强，但无论是起步型、发展型还是提升型城市，生态宜居成效仍然滞后于生态宜居建设力度，二者的匹配程度较低。

2018年各城市优地指数评估结果　　**表5-2-1**

类型	象限	数量	占比	城市名称
提升型	一	78	27%	北京、常德、常州、成都、大连、东莞、东营、鄂尔多斯、佛山、福州、广州、贵阳、桂林、哈尔滨、海口、杭州、合肥、呼和浩特、湖州、黄山、惠州、吉安、济南、嘉兴、金华、昆明、廊坊、丽水、连云港、洛阳、绵阳、牡丹江、南昌、南京、南宁、南通、宁波、秦皇岛、青岛、衢州、泉州、三亚、厦门、上海、绍兴、深圳、沈阳、苏州、台州、太原、天津、铜陵、威海、潍坊、温州、乌鲁木齐、无锡、芜湖、武汉、西安、宿迁、徐州、许昌、烟台、扬州、银川、鹰潭、漳州、长春、长沙、肇庆、镇江、郑州、中山、重庆、舟山、珠海、株洲
发展型	二	142	49%	安庆、安顺、鞍山、巴彦淖尔、蚌埠、包头、保定、北海、滨州、沧州、郴州、承德、池州、赤峰、滁州、大庆、大同、丹东、德阳、德州、鄂州、防城港、抚州、阜阳、赣州、固原、广安、广元、邯郸、河源、菏泽、鹤壁、衡水、衡阳、呼伦贝尔、葫芦岛、淮安、淮北、淮南、黄冈、黄石、吉林、济宁、嘉峪关、江门、金昌、锦州、晋城、晋中、荆门、荆州、景德镇、九江、酒泉、开封、克拉玛依、莱芜、兰州、丽江、辽阳、辽源、聊城、临沂、柳州、六安、龙岩、娄底、泸州、漯河、马鞍山、茂名、梅州、南阳、内江、宁德、攀枝花、盘锦、平顶山、平凉、萍乡、莆田、濮阳、齐齐哈尔、钦州、曲靖、日照、三门峡、三明、汕头、汕尾、韶关、邵阳、十堰、石家庄、石嘴山、双鸭山、朔州、松原、随州、遂宁、泰安、泰州、唐山、铁岭、通化、通辽、铜川、渭南、乌海、乌兰察布、吴忠、西宁、咸宁、咸阳、湘潭、襄阳、孝感、新乡、新余、邢台、宣城、雅安、延安、盐城、阳江、阳泉、宜宾、宜昌、宜春、益阳、营口、榆林、玉林、岳阳、枣庄、湛江、张家界、张家口、长治、驻马店、淄博、遵义
起步型	三	66	23%	安康、安阳、巴中、白城、白山、白银、百色、保山、本溪、毕节、亳州、朝阳、潮州、崇左、达州、定西、抚顺、阜新、贵港、汉中、河池、贺州、鹤岗、黑河、怀化、鸡西、佳木斯、焦作、揭阳、来宾、乐山、临沧、临汾、六盘水、陇南、吕梁、眉山、南充、南平、普洱、七台河、清远、庆阳、商洛、商丘、上饶、四平、绥化、天水、铜仁、梧州、武威、忻州、信阳、宿州、伊春、永州、玉溪、云浮、运城、张掖、昭通、中卫、周口、资阳、自贡
本底型	四	2	1%	宝鸡、拉萨

（2）四类城市特征

2018 年，四类型城市的各项指标平均得分情况可见图 5-2-2。提升型城市在各结果、过程指标中均得分较高，各项指标得分都高于其他三个类型城市。其中，提升型城市在改善环境质量与城市高效运营两项结果指数指标得分最高，且城市高效运营指标得分远高于全国平均水平。发展型和起步型城市的结果指数各项指标均低于全国平均值，提升空间较大。另外，提升型城市在生活宜居类指标表现最佳，但在经济发展以及能源、绿化、大气环境等方面还需进一步优化。发展型城市在环境生态类指标总体较优，但在城市管理、经济结构、公共配套等方面尚待提升。起步型城市环境生态类指标总体表现不足，生活宜居、城市管理类指标提升空间较大，结果指标得分总体较低。❶

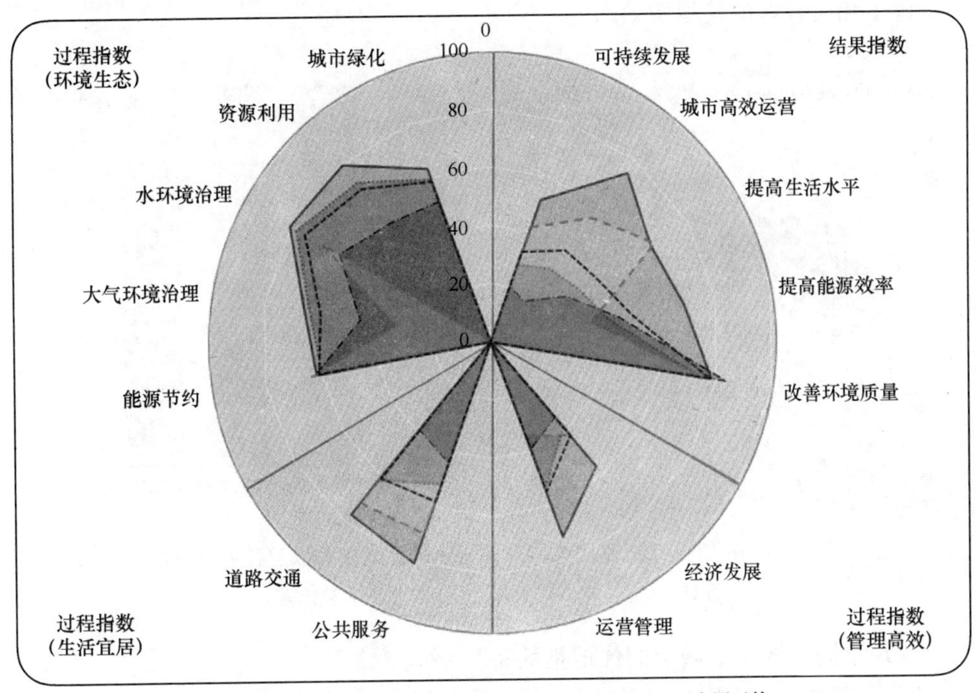

图 5-2-2 2018 年四类城市各项指标平均得分比较图

2.1.2 不同规模城市的优地指数特征

在纳入优地指数评估的近 300 个地级及以上城市中，城市的人口规模、经济发展水平均存在较大的差异，因此对不同规模城市的优地指数特征进行深入分析，以探寻城市生态宜居发展指数与城市发展规模的相关性，以更好地指导城市建设。

❶ 本底型城市由于数量较少，平均值代表性不大，在此不细化分析。

（1）不同人口规模城市的优地指数特征

根据2015年各市的市区人口将纳入优地指数评估的近300个城市分为小城市、中等城市、大城市、特大城市及超大城市❶。可以看出，75%的城市为城区人口少于100万的中小城市，其中大多数城市为发展型城市与起步型城市，在小城市中二者比例分别为51%和37%；中等城市中，二者比例分别为61%和21%，相比而言，中小城市中提升型城市占比都不足20%。大城市主要为提升型城市与发展型城市，占比约为63%和34%，起步型城市不足3%，而7个特大或超大城市均为提升型城市（图5-2-3）。以上数据一定程度上说明，城市人口规模越大的城市类型，提升型城市占比越大，可见随着城市规模的增大，城市对生态宜居建设关注与建设力度也随之增大，特大以及超大城市已在多年的建设积累中取得了相对较好的建设成效。

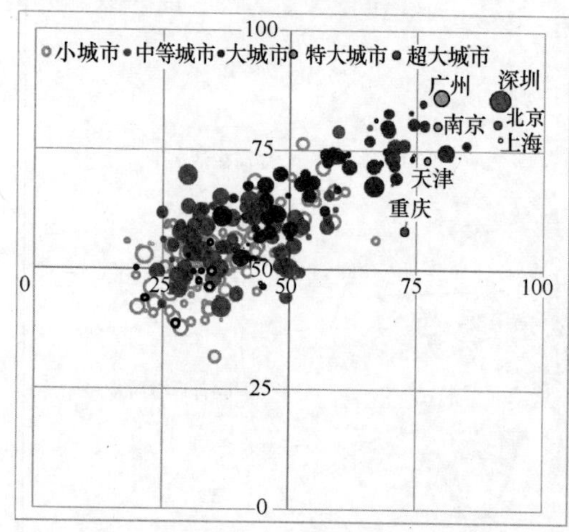

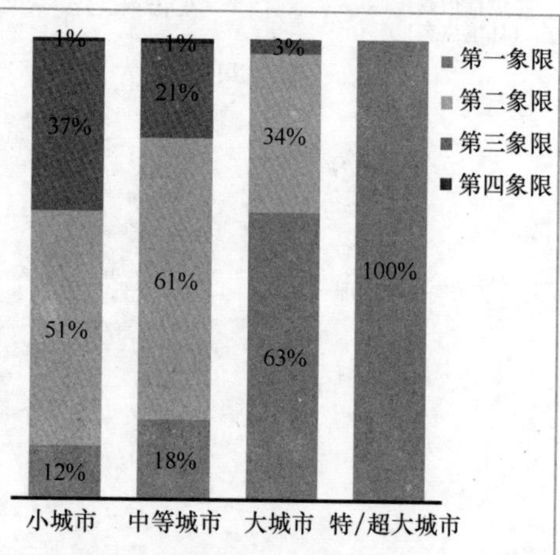

图5-2-3　2017年中国不同人口规模城市的优地指数以及各象限分布
（左图中气泡大小代表城市人口的自然增长率）

（2）不同经济水平城市的优地指数特征

2017年中国的人均GDP约为59660元/人，以人均GDP的1/2、人均GDP、1.5倍、2倍为衡量标准将纳入优地指数评估的城市分为五组。可以看出，我国城市在经济发展水平方面差异较大，按照各市2017年的经济发展水平，人均GDP高于全国人均GDP的城市，仅占全国城市的36%，其中7%的城市人均GDP超过全国平均水平的2倍以上。64%的城市人均GDP低于全国平均水平，

❶　参考2014年11月国务院《关于调整城市规模划分标准的通知》中对我国城市等级分类标准：城区人口在1000万以上的是超大城市，城区人口在（500～1000）万的是特大城市，城区人口在（100～500）万的是大城市，城区人口在（50～100）万的是中型城市。

其中近20%的城市人均GDP不及全国平均水平的一半（图5-2-4）。

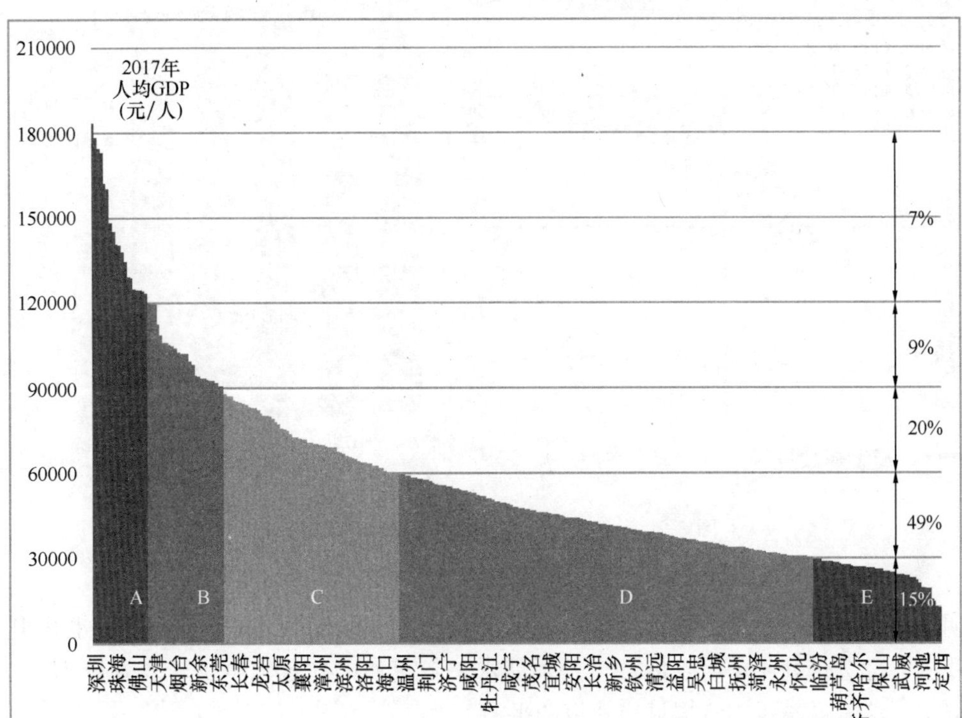

图5-2-4　2017年中国288个地级及以上城市的人均GDP水平分类

为分析经济水平与生态宜居建设成效的关联，绘制五类城市的优地指数四象限分布图如图5-2-5所示。其中A、B两组城市中只有提升型城市和发展型城市，且A组城市提升型城市占比接近95%，说明城市经济发展到一定的阶段，城市对生态宜居城市建设的关注度提升，用低消耗的建设方式实现经济转型，努力向资源节约、环境友好的发展方式转变，并取得了较好成效。C、D、E组城市中仍有起步型城市，其中人均GDP略高于全国人均GDP的C组城市中起步型城市占比小，提升型城市和发展型城市两者占比接近，本底型城市主要分布在C组城市，从某种程度上说明C组城市还在寻求经济发展和生态环境改善间的平衡。

在人均GDP低于全国平均水平的D、E两组城市中，发展型城市和起步型城市占比较大，其中D组城市发展型城市占比最大，E组城市则以起步型城市居多。这说明经济发展水平较低的城市正处于起步和成长的交替阶段，D组城市改变粗放型的经济增长模式的建设力度相对较大，而E组城市还需政府、企业和公众提升对城市生态环境的关注度，加大宜居建设力度，从而进一步接近实现经济与环境保护协调发展的目标。

可以看出，人均GDP越高的城市分组中提升型城市占比越大，这一方面说

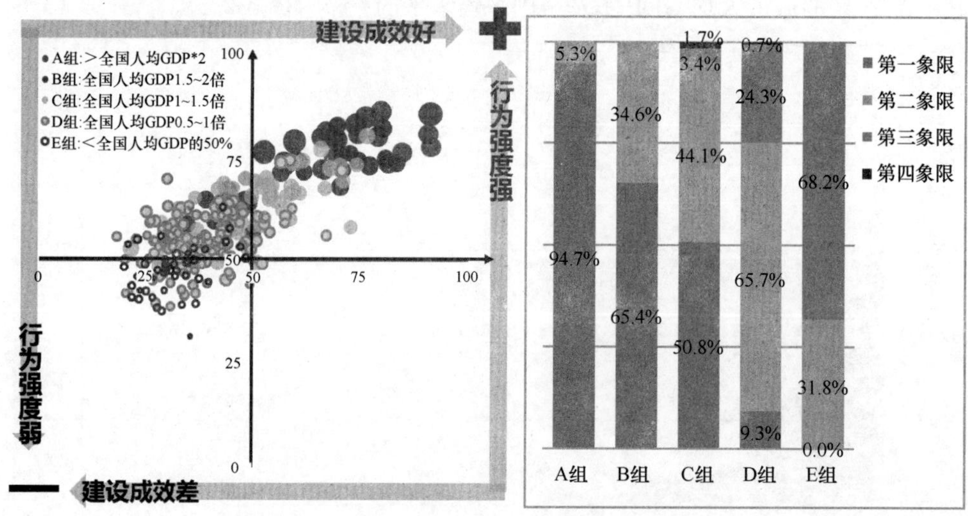

图 5-2-5　各类经济水平城市的优地指数特征
（左图中气泡大小代表城市人均 GDP 水平）

明经济发展水平较高的城市对生态宜居建设的关注与力度较大，另一方面也凸出我国大部分仍处于中度发展甚至是发展水平较落后的地区，亟须转变发展理念，寻求经济发展与生态宜居城市建设的平衡。

2.1.3　历史趋势

基于 2016 年优化的优地指数评估体系，研究收集了各评估指标的历史数据，对 2010～2018 年间全国近 300 个地级及以上城市的优地指数进行追踪评估，分析我国城市生态宜居发展的历史轨迹。

（1）城市类型变化趋势

2010～2018 年我国城市类型分布变化趋势见图 5-2-6，其中发展型城市呈逐

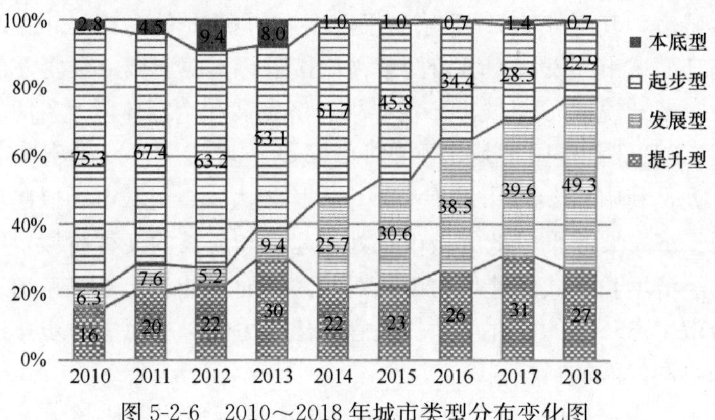

图 5-2-6　2010～2018 年城市类型分布变化图

年增加的趋势，城市比重从2010年的6.3%上升至2018年的49.3%，增长43个百分点；起步型城市呈逐年下降的趋势，城市比重从2010年的75.3%下降到2018年的22.9%，降幅高达52.4%，并首次出现起步型城市占比低于25%的情况。提升型城市和本底型城市则呈现波动式变化，变化幅度相对较小。提升型城市总体增长，占比从2010年的16%上升至2018年的27%；本底型城市占比从2010年的2.8%下降到2018年的0.7%。总体来说，提升型城市数量总体呈上升趋势，发展型城市大幅度增加，同时起步型城市大幅度减少。可见随着城市之间生态意识的增加，建设力度逐步加大，越来越多的城市正在转变发展模式，加大城市生态宜居环境的改善力度，实现城市总体持续向好发展。

（2）建设成效发展趋势

优地结果指数在2010～2018年的数值分布变化情况详见图5-2-7（左）。2018年，优地结果指数的数值分布在18.0～91.4之间，城市间的生态、宜居建设成效差异较大。2010～2014年，结果类指数平均值逐年较快上升，在2014年达到最大值，说明这四年间，我国城市的生态宜居建设成效不断取得进步。2014～2018年，结果类指数平均值开始下降，并逐渐在稳定范围内波动，说明在2014年后，生态宜居建设成效增长进程经历瓶颈期。

2010～2018年结果指数各项评估指标的平均得分变化情况见图5-2-7（右）。城市高效运营、提高生活水平以及提高能源效率三项指标评估平均值在逐年攀升，建设成效显著，尤其是城市高效运营方面进步最大。值得注意的是，城市在改善环境质量方面的评估平均值总体呈下降趋势，而可持续发展指标项评估平均值在2013年以前逐渐上升，此后开始不断下滑，因此需对城市环境质量改善和

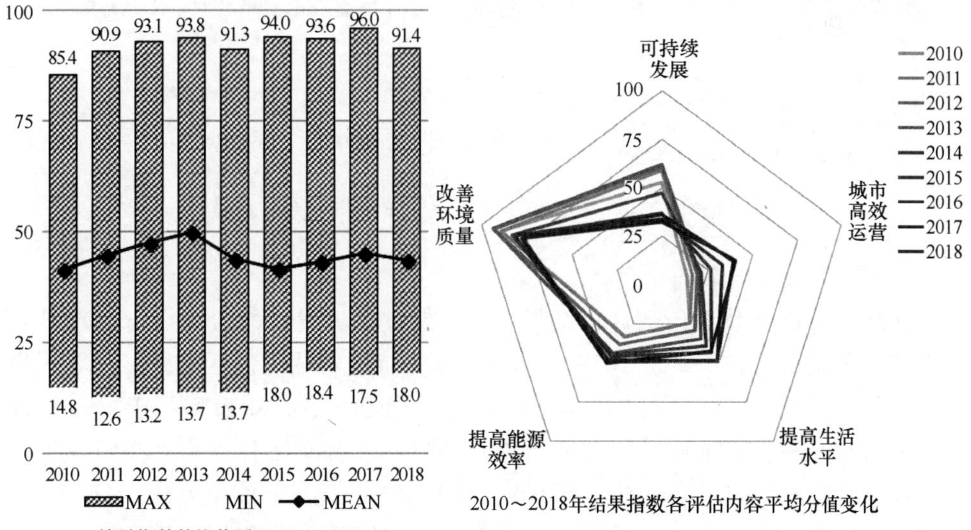

图5-2-7 2010～2018年结果指数和过程指数取值范围以及平均值

可持续发展方面投入更多关注。

（3）投入力度发展趋势

优地过程指数在 2010～2018 年的数值分布变化情况详见图 5-2-8（左）。在 2018 年，优地过程指数的数值分布在 31.7～86.0 之间，说明各城市生态建设模式较为不同。2010～2018 年，过程类指数平均值稳步上升，说明随着城市的生态、宜居建设受到的关注日益增加，建设力度逐步加快。

根据 2010～2018 年过程指数各项评估内容平均值变化，如图 5-2-8（右）所示，过程指数各项指标的平均得分总体呈逐年提高趋势，这说明城市在城市生态宜居建设的投入力度不断加大。大气环境治理、水环境治理的平均得分较 2010 年以来变化最大，可见近几年城市大气环境和水环境治理的投入力度加大且效果显著。而经济发展指标的评估平均值增长缓慢，因此城市在改变经济结构和经济增长模式上还需加大投入力度。

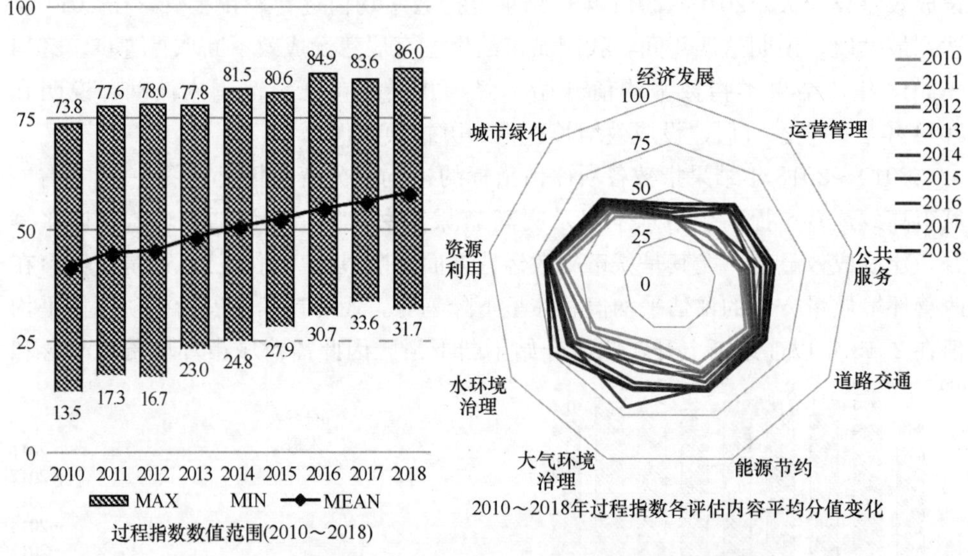

图 5-2-8　2010～2018 年过程指数和各项指标发展趋势

（4）建设成效排名前十名城市

2010～2018 年优地指数评估结果中，生态宜居建设成效（结果指数）得分排名前十名城市见表 5-2-2。2018 年，建设成效前十名城市包括上海、深圳、北京、杭州、大连、宁波、厦门、青岛、广州、南京，这些城市均属于提升型城市，具有较好的生态本底，生态宜居现状良好，生态文明程度高。2010～2018 年，深圳、上海、北京、杭州、青岛五个城市始终一直位于前十名榜单中，这主要归因于这些城市多年建设过程中对生态宜居持续的重视和创新的投入。九年来，上海与深圳始终跻身建设成效前三甲，2018 年上海市再度超过深圳市位列生态宜居建设成效的最佳。

2010～2018 年建设成效前十名城市　　表 5-2-2

排名 \ 年份	2010	2011	2012	2013	2014	2015	2016	2017	2018
1	上海	上海	上海	上海	深圳	深圳	深圳	深圳	上海
2	深圳	北京	深圳	深圳	上海	上海	上海	上海	深圳
3	北京	深圳	杭州	北京	北京	杭州	北京	杭州	北京
4	杭州	杭州	北京	杭州	杭州	北京	杭州	北京	杭州
5	青岛	大连	天津	天津	厦门	大连	大连	厦门	大连
6	苏州	沈阳	沈阳	苏州	广州	厦门	厦门	广州	宁波
7	大连	天津	苏州	沈阳	苏州	广州	苏州	大连	厦门
8	天津	苏州	大连	广州	无锡	苏州	广州	宁波	青岛
9	广州	青岛	青岛	成都	青岛	无锡	宁波	苏州	广州
10	烟台	南京	广州	青岛	沈阳	青岛	青岛	青岛	南京

（5）增幅最大的十大城市

根据 2010～2018 年评估结果，生态宜居建设成效改善幅度大的城市名单见图 5-2-9。牡丹江、遂宁、呼伦贝尔改善幅度排名位居前三，铜仁、丽江、固原、鹰潭、吴忠、抚州紧随其后。其中，宁夏回族自治区五个地级市中有两个进入以下城市名单，宜居建设成效最为显著。以上十个城市 2010 年的结果指数排名均居于全国下游，而到 2018 年排名变化均超过 110 名，进入全国中上游水平。这说明以上城市都处于积极型变化路径中，加快推进政策扶持和城市发展模式的转

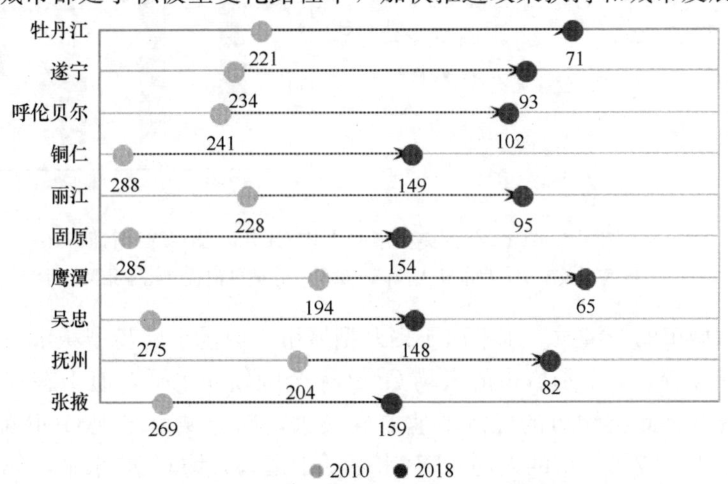

图 5-2-9　2010～2018 年建设成效提升幅度最大城市

（注：图中数字为结果指数排名）

变，生态宜居建设发展较快，已日见成效。

2.2　优地要素的二维评估

优地指数以城市生态宜居行为过程-建设成效两个维度的综合评估为基本特征，为了进一步挖掘城市生态宜居建设过程中的过程-结果二维关系，本节将对经济、人口及环境等优地评估要素行为力度与建设成效之间的关联进行探讨。

2.2.1　经济：经济水平与生态宜居程度正相关

2017年纳入优地指数评估城市的人均GDP与GDP增速见图5-2-10（左），其中横纵坐标轴代表全国平均水平。总体而言，提升型城市的经济发展水平较高，大部分提升型城市的人均GDP以及GDP增速水平高于全国平均水平及其他三类型城市，也有部分城市的人均GDP水平低于全国平均水平；GDP增速均为正向增长且城市间差距较其他三类型城市小，总体呈现出齐头并进的发展趋势，基本实现经济和生态宜居的协调发展。

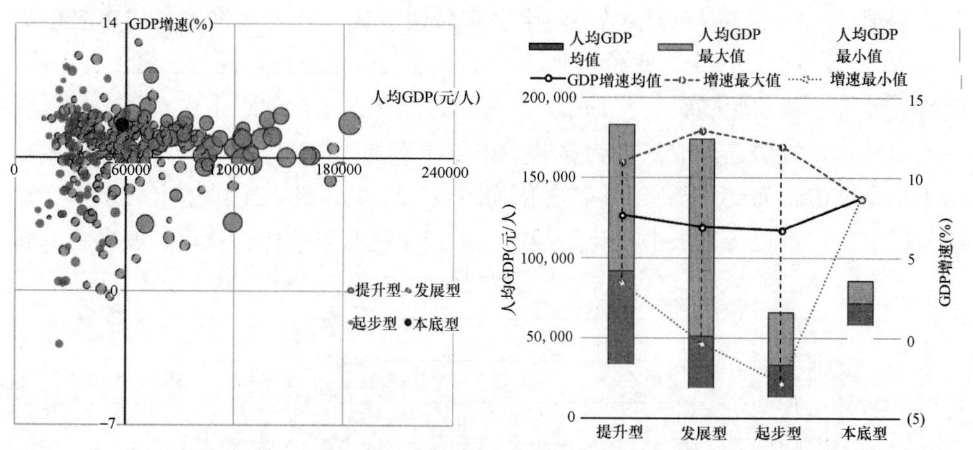

图5-2-10　2017年各类城市的人均GDP以及GDP增速

（备注：本底型城市中，目前缺失拉萨市数据；左侧气泡代表结果指数大小）

发展型城市的经济发展水平次于提升型城市，但优于起步型城市，城市间的经济水平差异较大，个别城市的人均GDP为全国领先水平，但生态宜居建设成效仍有待提升；此类城市的经济增速差异较大，部分城市出现GDP的负增长。起步型城市中，97%城市的人均GDP水平低于全国人均GDP水平，58%的城市GDP增速低于全国平均增速，个别城市的GDP出现负增长。

以上分析比较符合城镇化发展的规律，即处于低碳生态建设的起步和发展阶段的城市经济水平发展不高，经济发展与城市生态、宜居建设存在一定的正相关关系。经济越发达，经济实力越雄厚的城市在城市宜居发展指数中的表现越好，能够对城市基础设施进行必要的投资，有能力建立专业、有经验的行政机构，推动城市生态宜居建设项目的实施。

2.2.2 社会：深、上、北三市呈现强劲的人口吸引力

考虑人口的流入流出可以体现城市对人口的吸引力，在一定程度上表征城市在生态宜居发展建设成效的水平，因此评估市区人口与户籍人口的关系，以及人口密度、城市人口自然增长率特征，各类城市人口特征见图 5-2-11。从人口自然增长率来看，各市人口总体呈现增长趋势，随着二胎政策的放开，部分城市人口自然增长趋势强劲。从人口的流动性来看，提升型城市的人口吸引力表现显著，起步型、发展型城市的人口密度差异较大。针对起步型、发展型城市，城市人口密度较大的城市需加强对城市居住环境质量的提升，改善民生；而人口密度较小的城市，也面临生态宜居城市建设，增强人口吸引力的一定压力。

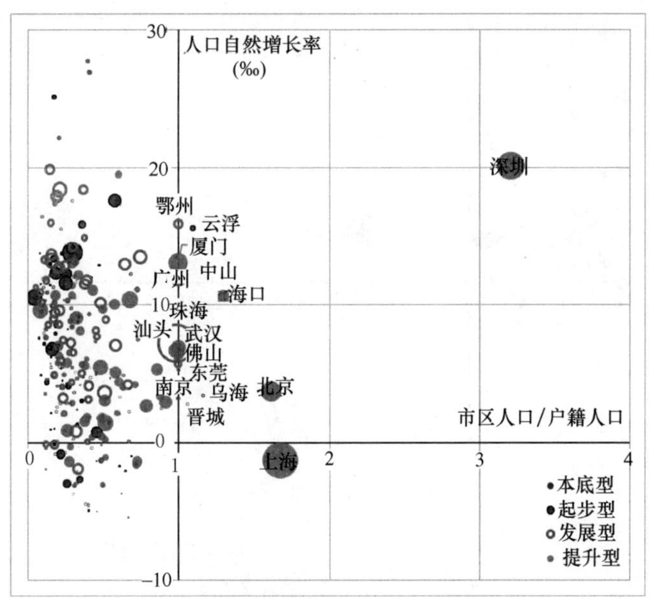

图 5-2-11 全国地级及以上城市人口特征比较

（备注：图中气泡代表人口密度）

为了进一步分析城市人口吸引力与生态宜居建设水平的关系，选取京津冀、长三角、珠三角城市群的人口特征进行阐述，见图 5-2-12。三大城市群中，京津冀作为土地面积最大的城市群，人口密度最小，发展潜力最大，北京、天津地区经济的快速发展和城市化进程的快速推进，对资源起到“虹

吸”效应，人口加快聚集，产生人口虹吸效应，但除北京、天津外的京津冀城市群内部其他城市，人才吸引力不足，市区人口不及户籍人口的50%。长三角城市群人口增长相对均衡，已有3个城市人口自然增长率为负；其中上海呈现较强的人口吸引力，尽管人口自然增长率为负，但市区人口超过户籍人口的1.5倍，外来人口在上海大规模集聚，这使得上海的人口密度远远超过其他城市。珠三角城市群九市的人口自然增长也相对均衡，而对于人口的吸引力呈现三个层级，深圳的人口吸引力较大，尽管户籍迁入的门槛远低于北京、上海，目前市区人口仍是户籍人口的三倍以上；广州、佛山、中山等5个城市市区人口与户籍人口基本持平，另有3个城市人口外流严重，市区人口不及户籍人口比值的50%，人口密度相对较小。

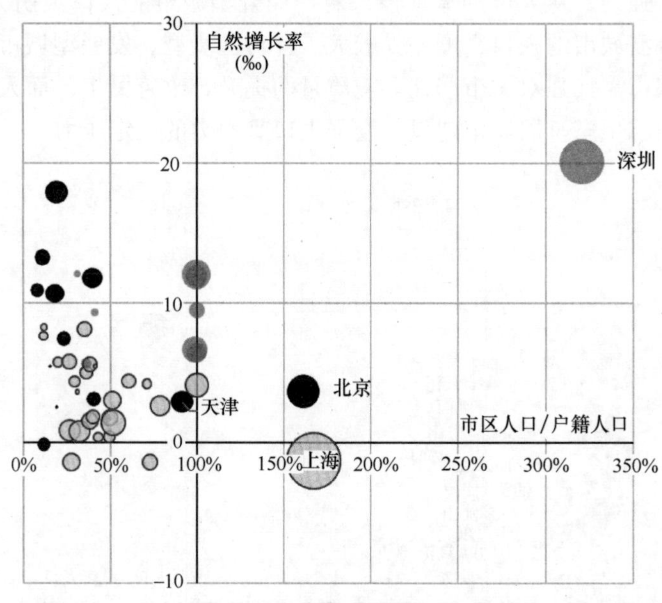

图 5-2-12 京津冀、长三角、珠三角城市人口特征比较

（备注：图中气泡代表人口密度）

2.2.3 环境：2015以来超半数城市空气质量改善

2017年是我国实施《大气污染防治行动计划》的收官之年，空气质量改善状况备受关注。2015～2017年，全国各城市的空气质量优良率改善情况图5-2-13，全国51%的城市空气质量改善。其中，空气质量优良率改善排名前十的城市分别为：枣庄、荆门、漯河、武汉、鄂州、平顶山、通化、通辽、荆州、德

州，其中有 4 市位于湖北省，其环境空气质量改善幅度居全国前列。

同时，全国仍有 42%的城市空气质量出现不同程度的下降。其中，下降幅度最大的十个城市分别为：临汾、淮北、亳州、淮南、晋城、池州、运城、德阳、宿州、乌鲁木齐。以上一半的城市位于安徽省，临汾、晋城、运城三市位于山西省，安徽、山西两省部分城市在 2015～2017 两年间的空气质量改善工作推进较缓慢，空气质量下降幅度较大。

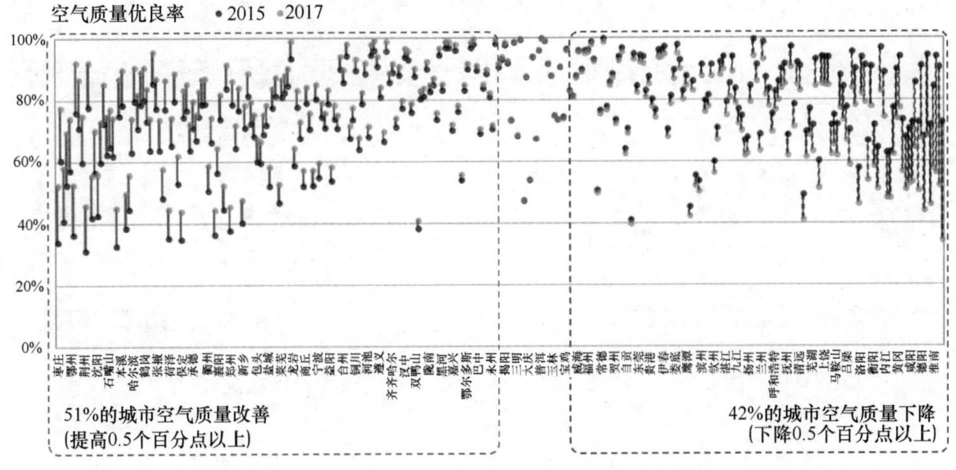

图 5-2-13　2015～2017 年空气质量优良率改善状况

作为大气环境的主要污染物之一，PM2.5 近年来受到全民关注。2015～2017 年，全国城市 PM2.5 年均浓度保持总体改善的趋势。空气质量优良率改善状况良好的省份，例如河北省、山东省、湖北省以及河南省等，其城市 PM2.5 年均浓度一般也呈现出下降趋势，说明以上省份的城市大气污染防治工作方面完成地较为出色。而部分省份空气质量呈下降趋势，PM2.5 平均浓度不降反升幅度较大，例如安徽省、山西省、江西省等，大气污染防治形势较为严峻。

两年间，72%城市的 PM2.5 年均浓度实现不同程度的下降，降幅最大的城市从 2015 年的 102$\mu g/m^3$ 下降至 70$\mu g/m^3$，相比而言仍有 18%的城市的 PM2.5 年均浓度出现不同程度的提高。山东省表现优异，在 PM2.5 年均浓度降幅最大的十个地级及以上城市中，有 5 个城市为山东省城市。池州、临汾、咸阳、阜阳、西安等市 PM2.5 年均浓度有显著提高趋势，形势严峻，仍需进一步加强 PM2.5 的治理（图 5-2-14）。

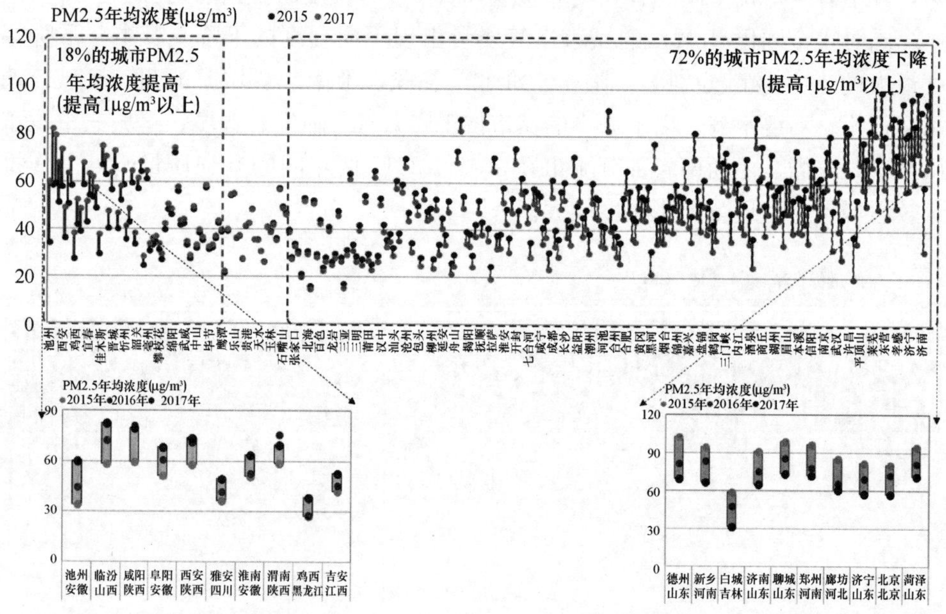

图 5-2-14　2015～2017 年 PM2.5 浓度改善幅度状况

2.3　小　　结

我国城市的总体建设过程模式趋同，大多数城市（72%）处于城市宜居发展二维结构中的第二、三象限，即生态城市建设的起步和发展阶段。根据 2018 年更新的优地指数评估结果，提升型城市数量总体呈上升趋势，发展型城市大幅度增加，同时起步型城市大幅度减少。其中，提升型城市多为经济发达的大、中城市，发展型城市正在逐渐转变发展模式，寻求经济发展和生态环境改善之间的平衡。起步型城市的发展模式有待转变，生态环境建设成效有较大提升空间。

对经济、人口及环境等优地评估要素行为力度与建设成效之间的关联进行探讨，以进一步挖掘城市生态宜居建设过程中的过程-结果二维关系。可以发现，我国生态宜居发展的进程中，经济较为发达且人口规模较大的城市，政府更注重生态环境保护，生态文明程度高，注重在建设过程中采取低消耗的方式，从而实现经济转型，并取得较好的成效；环境治理取得一定成效，大气环境质量环境改善程度较好，但仍有较大提升空间，需要努力实施节能减排措施。

3　典型地区的公众评价

3　Public Evaluation on Typical Areas

2017 年 8 月，课题组在珠三角城市群开展低碳建设公众评价，通过居民问卷、城市管理者问卷以及网络问卷方式征求不同利益相关者对于城市居住环境、低碳参与意愿与建议、城市低碳建设工作满意度等情况的意见，以在优地指数客观评估的基础上，深入剖析相关城市自身优点和不足，清晰地看出城市生态发展的短板，构建和谐宜居城市。

3.1　绿色低碳建设满意度

3.1.1　环境改善

（1）环境质量评价

1）空气质量评价

从城市蓝天印象和空气质量放心程度两方面考察被调查人员对所在城市空气质量的评价，结果如图 5-3-1 所示：珠海、惠州的蓝天常见率为调研城市中最高，对城市空气质量的满意度也最高，80%以上的人反映所在城市经常可以看到蓝天。深圳作为珠三角乃至广东省的经济发展大市，始终坚持经济和环境保护的协调发展，在空气质量治理方面取得一定成效，仅次于珠海和惠州。

肇庆市拥有丰富的森林资源，城市生态本底良好，加上政府部门重视环境保护工作，因此城市空气质量良好，居民对空气质量放心程度高达 69%，为调研城市中最高，蓝天常见率也相对较高。广州和东莞两市的空气质量评价结果较差，蓝天常见率低，广州市仅为 29%，为调查城市中最低，且广州市居民对空气质量的担心度最高，有 19%的人表示经常担心空气质量，其次为东莞市。可见，珠三角九市中广州和东莞两市的空气质量状况有待进一步提升，另外七个城市空气质量良好，均有 50%以上的人反映能经常看到蓝天。

2）水环境质量评价

从城市水体印象和饮用水水质放心程度两方面考察被调查人员对所在城市水环境质量的评价，结果如图 5-3-2 所示。在水体印象方面，深圳、珠海、惠州和肇庆四市整体结果优于其他城市，城市水体治理及保护工作成效显著，各市均有

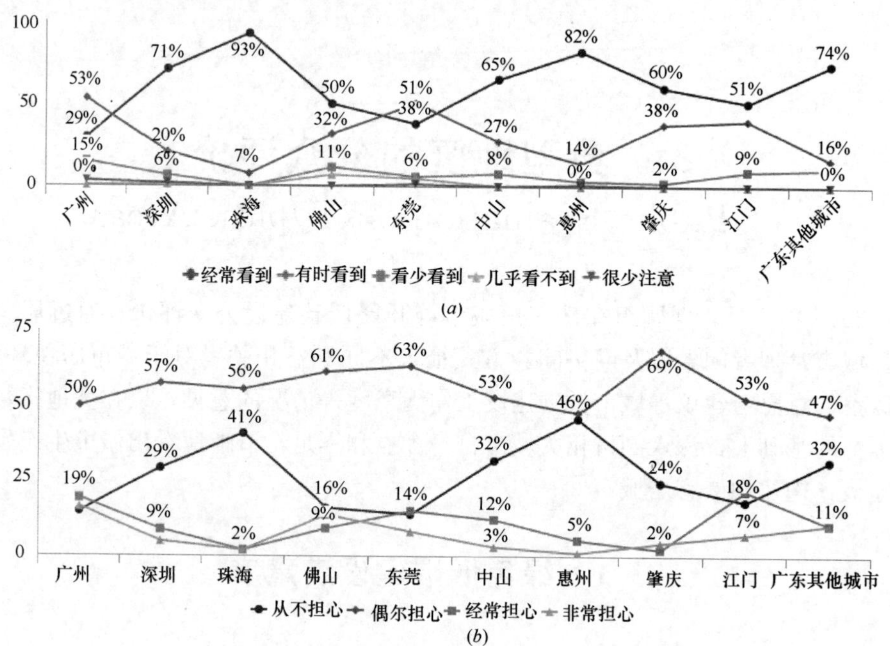

图 5-3-1 珠三角九市空气质量评价图

（a）蓝天印象；（b）空气质量放心程度

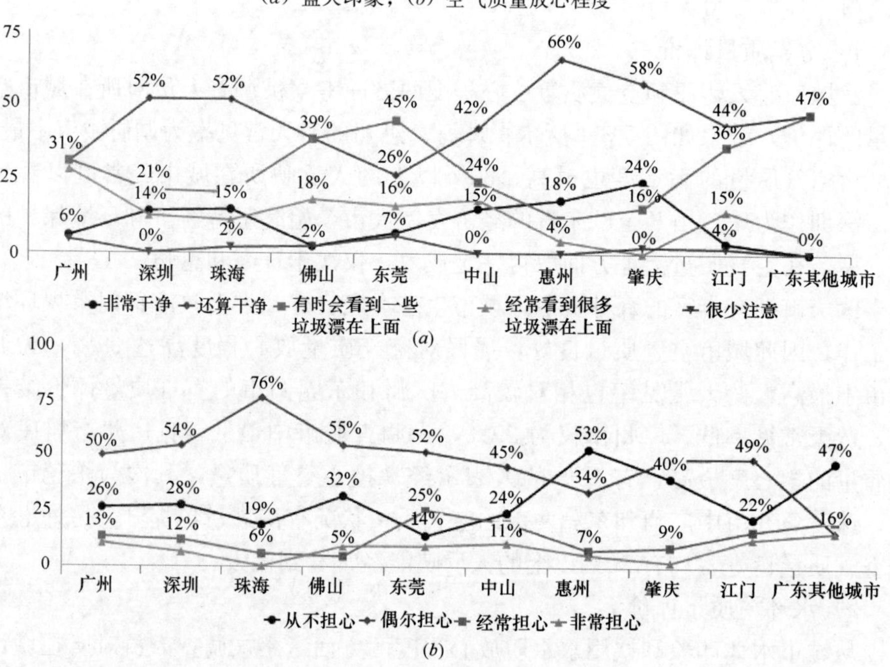

图 5-3-2 珠三角九市水环境质量评价

（a）水体印象；（b）饮水水质放心程度

10%以上的人表示城市水体非常干净，50%以上的人表示还算干净；而广州市城市水体环境有待改善，人对水体印象较差，约30%的人表示经常看到很多垃圾漂浮在水体上。对饮用水水质放心程度方面，深圳、珠海、惠州和肇庆四市的饮用水水质获得本地居民认可度较高，其中以惠州市为最好，有53%的人表示从不担心饮用水水质。佛山市的水体印象评价结果不佳，被调查人员中仅2%认为水体非常干净，大多数人反映在水体中会看到垃圾漂浮，但其饮用水水质安全性获得较高评价，有32%的人表示对饮用水水质从不担心，仅次于惠州（53%）和肇庆（40%），说明佛山市在饮用水水质处理方面的工作获得市民认可，但城市水体环境治理有待进一步加强。

（2）环境改善满意度

从城市水环境改善、绿化建设情况、恢复与保护自然生态系统三方面对珠三角地区的环境改善满意度进行比较分析，结果如图5-3-3所示。在改善水环境方面，肇庆和惠州两市改善工作的居民满意度最高，而珠海和佛山在九市中排名最低；城市绿化方面，珠海和惠州两市的居民满意度最高，而广州市排名最后；恢复与保护自然生态系统方面，仍以肇庆和惠州两市的居民满意度为最高，珠海市排名最后。总体而言，惠州和肇庆两市的城市环境改善取得的成效较好，三方面的建设工作获得的居民满意度在九市排名中均较靠前。

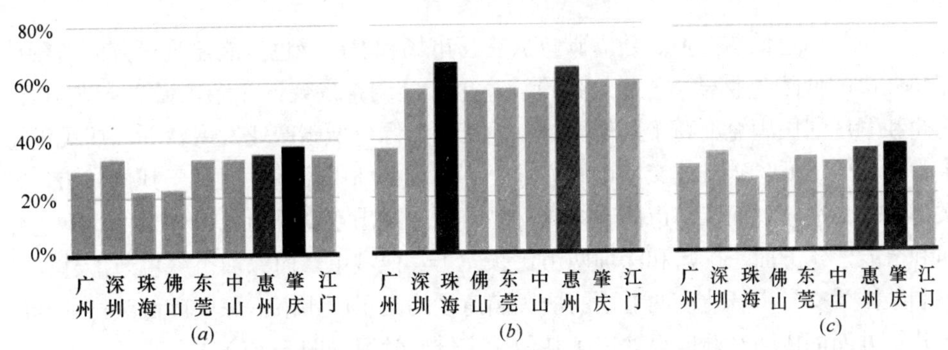

图5-3-3 居民对于改善环境、城市绿化、恢复与保护自然生态系统的满意度

（*a*）改善水环境；（*b*）城市绿化；（*c*）恢复与保护自然生态系统

3.1.2 城市交通

调研从建设珠三角绿道、改善城市交通、交通出行方式便利度等方面考察珠三角地区城市交通建设居民满意度情况。调查发现：珠三角九市公共交通建设良好，获得市民认可，尤其是广州、深圳和肇庆三市公共交通便利性的满意度均超过70%；各市的道路交通系统中均考虑慢行交通设计，并取得一定成效，珠海、惠州和佛山的步行和自行车出行环境满意度均超过60%；九市的珠三角绿道建设满意

度相差不大，其中肇庆和珠海的满意度略高于其他市，均超过55%。此外，调研中发现珠三角九市居民对其所在城市的小汽车出行和停车服务满意度普遍较低，这与低碳城市的建设要求相符合，鼓励居民选择低碳出行方式（图5-3-4）。

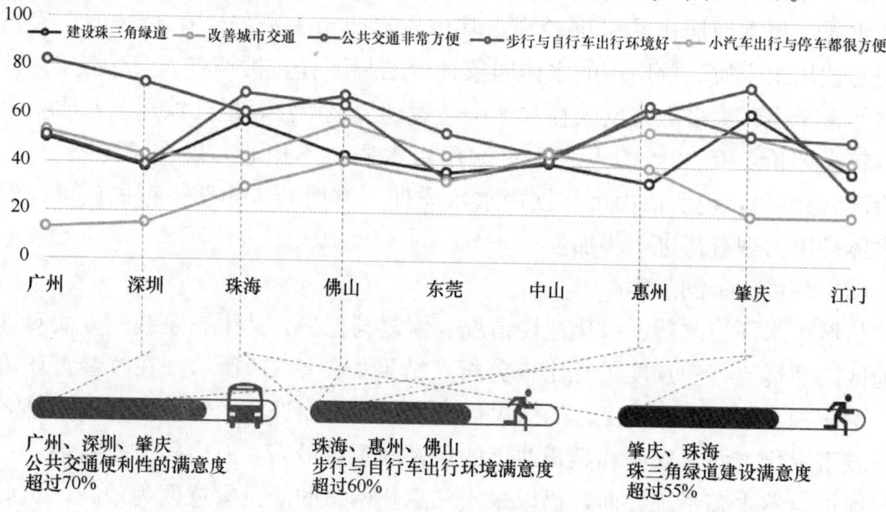

图5-3-4　珠三角绿道、改善城市交通、交通出行的满意度

3.1.3　低碳产业与绿色建筑

从发展绿色低碳产业、建立碳排放交易市场和发展绿色节能建筑三方面考察珠三角九市的低碳产业与绿色建筑建设满意度。经调查发现：在绿色低碳产业方面，惠州和肇庆居民满意度高于其他城市，而江门市绿色低碳产业发展较弱，居民满意度为九市中最低；碳排放交易市场方面，广州和深圳居民满意度高于其他城市，相关建设较为完善，而江门市的碳排放交易市场建设满意度仍为九市中最低；绿色建筑和节能建筑方面，广州和深圳两市仍领先于其他城市，而深圳市绿色节能建筑发展和碳排放交易市场建设两方面的居民满意度均高于广州市，深圳市低碳产业与绿色建筑方面的成功经验值得珠三角其他城市借鉴学习（图5-3-5）。

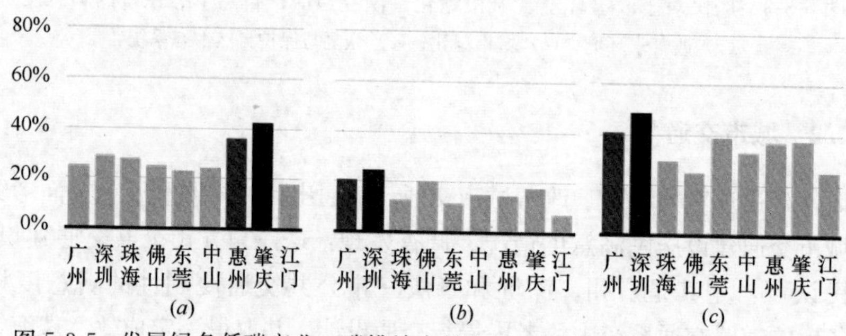

图5-3-5　发展绿色低碳产业、碳排放交易市场、绿色建筑和节能建筑的情况

（*a*）发展绿色低碳产业；（*b*）建立碳排放交易市场；（*c*）发展绿色建筑和节能建筑

3.2 低碳生活意愿

珠三角地区居民低碳参与意愿普遍较高，选择低碳出行方式是人们最广为接受的低碳生活参与方式，如在所有的低碳生活参与方式中选择“短途出行时，步行或自行车”的人群占比最多，其次是“多乘公共交通出行”，选择“少开私家车”的占比也超过一半。此外，日常生活中节约用水、垃圾分类及选购节能电器等低碳行为也是大多数人愿意接受的低碳生活参与方式。然而，受经济条件及生活感受等方面的限制，居民参与“选购电动汽车”“夏天少开空调”“少吃煎炸菜肴”等低碳行为的意愿较低。但总体而言，珠三角地区居民低碳生活意愿较高，大多数居民表示愿意为城市的低碳建设献力（图 5-3-6）。

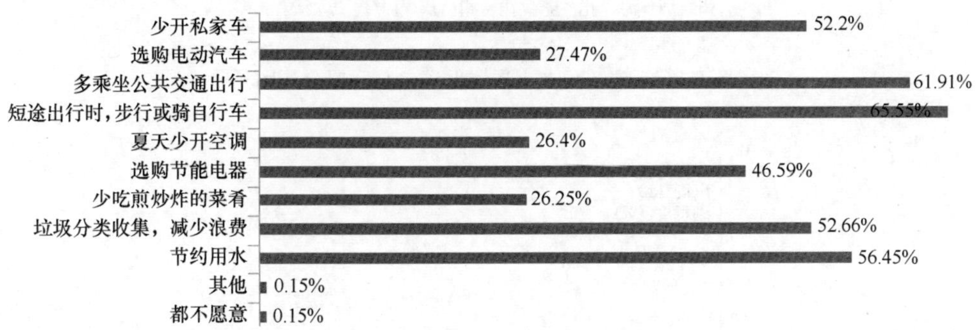

图 5-3-6 珠三角居民低碳参与意愿分析图

（1）九市居民低碳参与意愿分析

通过对珠三角九市的居民低碳参与意愿对比分析发现：就低碳出行方式而言，佛山、珠海、肇庆和江门等市的居民低碳参与意愿普遍较高，短途出行时愿意步行或骑自行车的人群超过 70%，超出珠三角平均水平 5 个百分点，其中佛山和珠海两市均有超过 75%的人群愿意经常乘坐公交出行，肇庆和惠州有超过 60%的人群表示愿意选择少开私家车；低碳生活方面，中山市的居民低碳参与意识较强，愿意选购节能电器和节约用水的人群均超过 65%；而对于选购电动车、少开空调、少吃煎炸菜肴的低碳行为，九市的参与意愿均不及 40%，推进工作存在一定难度（图 5-3-7）。

（2）影响公众参与意愿的因素分析

社会、经济、个人习惯等因素均会对公众低碳生活参与意愿产生一定的影响，分析珠三角九市非机动车（步行或自行车）出行环境满意度与城市绿道占比之间的关系，发现二者并不具备正比关系，分析结果如图 5-3-8 所示，绿道占比量相对较低的几个城市拥有较高的非机动车出行满意度，而有些城市虽然绿道占

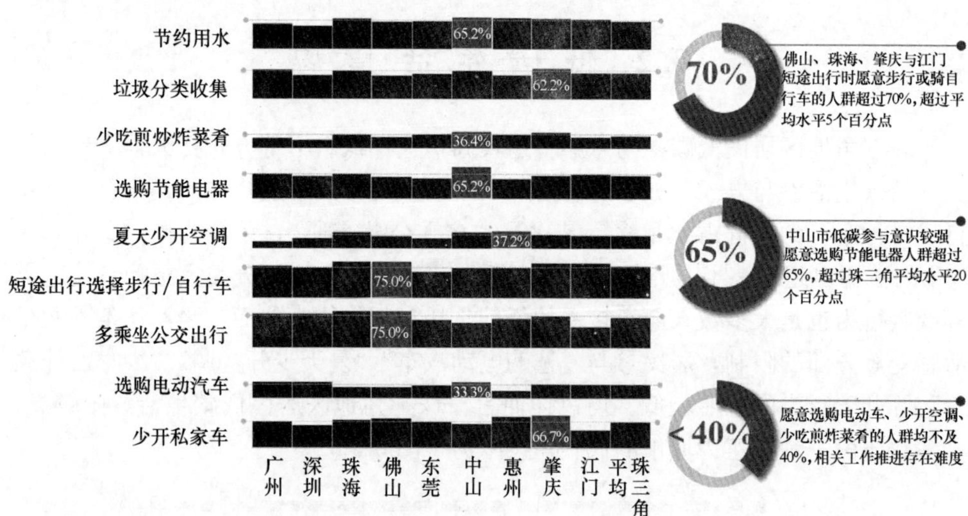

图 5-3-7　珠三角九市居民低碳参与意愿分析图

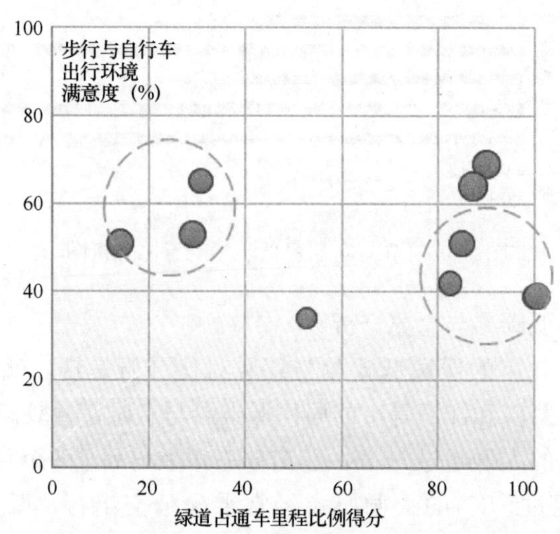

图 5-3-8　非机动出行意愿分析图

（备注：图中圆点代表珠三角城市，气泡大小表征“短途出行选择步行/自行车出行的意愿”）

比高，但非机动车出行环境满意度并不高，居民选择低碳出行的意愿偏低。

深圳市是绿道占比量高而非机动车出行环境满意度较低的典型城市之一，以深圳市为例，结合实地调研分析上述现象产生的原因，深圳市的许多道路虽然绿化建设完善，但慢行车道的规划与管理仍需进一步优化，如一些道路存在自行车道划定过窄、甚至与人行道混行等一系列问题，这对居民的低碳出行意愿有一定的影响。可见提高公众低碳生活参与意愿需要坚持贯彻“以人为本”的基本理念，提升基础设施服务质量，才能真正激励公众积极参与低碳建设，愿意采取低碳行为。

3.3 居住幸福感

（1）居住幸福感评价

提升城市居民生活质量和幸福感是低碳生态城市建设的最终目的。研究从居民对所在城市的感受和希望居住的城市两方面对居民幸福感进行评价，评价结果见图5-3-9。可以看出，惠州、中山和肇庆市居民的居住幸福感相对较高，而珠海、深圳、广州市居民对于城市建设的认可度较高，仍希望居住在本市的比例最高。

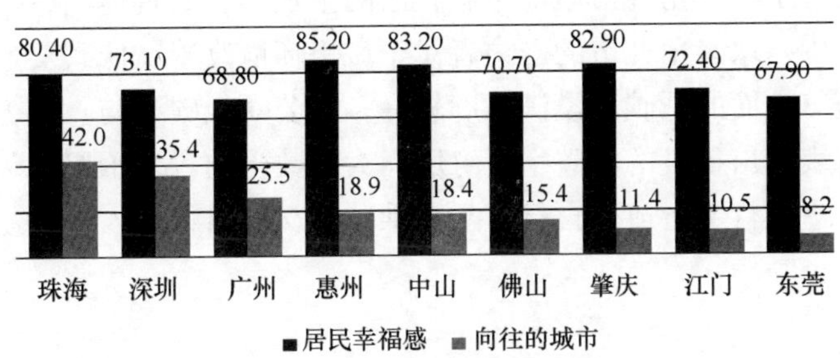

图5-3-9 居民幸福感比较图

（向往的城市：指某市居民仍希望居住在本市的比例）

（2）提升幸福感的建议

整理居民提出的城市幸福感提升意见（表5-3-1）发现：房价、交通、生活环境、工作等问题的改善是珠三角九市居民在幸福感提升方面普遍关注的问题。就广州和深圳两大城市而言，降低房价、改善交通拥堵、环境保护是提及次数最多的意见。而对于居住在惠州、佛山等经济发展稍落后的城市的居民来说，更加关心城市公共基础设施建设、工资收入提高、医疗水平提升等问题。

城市幸福感提升意见表　　表5-3-1

城市	居民建议改善的方面
深圳	房价、环境、交通、环境、人际交往、医疗教育等
广州	交通、房价、环境、人际交往等
珠海	交通、工作、水质改善、社会保障等
东莞	工资收入、治安、环境、人文素质等
佛山	公共基础设施、环境保护、公共交通、收入等

续表

城市	居民建议改善的方面
惠州	公共基础设施、工作机会、交通出行、房价、环境等
江门	交通出行、停车、公共服务、环境等
肇庆	收入差距、环境、房价、医疗教育等
中山	房价、交通、治安、医疗教育等

3.4 小　结

珠三角城市群的城市生态宜居建设走在全国前列，分别从绿色低碳建设满意度、低碳生活意愿以及居住幸福感三个方面对城市进行评价，其中绿色低碳建设满意度评价反映了珠三角九市居民生态宜居的主观感受。具体而言，绿色低碳建设满意度评价中，珠三角九市的受访者对于城市环境改善、低碳交通以及低碳产业与绿色建筑三方面的低碳建设满意度较高。在公众低碳参与意愿方面，珠三角九市的受访者表现出积极的低碳生活意愿，大多数受访者表示愿意为城市的低碳建设献力，短途出行步行或骑自行车与多乘公共交通出行是人们更易接受的低碳生活参与方式。

后　　记

结合历史经验和发展方向不难发现，保有绿水青山，保有文化脉络，保有生态理念，保有智慧创新，才是满足人居需要、提升城市韧性、坚持协同发展、促进智慧发展的关键，才能推进美丽中国新型城镇化的建设。

《中国低碳生态城市年度发展报告 2018》以“人人共享的城市”为主题，以“低碳生态城市”为抓手整合资源，以“特色小镇、智慧城市、城市双修”为契机，从城市安全、公正、健康、便利、韧性、可持续等方面出发，全面推进对人居环境提升改造的新城市发展模式，2017 年，国内外建设低碳生态城市的过程中取得了丰富的研究和实践成果，在探索的道路上大胆突破，但同时，也可以看到面临的多方挑战。报告通过对这些理念、经验与实践的总结，以期帮助、促进和推动未来低碳生态城市的建设更加突出建设包容、安全、有抵御灾害能力和可持续以人为本的城市和人类住区。

编制组通过实地调研和考察国内外生态城发现，中国在绿色城镇化、绿色建筑、特色小镇、城市双修等诸多领域，已在理念更新的基础上进行了大量的试点和探索，因地制宜，积累并形成了大量的经验与反思。低碳生态城市建设的原则、理念、技术、管理等方面形成了一个复杂、长期且相互制约的系统，规划、建设、管理三大环节协调兼顾，改革、科技、文化的内在动力增强，政府、社会、市民理念进一步实现统一。

《中国低碳生态城市年度发展报告 2018》是中国城市科学研究会生态城市研究专业委员会联合相关领域专家学者，以约稿及学术资料查询、问卷调研的方式组织编写完成的。委员会设立了报告编委会和编写组，广泛获取相关动态信息、定期沟通报告方向和进展。为了使报告更好地反映低碳生态城市建设、发展的最新动态，全面透析发展的热点问题，追踪实践和探索的年度进展，委员会组织编委会和编写组多次召开专门会议，听取专家学者对于年度报告框架的意见，确定了 2018 年度报告的主题：人人共享的城市。报告根据创新、协调、绿色、开放、共享发展理念的指引，深化城市新型城镇化绿色转型之路，探索特色小镇、城市双修、海绵城市和智慧城市建设，强调对人文需求与城市评价的总结和分析，寻求城市低碳生态化途径。期间通过专家约稿、访谈、问卷调查、学术交流等形式对报告进行补充和完善，并最终于 2018 年 6 月成稿。

本报告是中国城市科学研究会组织编写的系列年度报告之一，在借鉴了之前八年的编写经验基础上，对中国低碳生态城市的发展与研究成果进行了系统总结与集中展示，形成了包含最新进展、认识与思考、方法与技术、实践与探索、中国城市生态宜居指数（优地指数）报告（2018）五部分在内的、体现逻辑层次的研究报告。报告吸纳了相关领域众多学者的最新研究成果，尤其得到了国务院参事仇保兴博士和住建部何兴华司长的指导和支持，在此，再次对为本报告作出贡献的各位专家学者致以诚挚的谢意。

本报告作为探索性、阶段性成果，欢迎各界参与低碳生态城市规划建设的读者朋友提出宝贵意见，并欢迎到中国城市科学研究会生态城市研究专业委员会微信公众号（中国生态城市研究专业委员会@chinaecoc）、网站中国生态城市网（http：//www.chinaecoc.org.cn/）或新浪微博（@中国生态城市）交流。

我国发展站在了新的历史起点上，中国特色社会主义进入了新的发展阶段，低碳生态城市是生态文明建设的必然选择，是促使人一城市一资源一生态协同可持续的关键举措，进一步加强国际交流与合作，同有使命担当的世界各国一道探索绿色低碳发展，及时总结探索与实践的经验与教训，中国将在未来持续推进低碳、生态、健康、绿色、可持续的城市发展体系、模式与建设机制。

Postscript

Combining historical experience and development direction, it isclear that keeping green mountains, cultural context, ecological concept, and smart innovation are the key to satisfying the needs of human settlements, enhancing urban resilience, adhering to coordinated development, and promoting the development of wisdom in order to promote construction of beautiful China's new urbanization.

The *Annual Report on China's Low-Carbon Eco-city Development 2018* takes the theme of "cities shared by all", integrates resources with a "low-carbon eco-city", and uses "a special town, a smart city, and city betterment and ecological restoration programs" as an opportunity. It proceeds from the aspects of urban security, justice, health, convenience, resilience and sustainability etc., and comprehensively promotes the new urban development model of upgrading and transforming the human settlement environment. In 2017, the research and practice results have been achieved in the construction of low-carbon ecological cities at home and abroad, boldly made breakthroughs on the road to exploration, but at the same time, we can also see the multifaceted challenges. By summarizing these concepts, experiences and practices, the report aims to help, promote, and drive the construction of low-carbon eco-city in the future to highlight the importance of building an inclusive, safe, resilient, and sustainable urban and human settlement.

The preparation team has found through field research and inspections of ecological cities at home and abroad that China has conducted a large number of pilot projects and explorations on the basis of renewal of ideas in green urbanization, green buildings, featured towns, and urban dual repairs. Hence, China has obtained a lot of experience and reflection. A complex, long-term and mutual-restricted system has been formed in the principles, concepts, technologies, and management of low-carbon eco-city construction. The planning, construction, and management of the three links have been coordinated and balanced, and the internal driving forces for reform, technology, and culture have increased. The concept of the government, society and citizens is further unified.

The *Annual Report on China's Low-Carbon Eco-city Development 2018* is a joint project of experts and scholars from the Eco-City Research Professional Committee of the Chinese Society for Urban Studies together with those from associated fields. It is organized and completed in the form of a manuscript and academic data query and questionnaire survey. The committee sets up a report editorial board and writing team to widely obtain relevant dynamic information and regularly communicate the direction and progress of the report. In order to enable the report to better reflect the latest developments in the construction and development of low-carbon eco-city, comprehensively analyze the hot issues of development, and track the annual progress of practice and exploration, the editorial board and the writing team of the Committee have held several special meetings to listen to experts and scholars. The views of the annual report framework have established the theme of the 2018 annual report: Cities shared by all. According to the guidelines of innovation, coordination, green, openness, and shared development, the report deepens the road to green transformation of urban new urbanization, explores the construction of characteristic small towns, urban dual repairs, sponge cities, and smart cities, emphasizes the summarization of human needs and urban evaluation, and seek ways to urban low-carbon ecology. During the period, the report is supplemented and improved through expert drafts, interviews, questionnaires, and academic exchanges. It is finally completed in June 2018.

This report is one of a series of annual reports prepared and organized by the Chinese Society for Urban Studies. Based on the experiences of the past eight years, the report systematically summarizes and displays the development and research results of China's low-carbon eco-city. A research report that incorporates the Latest Development, Perspectives and Thoughts, Methodology and Techniques, Practices and Exploration, and China Urban Ecological & Livable Index (UELDI Index) Report (2018), embodying the logical level. The report has absorbed the latest research results of many scholars in related fields. In particular, it has received guidance and support from Dr. Qiu Baoxing, the counselor of the State Council, and He Xinghua, Director of the Ministry of Housing and Urban-Rural Development. Here, I would like to express my sincere gratitude to all experts and scholars who have contributed to this report.

As an exploratory and periodical result, this report welcomes readers from all walks of life who are involved in the planning and construction of low-carbon eco-city to provide valuable suggestions. Welcome to exchange ideas at the WeChat public number of the Eco-City Research Professional Committee of the Chinese Society for Urban Studies (Eco-City Research Professional Committee@Chinaecoc), the website of China Ecological City Network (http://www.chinaecoc.org.cn/) or Sina Weibo (@China Ecological City).

China's development has taken a new historical starting point, and socialism with Chinese characteristics has entered a new stage of development. Low-carbon ecological cities are an inevitable choice for the construction of ecological civilization and a key measure to promote human-urban-resource-ecosystem collaborative sustainable development. China will further strengthen international exchanges and cooperation, explore green and low-carbon development together with all responsible countries in the world, and promptly sum up experiences and lessons in exploration and practice. China will continue to promote low-carbon, ecological, healthy, green and sustainable development system, model and construction mechanism of cities in the future.

附录 1　我国绿色生态示范区、海绵城市、城市双修相关示范项目

我国绿色生态新区项目一览表　　表 1

地区	个数	绿色生态新区名称
北京市	2	门头沟中芬生态谷
		丰台长辛店生态城
天津市	2	中新天津生态城
		滨海新区南部新城
河北省	11	石家庄正定新区
		唐山湾新城
		唐山南湖生态城
		秦皇岛北戴河新区
		沧州黄骅新城
		涿州生态宜居示范基地
		廊坊万庄生态城
		衡水市衡水湖生态城
		怀来生态新城
		香河县运河国际生态城
		廊坊大厂潮白新城核心区
山西省	1	阳泉新北区生态新城
内蒙古自治区	3	鄂尔多斯生态卫生城镇
		准格尔旗高科技生态城
		呼伦贝尔市额尔古纳新区
辽宁省	10	沈阳联合国生态示范城
		沈阳鹿岛生态城
		鞍山新城南综合生态城
		沈抚高坎生态城
		丹东市花园温泉综合生态城
		营口百里滨海生态城
		辽阳河东生态城

续表

地区	个数	绿色生态新区名称
辽宁省	10	盘锦市绿地生态城
		本溪生态新城
		大连阳光生态城
吉林省	5	珲春生态新城
		四平东部生态新城
		长春卡伦滨湖生态新城
		长春净月生态城
		图们市口岸新区
黑龙江省	3	大庆卫星生态城
		鹤岗鹤西生态新城
		哈尔滨松花江避暑城
上海市	4	崇明东滩生态城
		上海南桥生态新城
		桃浦低碳生态城
		上海虹桥商务区
江苏省	11	无锡中瑞低碳生态城
		中新南京生态岛
		徐州鼓楼绿色生态城
		苏州西部生态城
		扬州蜀岗生态城
		宝应生态新城
		淮安中澳生态城
		无锡太湖新城
		南京河西新城
		昆山市花桥经济开发区
		苏州中新生态科技城
浙江省	8	杭州白马湖生态创意城
		宁波象山大目湾生态城
		嘉兴海盐滨海新城
		台州市仙居新区生态城
		乐清经济开发区
		南浔城市新区
		金华市金义都市新区
		宁波市杭州湾新区中心湖地区

续表

地区	个数	绿色生态新区名称
安徽省	4	合肥滨湖新城
		马鞍山长江湿地公园生态城
		阜阳宜居生态城
		池州天堂湖新区
福建省	6	厦门集美生态城
		泉州金井生态城
		漳州滨水湾生态城
		龙岩蓝田闽台生态旅游城
		晋江围头湾生态城
		南平建阳西区生态城
江西省	4	新余仰天岗国际生态城
		南昌空港生态新城
		新余市袁河生态新城
		中芬共青数字生态城
山东省	7	齐河黄河国际生态城
		东营牛庄低碳生态示范镇
		济宁北湖生态新城
		青岛国际生态智慧城
		中新曲阜文化生态城
		烟台牟平滨海生态城
		青岛德国生态园
湖北省	10	武汉五里界生态城
		武汉花山生态城
		武汉青菱生态新城
		武汉四新生态新城
		武汉后官湖生态新城
		咸宁梓山湖生态新城
		咸宁温泉旅游生态新城
		孝感市临空经济区
		钟祥市莫愁湖新区
		荆门市漳河新区
湖南省	13	长沙天心生态新城
		长沙永州生态新城
		长沙芙蓉生态新城

续表

地区	个数	绿色生态新区名称
湖南省	13	株洲市枫溪生态城
		岳阳生态城示范区
		株洲神农生态城
		常德柳叶湖低碳生态城
		冷水江城东生态城
		长沙梅溪湖新城
		株洲云龙新城
		长沙羊湖新区
		常德北部新城
		长沙湘江新城
广东省	10	深圳光明新城
		深圳坪山新区
		广州南沙滨海生态新城
		佛山广佛生态新城
		东莞保利生态城
		广晟生态城
		博罗县香江国际旅游生态城
		肇庆中央生态轴新城
		珠海市横琴新区
		云浮西江新城
广西壮族自治区	2	防城港上思祥龙国际生态城
		南宁五象新区核心区生态城
河南省	4	郑州华福国际生态城
		郑州新田生态城
		新乡黄河生态城
		济源济东新区
海南省	3	乐天尖峰国际生态城
		博鳌乐城低碳生态城
		琼海乐城太阳与水示范区
重庆市	4	重庆两江新区
		重庆悦来生态城
		重庆翠湖生态城
		重庆万州生态城

续表

地区	个数	绿色生态新区名称
四川省	2	成都中新生态城
		简阳三岔湖海峡生态城
贵州省	2	贵阳百花生态新城
		中天未来方舟生态城
云南省	2	昆明呈贡低碳生态城
		大理洱海国际生态城
陕西省	2	渭南渭河南岸生态新城
		西安浐灞生态园
新疆维吾尔自治区	1	吐鲁番新城
甘肃省	1	兰州市城关区绿色生态新城
宁夏回族自治区	1	宁东生态新城
青海省	1	格尔木高原绿色新城
西藏自治区	1	西葛尔县绿色新城

中国生态城市研究院国际合作项目一览表（2017 年 6 月～2018 年 4 月）　表 2

序号	国际合作	所属省份	项目名称	规划范围（平方公里）	备注
1	中法	湖北省	荆州中法低碳生态示范城市生态规划	7.7	已授牌
2	中法	山东省	庆云中法生态示范城市规划	5.0	已授牌
3	中法	吉林省	吉林（中国-新加坡）食品区中法生态示范城市规划	5.4	已授牌
4	中法	吉林省	磐石市中法低碳生态示范城市规划	3.0	已授牌
5	中德	河北省	张家口中德低碳生态城市规划	2625	已授牌

海绵城市建设试点城市名单　表 3

时间	批次	城市
2015 年 4 月	第一批	迁安
		白城
		镇江
		嘉兴
		池州
		厦门
		萍乡
		济南

续表

时间	批次	城市
2015 年 4 月	第一批	鹤壁
		武汉
		常德
		南宁
		重庆
		遂宁贵安新区
		西咸新区
2016 年 4 月	第二批	北京
		天津
		大连
		上海
		宁波
		福州
		青岛
		珠海
		深圳
		三亚
		玉溪
		庆阳
		西宁
		固原

双修城市设计试点城市名单 **表 4**

时间	批次	地区
2017 年 3 月	第一批	北京市
		黑龙江省哈尔滨市
		吉林省长春市
		山东省青岛市和东营市
		江苏省南京市和苏州市
		安徽省合肥市和马鞍山市
		浙江省杭州市
		宁波市
		义乌市
		河南省郑州市

续表

时间	批次	地区
2017 年 3 月	第一批	广东省深圳市
		珠海市
		云南省玉溪市
		陕西省西安市
		宁夏回族自治区银川市
		内蒙古自治区包头市
		呼伦贝尔市
2017 年 4 月	第二批	福建省福州市
		福建省厦门市
		福建省泉州市
		河北省张家口市
		河南省开封市
		河南省洛阳市
		陕西省西安市
		陕西省延安市
		江苏省南京市
		浙江省宁波市
		黑龙江省哈尔滨市
		江西省景德镇市
		湖北省荆门市
		内蒙古自治区呼伦贝尔市
		内蒙古自治区乌兰浩特市
		广西壮族自治区桂林市
		贵州省安顺市
		青海省西宁市
		宁夏回族自治区银川市
2017 年 7 月	第三批	河北省保定市
		河北省秦皇岛市
		内蒙古自治区包头市
		内蒙古自治区兴安盟阿尔山市
		辽宁省鞍山市
		黑龙江省抚远市
		江苏省徐州市

续表

时间	批次	地区
2017年7月	第三批	江苏省苏州市
		江苏省南通市
		江苏省扬州市
		江苏省镇江市
		安徽省淮北市
		安徽省黄山市
		福建省三明市
		山东省济南市
		山东省淄博市
		山东省济宁市
		山东省威海市
		河南省郑州市
		河南省焦作市
		河南省漯河市
		河南省长垣县
		湖北省潜江市
		湖南省长沙市
		湖南省湘潭市
		湖南省常德市
		广东省惠州市
		广西壮族自治区柳州市
		海南省海口市
		贵州省遵义市
		云南省昆明市
		云南省保山市
		云南省玉溪市
		云南省大理市
		陕西省宝鸡市
		青海省格尔木市
		宁夏回族自治区中卫市
		新疆维吾尔自治区乌鲁木齐市

附录 2

2017～2018 年度中国生态城市研究专业委员会公众号推送新闻　　表 1

日期	内容标题
2017.1.10	作为首批国家生态文明试验区，贵州成为省级空间规划试点
2017.1.23	仇保兴：特色小镇的发展要有深度和广度
2017.2.8	中共中央办公厅、国务院办公厅印发《关于划定并严守生态保护红线的若干意见》
2017.3.6	新版《建筑工程设计招标投标管理办法》5 月施行
	政府工作报告我知道：2016 干了啥 2017 怎么干
2017.3.10	仇保兴：评判特色小镇优劣的十大准则
	特色小镇八种主要模式（附案例）
2017.3.14	3.22，大咖喊你来参会
2017.3.25	第十三届绿色建筑大会绿色生态城区分论坛精彩观点分享
2017.4.5	高起点高标准推进河北雄安新区规划建设
	住建部公布第一批城市设计试点城市名单
2017.4.17	我国将大幅修改环保标准
2017.5.5	沙龙预告丨城市大数据技术及应用案例分享
2017.5.12	茅明睿：城市大数据技术及应用案例分享
2017.5.18	终于等到你丨茅明睿城市大数据技术及应用案例视频分享
2017.6.7	2017 年中国城市科学研究会生态城市研究专业委员会委员增补工作启动
2017.7.1	《城市水-能源-粮食协同关系方法学及案例研究》顺利通过验收
2017.7.6	授权发布丨仇保兴：智慧城市要有自主成长性——在 2017（第六届）国际智慧城市峰会上的讲话（附演讲视频）
2017.7.8	生态委关于征询 2017 年拟新增委员意见的通知
2017.7.20	第十二届城市发展与规划大会“城市更新与低碳发展”分论坛诚邀您参会
2017.7.21	关于召开 2017 年城科会生态委全委会的通知
2017.7.28	2017（第十二届）城市发展与规划大会城市更新与低碳发展分论坛顺利召开
2017.8.1	中国城市科学研究会生态城市研究专业委员会 2017 年全委会顺利召开
2017.8.3	城科会理事长仇保兴在生态委 2017 年度全委会上的讲话
2017.8.15	热烈讨论丨消极规划 & 主动规划 & 被动规划等观点之专家解读
2017.8.16	第五届深圳国际低碳论坛之分论坛低碳城市论坛论文征集

续表

日期	内容标题
2017.9.7	珠三角城市群优地指数发布　绿色低碳协同水平保持相对领先
2017.10.31	直击现场："水生态文明与绿色宜居特色小城镇建设国际会议"隆重召开
2017.11.6	现场播报："水生态文明与绿色宜居特色小城镇建设国际会议"主旨演讲要点分享
2017.11.8	日程抢先看！2017 中国新型城市论坛荆门峰会欢迎来参会！
2018.1.10	新兴污染物研究团队获国家自然科学二等奖
2018.1.24	京南乡村振兴研讨会在河北永清举办
2018.2.27	《中国低碳生态城市发展报告 2018》投稿征集
2018.5.21	2018 年中国城市科学研究会生态城市研究专业委员会委员增补工作启动
2018.6.6	大调查｜快来 PICK 你的宜居生活